開發中國電商市場的
電子商務基礎實驗

主　編 孟　偉、朱德東
副主編 胡森森、唐國鋒、楊道理

財經錢線

前　言

　　電子商務是網絡化的新型經濟活動，是推動「互聯網+」發展的重要力量，是新經濟的重要組成部分。電子商務經濟以其開放性、全球化、低成本、高效率的優勢，廣泛滲透到生產、流通、消費及民生等領域，在培育新業態、創造新需求、拓展新市場、促進傳統產業轉型升級、推動公共服務創新等方面的作用日漸突顯，成為國民經濟和社會發展的新動力，孕育著全球經濟合作的新機遇。

　　近年來，中國電子商務快速發展，電子商務交易規模從 2011 年的 6 萬億元猛增至 2016 年的 22.97 萬億元，已經成為全球規模最大、發展速度最快的電子商務市場，湧現出阿里巴巴、騰訊、百度、京東、網易、滴滴、美團點評、螞蟻金服等一批具有全球競爭力和重要影響力的電子商務企業。電子商務已成為各類企業創新發展的重要領域，培養了大量電子商務創業及經理人才，創造了許多新興工作崗位，成為全面促進就業的有力支撐。預計到 2020 年，中國電子商務交易額將超過 40 萬億元，網絡零售額達到 10 萬億元左右，電子商務相關從業者超過 5,000 萬人。

　　隨著電子商務產業持續快速發展，對各行各業的滲透力越來越強，傳統企業也紛紛涉足電子商務，電子商務人才需求逐步走旺。體現在人才培養上，除了電子商務專業系統開設電子商務課程外，市場行銷、物流管理、貿易經濟、英語、企業管理等專業也紛紛開始電子商務概論通識課程，培養學生的電子商務意識。為提升電子商務概論課程教學效果，加強學生實踐應用能力培養，筆者特編寫本實驗教材。

　　本教材由孟偉、朱德東任主編，胡森森、唐國鋒、楊道理任副主編，通力合作完成。

由於編者的水準有限,書中不妥之處敬請讀者批評指正。

編 者

目 錄

第一篇 體驗篇

第1章 網上銀行 ·· (3)
1.1 實驗目的與基本要求 ··· (3)
1.2 基礎知識 ·· (3)
    1.2.1 主流支付方案 ·· (3)
    1.2.2 網上銀行基本概念 ·· (4)
    1.2.3 網上銀行產品與服務 ··· (4)
    1.2.4 網上銀行安全認證 ·· (6)
1.3 實驗步驟 ·· (10)
    1.3.1 註冊個人網上銀行 ·· (10)
    1.3.2 使用個人網上銀行業務 ······································ (12)
1.4 實踐練習 ·· (16)
    1.4.1 基礎練習 ·· (16)
    1.4.2 拓展練習 ·· (16)

第2章 第三方支付 ··· (17)
2.1 實驗目的與基本要求 ··· (17)
2.2 基礎知識 ·· (17)
    2.2.1 第三方支付基本概念 ··· (17)
    2.2.2 國內主流第三方支付 ··· (18)
2.3 實驗步驟 ·· (19)
    2.3.1 支付寶網站註冊個人帳戶 ··································· (19)
    2.3.2 手機支付寶註冊個人帳戶 ··································· (21)
2.4 實踐練習 ·· (25)
    2.4.1 基礎練習 ·· (25)
    2.4.2 拓展練習 ·· (25)

第3章 網上購物 ·· (26)
3.1 實驗目的與基本要求 ··· (26)

1

3.2　基礎知識 ···（26）
　　3.2.1　購物網站分類 ··（26）
　　3.2.2　國內主流購物網站 ··（26）
3.3　實驗步驟 ···（29）
　　3.3.1　註冊帳號 ···（29）
　　3.3.2　查找商品 ···（32）
　　3.3.3　放入購物車 ··（33）
　　3.3.4　提交訂單 ···（34）
　　3.3.5　查看訂單狀態 ··（34）
　　3.3.6　購買評價 ···（36）
3.4　實踐練習 ···（36）
　　3.4.1　基礎練習 ···（36）
　　3.4.2　拓展練習 ···（36）

第二篇　技術篇

第4章　輕量級網絡服務器 ···（39）
4.1　實驗目的與基本要求 ··（39）
4.2　基礎知識 ···（39）
　　4.2.1　網絡服務器基本概念 ··（39）
　　4.2.2　DNS 服務器 ···（39）
　　4.2.3　DHCP 服務器 ···（41）
　　4.2.4　Web 服務器 ···（42）
　　4.2.5　FTP 服務器 ···（43）
　　4.2.6　郵件服務器 ···（45）
4.3　實驗步驟 ···（46）
　　4.3.1　Web 服務器軟件安裝與配置 ··（46）
　　4.3.2　FTP 服務器軟件安裝與配置 ··（47）
　　4.3.3　上傳網頁文件 ··（48）
4.4　實踐練習 ···（50）
　　4.4.1　基礎練習 ···（50）
　　4.4.2　拓展練習 ···（50）

第 5 章　Vmware 虛擬機安裝網絡操作系統 ……………………………… (51)

- 5.1　實驗目的與基本要求 …………………………………………………… (51)
- 5.2　基礎知識 ………………………………………………………………… (51)
  - 5.2.1　虛擬機基本概念 ………………………………………………… (51)
  - 5.2.2　Vmware 虛擬機介紹 …………………………………………… (53)
  - 5.2.3　服務器操作系統 ………………………………………………… (56)
- 5.3　實驗步驟 ………………………………………………………………… (57)
  - 5.3.1　Vmware Workstation 安裝 ……………………………………… (57)
  - 5.3.2　安裝 Windows Server …………………………………………… (58)
- 5.4　實踐練習 ………………………………………………………………… (65)
  - 5.4.1　基礎練習 ………………………………………………………… (65)
  - 5.4.2　拓展練習 ………………………………………………………… (65)

第 6 章　Windows 網絡服務器配置 ……………………………………… (66)

- 6.1　實驗目的與基本要求 …………………………………………………… (66)
- 6.2　基礎知識 ………………………………………………………………… (66)
- 6.3　實驗步驟 ………………………………………………………………… (66)
  - 6.3.1　實驗背景介紹 …………………………………………………… (66)
  - 6.3.2　DNS 服務器安裝與配置 ………………………………………… (68)
  - 6.3.3　Web 服務器安裝與配置 ………………………………………… (74)
  - 6.3.4　FTP 服務器安裝與配置 ………………………………………… (78)
- 6.4　實踐練習 ………………………………………………………………… (84)
  - 6.4.1　基礎練習 ………………………………………………………… (84)
  - 6.4.2　拓展練習 ………………………………………………………… (84)

第 7 章　Packet Tracer 仿真小型局域網 ………………………………… (85)

- 7.1　實驗目的與基本要求 …………………………………………………… (85)
- 7.2　基礎知識 ………………………………………………………………… (85)
- 7.3　實驗步驟 ………………………………………………………………… (85)
  - 7.3.1　安裝與漢化 ……………………………………………………… (85)
  - 7.3.2　繪製網絡拓撲圖 ………………………………………………… (86)
  - 7.3.3　網絡配置 ………………………………………………………… (90)
  - 7.3.4　測試 ……………………………………………………………… (92)

7.4 實踐練習 ……………………………………………………………… (93)
    7.4.1 基礎練習 ………………………………………………………… (93)
    7.4.2 拓展練習 ………………………………………………………… (93)

第8章 Packet Tracer 配置網絡服務器 ……………………………… (94)
8.1 實驗目的與基本要求 ………………………………………………… (94)
8.2 基礎知識 ……………………………………………………………… (94)
8.3 實驗步驟 ……………………………………………………………… (94)
    8.3.1 網絡服務拓撲圖 …………………………………………………… (94)
    8.3.2 配置 IP ……………………………………………………………… (95)
    8.3.3 DHCP 服務器配置 ………………………………………………… (98)
    8.3.4 DNS 服務器配置 …………………………………………………… (100)
    8.3.5 FTP 服務器配置 …………………………………………………… (101)
    8.3.6 MAIL 服務器配置 ………………………………………………… (101)
    8.3.7 Web 服務器配置 …………………………………………………… (102)
    8.3.8 客戶端動態分配 IP ………………………………………………… (104)
    8.3.9 客戶端與其他設備 IP 連通檢測 …………………………………… (105)
    8.3.10 登入 FTP 服務 …………………………………………………… (106)
    8.3.11 客戶端訪問服務端 ………………………………………………… (107)
    8.3.12 客戶機與客戶機發送 E-mail ……………………………………… (109)
8.4 實踐練習 ……………………………………………………………… (112)
    8.4.1 基礎練習 …………………………………………………………… (112)
    8.4.2 拓展練習 …………………………………………………………… (112)

第三篇 應用篇

第9章 第三方平臺建立網店 ……………………………………… (115)
9.1 實驗目的與基本要求 ………………………………………………… (115)
9.2 基礎知識 ……………………………………………………………… (115)
    9.2.1 第三方電商平臺概念 ……………………………………………… (115)
    9.2.2 國內主流電商平臺 ………………………………………………… (115)
9.3 實驗步驟 ……………………………………………………………… (117)
    9.3.1 開店流程 …………………………………………………………… (117)

9.3.2 用戶註冊 …………………………………………………… (117)
　　　9.3.3 用戶認證 …………………………………………………… (118)
　　　9.3.4 網上開店 …………………………………………………… (120)
　　　9.3.5 發貨操作 …………………………………………………… (123)
　　　9.3.6 交易評價 …………………………………………………… (124)
　　　9.3.7 帳戶提現 …………………………………………………… (125)
　　　9.3.8 網銀操作 …………………………………………………… (125)
　9.4 實踐練習 ……………………………………………………………… (126)
　　　9.4.1 基礎練習 …………………………………………………… (126)
　　　9.4.2 拓展練習 …………………………………………………… (126)

第10章　利用虛擬主機建立網上商城 ……………………………………… (127)
　10.1 實驗目的與基本要求 ………………………………………………… (127)
　10.2 基礎知識 ……………………………………………………………… (127)
　　　10.2.1 虛擬主機的基本概念 ……………………………………… (127)
　　　10.2.2 虛擬主機的技術特點 ……………………………………… (127)
　10.3 實驗步驟 ……………………………………………………………… (128)
　　　10.3.1 域名註冊 …………………………………………………… (128)
　　　10.3.2 虛擬主機空間購買 ………………………………………… (131)
　　　10.3.3 域名綁定 …………………………………………………… (134)
　　　10.3.4 電子商務網站建立 ………………………………………… (135)
　10.4 實踐練習 ……………………………………………………………… (138)
　　　10.4.1 基礎練習 …………………………………………………… (138)
　　　10.4.2 拓展練習 …………………………………………………… (138)

第11章　網上商城綜合營運 ………………………………………………… (139)
　11.1 實驗目的與基本要求 ………………………………………………… (139)
　11.2 基礎知識 ……………………………………………………………… (139)
　　　11.2.1 項目分組 …………………………………………………… (139)
　　　11.2.2 團隊崗位分工 ……………………………………………… (139)
　11.3 實驗步驟 ……………………………………………………………… (140)
　　　11.3.1 網上商城安裝配置 ………………………………………… (140)
　　　11.3.2 系統管理員的業務內容 …………………………………… (141)

11.3.3　信息管理員甲的業務內容 ……………………………………（148）
　　11.3.4　信息管理員乙的業務內容 ……………………………………（151）
　　11.3.5　訂單管理員的業務內容 ………………………………………（154）
　　11.3.6　商城客戶的業務內容 …………………………………………（158）
　11.4　實踐練習 ……………………………………………………………（162）
　　11.4.1　基礎練習 ………………………………………………………（162）
　　11.4.2　拓展練習 ………………………………………………………（162）

第12章　自媒體營運 …………………………………………………（163）
　12.1　實驗目的與基本要求 ………………………………………………（163）
　12.2　基礎知識 ……………………………………………………………（163）
　　12.2.1　自媒體基本概念 ………………………………………………（163）
　　12.2.2　主流自媒體平臺 ………………………………………………（163）
　12.3　實驗步驟 ……………………………………………………………（165）
　　12.3.1　微信公眾平臺介紹 ……………………………………………（165）
　　12.3.2　註冊微信公眾平臺 ……………………………………………（165）
　　12.3.3　開啓公眾號開發者模式 ………………………………………（169）
　　12.3.4　實例「你問我答」 ……………………………………………（173）
　　12.3.5　實例「圖」尚往來 ……………………………………………（180）
　　12.3.6　AccessToken ……………………………………………………（183）
　　12.3.7　臨時素材 ………………………………………………………（184）
　　12.3.8　永久素材 ………………………………………………………（187）
　　12.3.9　自定義菜單 ……………………………………………………（190）
　12.4　實踐練習 ……………………………………………………………（196）
　　12.4.1　基礎練習 ………………………………………………………（196）
　　12.4.2　拓展練習 ………………………………………………………（196）

第13章　網站流量分析 ………………………………………………（197）
　13.1　實驗目的與基本要求 ………………………………………………（197）
　13.2　基礎知識 ……………………………………………………………（197）
　　13.2.1　網站流量的基本概念 …………………………………………（197）
　　13.2.2　網站流量的主要指標 …………………………………………（197）
　13.3　實驗步驟 ……………………………………………………………（198）

  13.3.1　分析網站流量排名 …………………………………………………（198）
  13.3.2　分析網站流量 ………………………………………………………（201）
 13.4　實踐練習 ………………………………………………………………………（212）
  13.4.1　基礎練習 ……………………………………………………………（212）
  13.4.2　拓展練習 ……………………………………………………………（212）

第14章　電子商務創業計劃書 …………………………………………………（213）
 14.1　實驗目的與基本要求 …………………………………………………………（213）
 14.2　基礎知識 ………………………………………………………………………（213）
  14.2.1　商業模式基本概念 …………………………………………………（213）
  14.2.2　商業模式參考模型 …………………………………………………（213）
 14.3　實驗步驟 ………………………………………………………………………（215）
  14.3.1　查詢分析商業模式 …………………………………………………（215）
  14.3.2　創業計劃書內容框架 ………………………………………………（215）
 14.4　實踐練習 ………………………………………………………………………（217）
  14.4.1　基礎練習 ……………………………………………………………（217）
  14.4.2　拓展練習 ……………………………………………………………（218）

第四篇　網頁篇

第15章　HTML基礎知識 ………………………………………………………（221）
 15.1　實驗目的與基本要求 …………………………………………………………（221）
 15.2　基礎知識 ………………………………………………………………………（221）
  15.2.1　標題 ……………………………………………………………………（221）
  15.2.2　段落與換行 …………………………………………………………（222）
  15.2.3　圖像 ……………………………………………………………………（223）
  15.2.4　超級連結 ……………………………………………………………（224）
  15.2.5　表格 ……………………………………………………………………（226）
  15.2.6　列表 ……………………………………………………………………（228）
 15.3　實驗步驟 ………………………………………………………………………（229）
  15.3.1　編寫網頁代碼 ………………………………………………………（229）
  15.3.2　查看網頁效果 ………………………………………………………（231）
 15.4　實驗練習 ………………………………………………………………………（231）

15.4.1 基礎練習	(231)
15.4.2 拓展練習	(231)

第 16 章　CSS 基礎知識 ……………………………………… (232)
16.1 實驗目的與基本要求	(232)
16.2 基礎知識	(232)
16.2.1 行內樣式	(232)
16.2.2 內嵌樣式	(234)
16.2.3 外部樣式	(236)
16.2.4 盒模型	(239)
16.2.5 相對定位	(242)
16.2.6 絕對定位	(243)
16.2.7 浮動定位	(245)
16.3 實驗步驟	(247)
16.4 實驗練習	(255)
16.4.1 基礎練習	(255)
16.4.2 拓展練習	(255)

第 17 章　HTML 與 CSS 綜合應用 ……………………………… (256)
17.1 實驗目的與基本要求	(256)
17.2 基礎知識	(256)
17.2.1 豎向列表	(256)
17.2.2 浮動方式橫向列表	(257)
17.2.3 內聯方式橫向列表	(259)
17.2.2 網頁佈局	(260)
17.3 實驗步驟	(263)
17.4 實驗練習	(268)
17.4.1 基礎練習	(268)
17.4.2 拓展練習	(268)

第一篇 體驗篇

第 1 章　網上銀行

1.1　實驗目的與基本要求

1. 瞭解網上銀行的主要功能與業務種類。
2. 瞭解網上銀行的常用安全工具。
3. 掌握網上銀行的申請方法。
4. 掌握網上銀行的支付方法。

1.2　基礎知識

1.2.1　主流支付方案

目前電子商務交易中實際應用的支付方式主要有以下幾種：

1. 現場交易

買家上門提貨，現場支付。

2. 貨到付款

商家根據訂單提交的內容，在承諾的配送時間內，一般委託第三方合作物流公司，將商品送達指定的交貨地點，雙方現場驗收商品、交付貨款的一種結算方式。目前中小商家通過與快遞公司建立合作關係後，也可以實行貨到付款，但貨到付款適用地區通常是合作快遞公司的業務範圍區域。

3. 郵局匯款

到中國郵政各郵政儲蓄網點填寫匯款單，根據選項將金額匯入商家帳戶，或者郵寄匯款單給商家，由商家根據匯款單到郵政儲蓄網點辦理領取手續。

4. 銀行匯款

商家在某些銀行開設帳戶，賣家就近選擇一家較方便的銀行，在銀行櫃臺填寫存款單，將資金支付給商家帳戶。匯款後需要及時和商家聯繫確認。

5. 支票支付

用支票結帳一般選擇銀行匯款作為支付方式，將支票送到（郵寄）商家處。商家在支票入帳後，便可安排發貨。

6. 網上銀行支付

商家在開設帳戶的銀行開通網上支付方式，買家需開通網上銀行支付功能，進行支付。

7. 第三方網上支付平臺支付

使用支付寶、財付通、壹錢包、京東支付、快錢等第三方網上支付平臺支付，是目前主流的電子商務支付方式。

商家在第三方支付平臺開通帳號，買家選擇第三方支付平臺提供的某種支付方式進行支付。該支付方式最大的優點是支持的支付方式和銀行非常多，幾乎包括國內所有的主要銀行，甚至可以支持國外信用卡支付。還可以結合支付寶等第三方支付平臺本身的信用機制，順利收貨後，再通知第三方支付平臺將資金轉入商家帳戶，增加交易的安全性。

8. 預付款支付

通過前面各種支付方式，一次性將較多的資金支付給商家，存入買家在商家的註冊帳號中，通過帳號預付款進行支付。

1.2.2 網上銀行基本概念

所謂網上銀行（Internet Bank 或 E-bank），包含兩個層次的含義：一個是機構概念，指通過互聯網開辦業務的銀行；另一個是業務概念，指銀行通過互聯網提供的金融服務，包括傳統銀行業務和信息技術應用帶來的新興業務。在日常生活和工作中，提及網上銀行，更多的是指第二層次的概念，即網上銀行服務的概念。

網上銀行又稱網絡銀行、在線銀行，是指銀行利用互聯網技術，通過互聯網向客戶提供開戶、查詢、對帳、行內轉帳、跨行轉帳、信貸、網上證券、投資理財等各類服務項目，客戶足不出戶就能夠安全便捷地管理活期和定期存款、支票、信用卡及個人投資等。可以說，網上銀行是在互聯網上的虛擬銀行櫃臺，不受時間、空間限制，能夠在任何時間（Anytime）、任何地點（Anywhere），以任何方式（Anyway）為客戶提供金融服務，又被稱為「3A 銀行」。

1.2.3 網上銀行產品與服務

網上銀行按照服務對象，一般分為個人網上銀行和企業網上銀行。以廣州銀行（http://www.gzcb.com.cn/）為例，個人網上銀行包括帳戶管理、轉帳匯款、投資理財、繳費支付、信用卡、貸款業務、簽約中心、客戶服務、安全中心等功能，如表 1.1 所示。企業網上銀行包括帳戶查詢、轉帳支付、集團理財、投資理財、電子票據、銀企直聯、代發業務、國際業務、結算業務、客戶服務等功能，如表 1.2 所示。

表 1.1　　　　　　　個人網上銀行功能介紹（以廣州銀行為例）

主要功能	介紹
帳戶管理	查詢帳戶基本信息、帳戶餘額、交易明細，進行帳戶臨時掛失，追加/解除網銀下掛帳戶，管理公積金帳戶，查詢工資單，電子回單，管理積分等

表1.1(續)

主要功能	介紹
轉帳匯款	個人結算帳戶的客戶進行行內轉帳，向本地或國內其他地區的任意銀行的帳戶進行行外轉帳。支持多種轉帳模式，包括預約轉帳、批量轉帳等。設置轉帳模板，維護收款人名冊，查詢協定收款帳戶
投資理財	在線申購理財產品，進行第三方存管帳戶的資金調度，進行基金交易
繳費支付	在線發起「AA」收款，進行電信、聯通繳費，繳交交通罰款，行政事業收費
信用卡	在線管理客戶在該行辦理的信用卡，包括帳戶管理、信用卡還款、信用卡管理、消費分期、申請辦卡、積分管理、信用卡生活助手、追加解除信用卡等
貸款業務	在線查詢貸款明細，進行貸款試算
簽約中心	在簽約中心完成支付寶、財付通、銀信通、銀聯網上支付、網銀支付的簽約。管理他行帳戶的協議簽訂，進行動態口令管理，對手機銀行及大額取現的控制和管理
客戶服務	進行網銀的個性化設置，包括聯繫方式、昵稱、網銀背景色，設置網銀快捷菜單，對網銀提出寶貴建議，進行網點業務預約
安全中心	進行網銀的證書更新和下載，設置網銀扣費帳號，修改網銀密碼和網銀交易限額，設置帳號保護，下載相關網銀工具

表1.2　　　　　　　　企業網上銀行功能介紹（以廣州銀行為例）

主要功能	介紹
帳戶查詢	帳戶詳細信息查詢、帳戶餘額查詢、交易明細查詢、帳戶別名設置操作
轉帳支付	行內同名轉帳、行內轉帳即時到帳，手續費全免。跨行轉帳支付功能，直接與中國人民銀行大、小額支付系統對接，匯款範圍覆蓋中國人民銀行大小額支付系統的所有銀行機構，匯兌速度快，到帳時間快，手續費優惠。支持批量轉帳、即時轉帳，可以網上打印電子回單
集團理財	包括五大功能模塊，即帳戶監控、資金歸集管理、劃撥交易維護、電子回單查詢、協定帳戶管理。通過企業網上銀行集團理財業務實現資金歸集調撥、帳戶監控等功能
投資理財	客戶通過來該行簽訂理財業務合同，銀行按客戶的委託與授權歸集客戶資金，用於資金投資和管理計劃，到期後按合同約定向客戶支付本金和收益的業務
電子票據	通過網上銀行進行電子票據的背書、貼現、查詢等相關業務
銀企直聯	企業的財務（資金管理）系統通過互聯網（Internet）與網上銀行系統相連接，企業直接通過財務系統辦理帳戶管理、轉帳支付、資金歸集等銀行業務
代發業務	在線為員工發放工資款項
國際業務	查詢匯入款項和匯出款項，進口代收，出口托收，進口信用證等
結算業務	可以查詢空頭支票，支票退票查詢
客戶服務	登錄密碼修改，證書更新和下載，維護收款人名冊，設置快捷菜單、轉帳模板、網銀風格。設置操作員額度，查詢操作員日志。下載相關網銀資料和工具

1.2.4 網上銀行安全認證

1. 安全認證方式

網上銀行目前常用的安全認證方式有口令、動態口令、數字證書等方式。

(1) 口令

口令與用戶名對應，用來驗證是否擁有該用戶名對應的權限。在登錄網站、電子郵箱和網上銀行，以及銀行 ATM 機取款時輸入的「密碼」嚴格來講應該僅被稱作「口令」，因為它不是本來意義上的「加密代碼」。

(2) 動態口令

動態口令（Dynamic Password）是根據專門算法生成的一個不可預測的隨機數字組合，每個密碼只能使用一次，目前被廣泛運用在網銀、網遊、電信營運商、電子商務、企業等各領域。其包括短信密碼、動態口令卡、硬件令牌、手機令牌等幾種。

短信密碼。短信密碼以手機短信形式請求包含 4 位、6 位或更多隨機數的動態口令，身分認證系統以短信形式發送隨機密碼到客戶的手機上，客戶在登錄或者交易認證時輸入此動態口令，從而確保系統身分認證的安全性。

動態口令卡。動態口令卡大小類似於銀行卡，背面以矩陣形式印有數字串。使用網上銀行進行對外支付交易時，網上銀行系統會隨機給出一組口令卡坐標，客戶從卡片上找到坐標對應的密碼組合併輸入網上銀行系統，只有當密碼輸入正確時，才能完成相關交易。這種密碼組合動態變化，每次交易密碼僅使用一次，交易結束後即失效。

硬件令牌。每隔一段時間變換一次動態口令，產生 6 位/8 位動態數字，動態口令僅一次有效。在網銀、網絡游戲行業應用廣泛，包括中國銀行 e-token、網易將軍令、盛大密寶、QQ 令牌、游戲安全令牌等。

手機令牌。手機令牌是一種手機客戶端軟件，基於時間同步方式，每隔一段時間產生一個隨機 6 位動態密碼。口令生成過程不產生通信及費用，具有使用簡單、安全性高、低成本、無須攜帶額外設備、容易獲取、無物流等優勢，手機令牌是移動互聯網時代動態密碼身分認證發展的趨勢。

(3) 數字證書

數字證書是一種將單位或個人身分信息與電子簽名唯一綁定的電子文件，建立基於公鑰（PKI）技術的個人證書認證體系，通過個人證書認證和數字簽名技術，對客戶的網上交易實施身分認證，並且可以簽署各種業務服務協議，確保了交易和協議的唯一、完整和不可否認。數字證書如圖 1.1 所示。

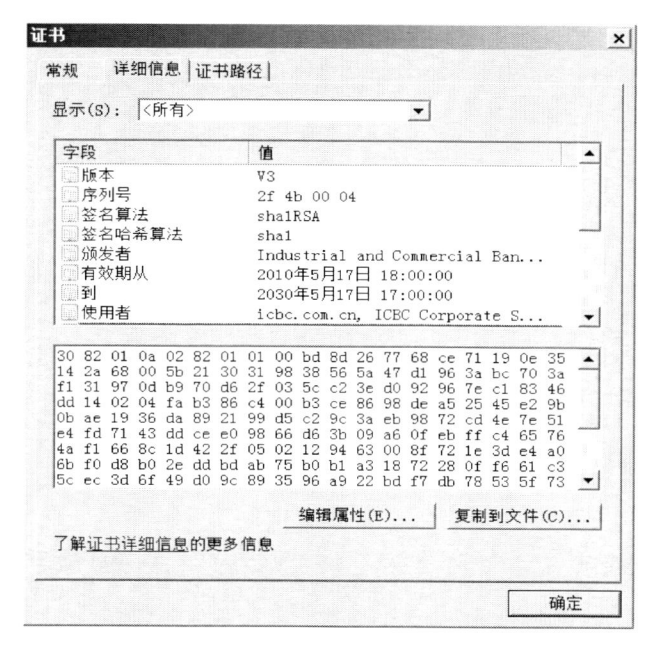

圖1.1 數字證書

　　數字證書按存儲介質不同又分為文件數字證書和移動數字證書。文件數字證書是把簽發的數字證書存在電腦裡，移動數字證書是把簽發的數字證書存儲在 U 盤形狀的 USBKey（U 盾，或優盾）裡。文件數字證書適合在固定的電腦上使用，移動數字證書適合在手機或不固定的電腦上使用。

　　2. 網上銀行安全認證工具

　　以中國工商銀行為例，其安全工具主要有 U 盾、工銀電子密碼器和電子銀行口令卡三種安全認證工具。

　　(1) U 盾

　　U 盾是中國工商銀行推出的客戶證書 USBkey，是中國工商銀行提供的電子銀行業務高級別安全工具。U 盾內置微型智能卡處理器，通過數字證書對電子銀行交易數據進行加密、解密和數字簽名，確保電子銀行交易保密和不可篡改，以及身分認證的唯一性。U 盾通過 USB 接口與電腦相連，還可通過音頻接口與手機等移動設備相連。U 盾如圖1.2所示。

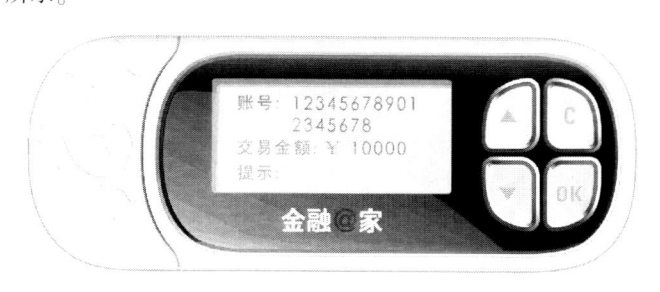

圖1.2　U 盾

適用對象：對於安全級別要求較高的電子銀行客戶，推薦使用 U 盾。如果需要在手機等移動設備上使用 U 盾，需申領通用 U 盾。

特色優勢：①交易更安全，可以有效防範假網站、木馬病毒、網絡釣魚等風險，保障電子銀行交易安全。②支付更方便，可以通過中國工商銀行電子銀行輕鬆實現大額轉帳、匯款、繳費和購物。③功能更全面，可以通過中國工商銀行電子銀行簽訂個人理財協議，享受獨具特色的理財服務。④服務更多樣，可以將中國工商銀行 U 盾與支付寶帳號綁定，利用 U 盾對登錄支付寶的行為進行身分認證，從而保障支付寶帳戶的資金安全。

開辦條件：中國工商銀行個人網上銀行、手機銀行客戶，本人有效身分證件及註冊卡。

開通流程：中國工商銀行個人網上銀行、手機銀行客戶，攜帶本人有效身分證件及註冊卡到中國工商銀行營業網點就可以申領 U 盾。

(2) 電子密碼器

工銀電子密碼器是中國工商銀行提供的一款全新的電子銀行安全產品，是具有內置電源和密碼生成芯片、外帶顯示屏和數字鍵盤的硬件介質，無須安裝任何程序即可在電子銀行等多渠道使用。電子密碼器如圖 1.3 所示。

圖 1.3　電子密碼器

適用對象：工銀電子密碼器支持在個人網上銀行、手機銀行、電話銀行等渠道使用，特別適合使用 iPhone、iPad 等移動終端辦理大額支付業務的客戶。

特色優勢：①方便易用，本產品與計算機沒有任何物理連接，無須安裝驅動程序即可使用，操作簡單、便於攜帶。②安全可靠，在使用本產品辦理各項業務時，可以有效地防止不法分子通過虛假網站、木馬病毒、黑客攻擊等手段竊取密碼，一次一密，保障交易安全。③應用廣泛，可以在個人網上銀行、手機銀行、電話銀行等多個渠道使用本產品。

開通流程：攜帶本人有效身分證件到櫃臺申請工銀電子密碼器，獲得實物介質及激活碼。

操作指南：在申領工銀電子密碼器後，在個人網上銀行、手機銀行、電話銀行等渠道進行對外轉帳、B2C購物、繳費等對外支付交易時，需要從密碼器中獲取動態密碼並將該動態密碼輸入，完成交易。

（3）電子銀行口令卡

電子銀行口令卡是指以矩陣形式印有若干字符串的卡片，每個字符串對應一個唯一的坐標。其是中國工商銀行為了滿足廣大電子銀行用戶的要求，綜合考慮安全性與成本因素而推出的一款全新的電子銀行安全工具。

在使用中國工商銀行電子銀行相關功能時，按系統指定的若干坐標，將卡片上對應的字符串作為密碼輸入，系統校驗密碼字符的正確性。口令卡如圖1.4所示。

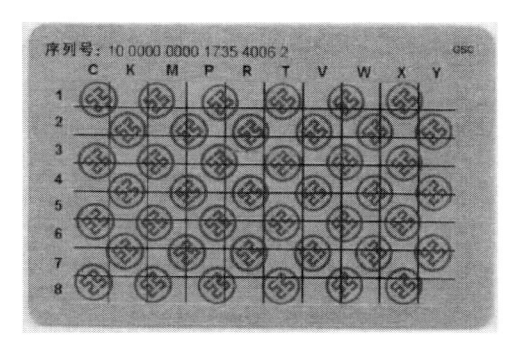

圖1.4　口令卡

適用對象：中國工商銀行個人網上銀行、電話銀行、手機銀行客戶，特別適合對安全級別有一定要求，但暫時不打算申請U盾的客戶。

特色優勢：①確保交易安全，電子銀行口令卡可以有效地防止不法分子通過虛假網站、木馬病毒、黑客攻擊等手段竊取密碼，保障交易安全。②一次一密、安全可靠，系統每次以隨機方式指定若干坐標，每次使用的密碼都具有動態變化性和不可預知性。③操作簡單、便於攜帶、成本低廉。

開辦條件：中國工商銀行個人網上銀行、電話銀行、手機銀行客戶，有效身分證件及註冊銀行卡。

開通流程：如果已開通個人網上銀行且未申請U盾，攜帶本人有效身分證件及註冊銀行卡到中國工商銀行營業網點申請電子銀行口令卡。如果是中國工商銀行手機銀行客戶，攜帶本人有效身分證件及註冊銀行卡到中國工商銀行營業網點申請電子銀行口令卡。

操作指南：在使用個人網上銀行、手機銀行進行對外轉帳、B2C購物、繳費等對外支付交易時，電子銀行系統會隨機給出一組口令卡坐標，需要根據坐標從卡片中找到口令組合併輸入電子銀行系統。

1.3　實驗步驟

以中國工商銀行為例，介紹個人網上銀行使用方法。

1.3.1　註冊個人網上銀行

訪問中國工商銀行網站 http://www.icbc.com.cn/icbc/，點擊【個人網上銀行】，點擊【註冊個人網上銀行】，如圖 1.5 所示。

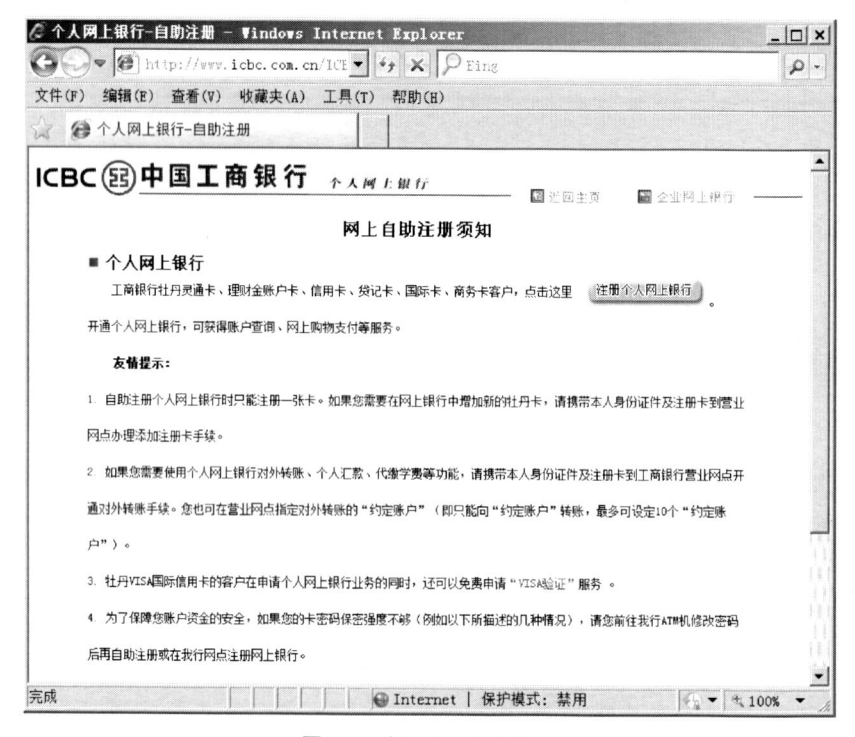

圖 1.5　自助註冊網上銀行

點擊【接受】「中國工商銀行電子銀行個人客戶服務協議」後，在圖界面輸入註冊卡卡號，如圖 1.6 所示。

第 1 章 網上銀行

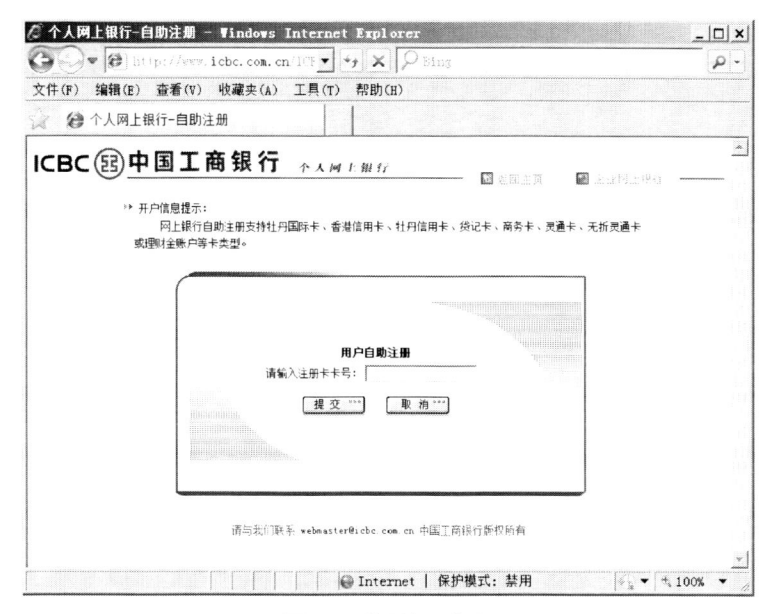

圖 1.6 註冊網上銀行

特別注意：在網上註冊的網上銀行只能查詢信息，如需辦理網上支付業務，請帶上銀行卡和身分證到銀行櫃臺填寫申請表，領取安全認證工具後方可使用網上支付業務。

詳細填寫各項註冊信息，如圖 1.7 所示。

圖 1.7 填寫網上銀行註冊信息

11

確認開通註冊帳戶，如圖 1.8 所示。

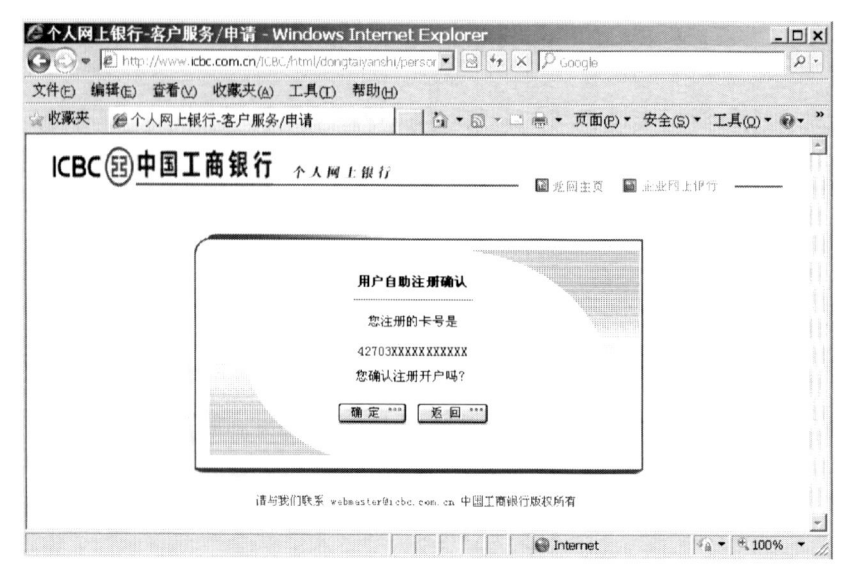

圖 1.8　開通網上銀行註冊帳戶

註冊完畢後，使用帳號或用戶名、登錄密碼，輸入驗證碼，登錄網上銀行，如圖 1.9 所示。

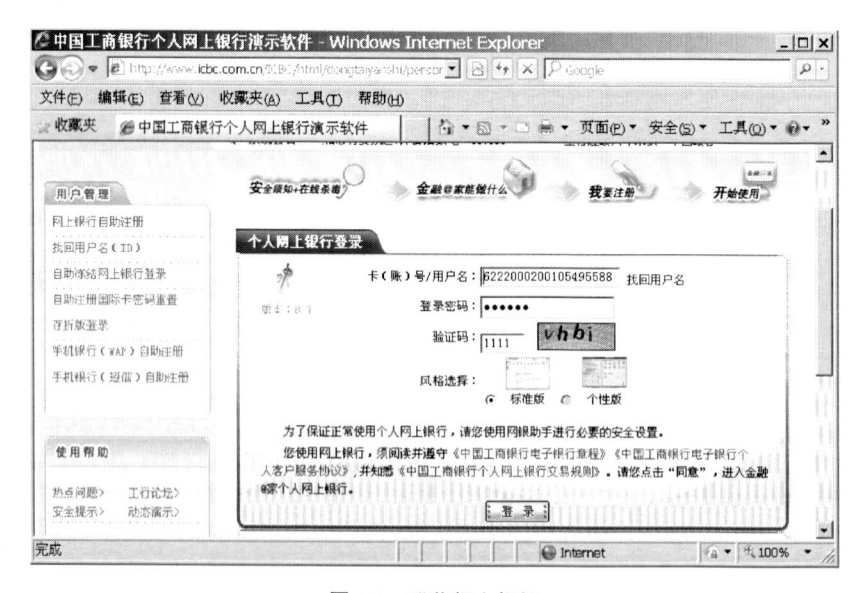

圖 1.9　登錄網上銀行

1.3.2　使用個人網上銀行業務

在網上銀行主界面，可以看到所有網上銀行服務連結，並能對帳號信息進行快捷查詢，如圖 1.10 所示。

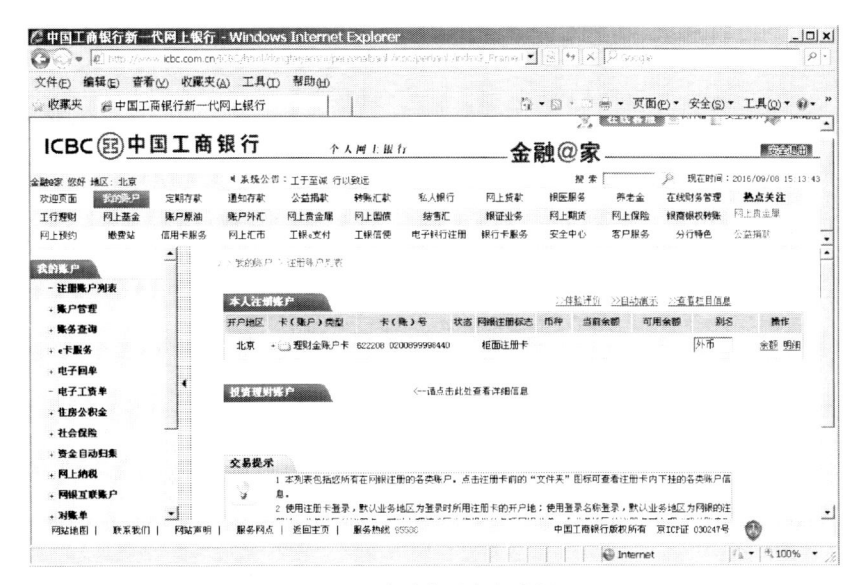

圖 1.10　個人網上銀行主界面

辦理網上銀行定期存款業務，包括查看信息、存款和取款等，如圖 1.11 所示。

圖 1.11　辦理網上銀行定期存款業務

辦理網上銀行轉帳業務，包括同行匯款、跨行匯款、跨境匯款、匯款查詢等，如圖 1.12 所示。

圖 1.12　辦理網上銀行轉帳匯款業務

辦理註冊帳戶間進行轉帳業務，如圖 1.13 所示。

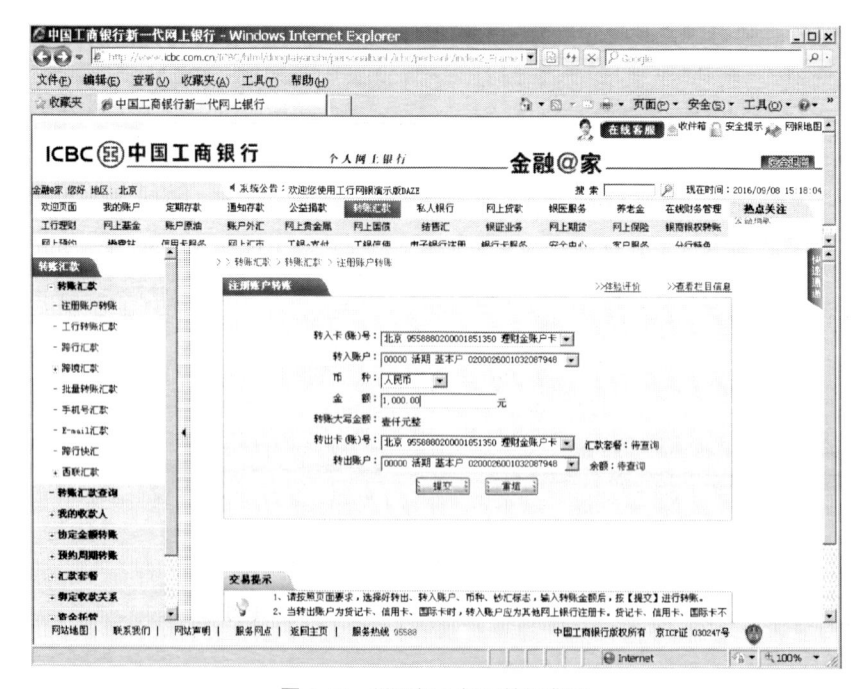

圖 1.13　辦理網上銀行轉帳業務

轉帳結果記錄如圖 1.14 所示。

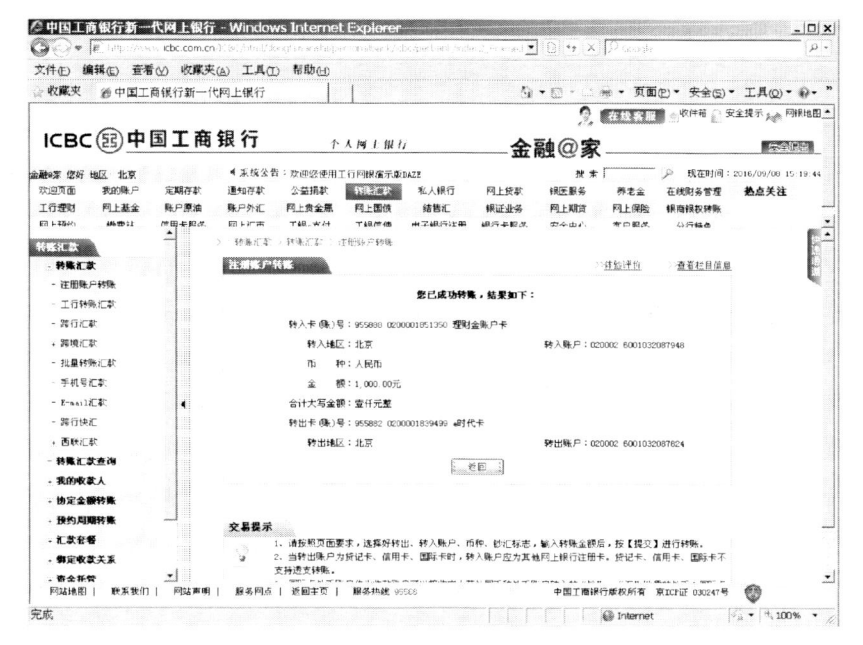

圖 1.14 辦理網上銀行轉帳結果

辦理網上銀行理財業務，可以查詢理財產品信息、購買理財產品等，如圖 1.15 所示。

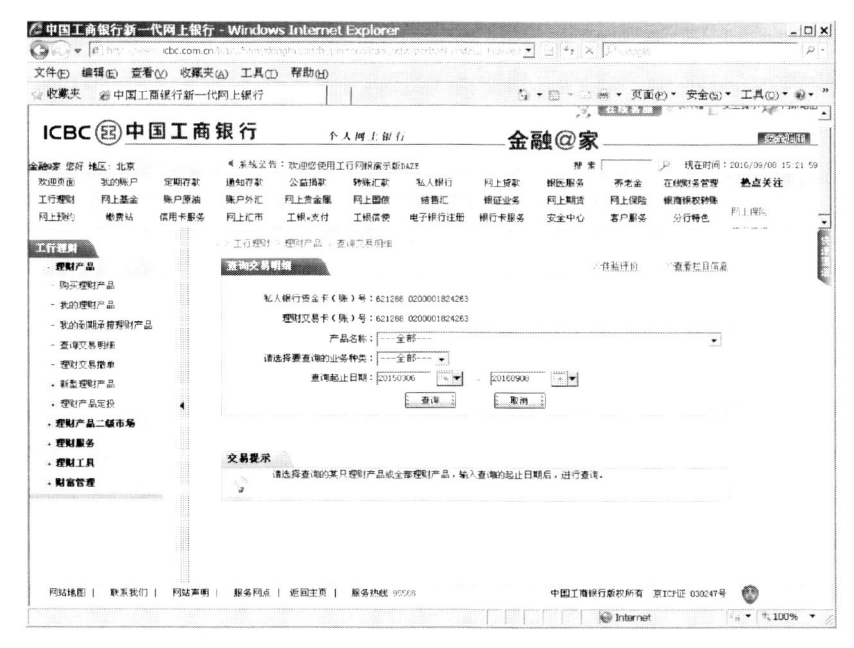

圖 1.15 辦理網上銀行理財業務

辦理網上銀行基金業務，可以查詢基金產品信息、買進和賣出基金產品等，如圖 1.16 所示。

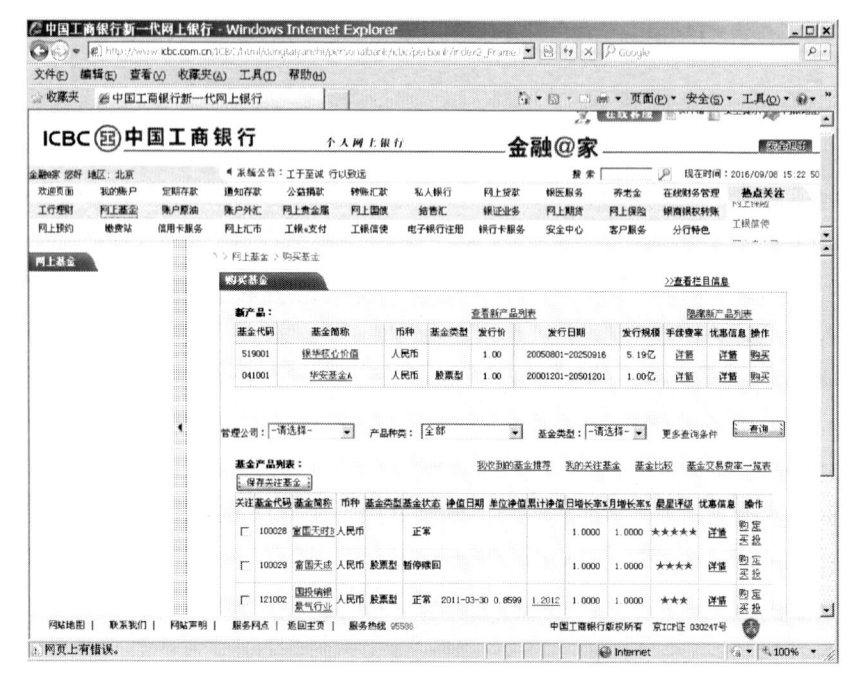

圖 1.16　辦理網上銀行基金業務

1.4　實踐練習

1.4.1　基礎練習

1. 開通網上銀行

選擇一家銀行，註冊網上銀行，開通網上支付功能。

2. 使用網上銀行支付

選擇合適的購物網站，購買一件商品，使用網上銀行進行支付。

1.4.2　拓展練習

下載網上銀行 APP，瞭解該 APP 的主要功能和業務種類，熟悉網上銀行安全事項，使用網上銀行 APP 進行網上支付。

第 2 章　第三方支付

2.1　實驗目的與基本要求

1. 瞭解主流第三方支付。
2. 瞭解第三方支付的主要功能和業務。
3. 掌握第三方支付的申請和使用方法。

2.2 基礎知識

2.2.1　第三方支付的基本概念

第三方支付是指獨立於商戶和銀行，並且具有一定實力和信譽保障的獨立機構，為商戶和消費者提供交易支付平臺的網絡支付模式。第三方支付流程如圖 2.1 所示。

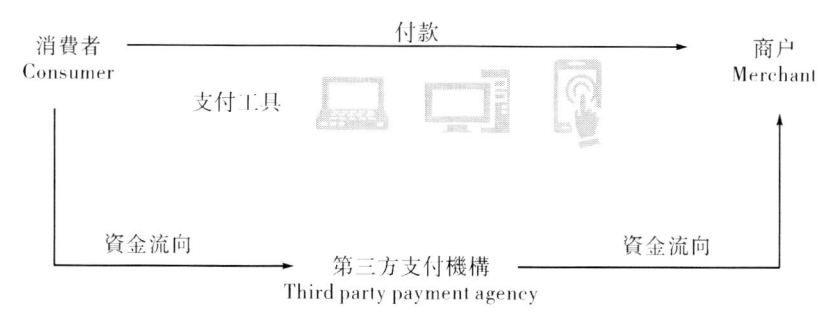

圖 2.1　第三方支付流程

目前市場上一般將第三方支付劃分為第三方互聯網支付和第三方移動支付。

第三方互聯網支付：用戶通過臺式電腦、便攜式電腦等設備，依託互聯網發起支付指令，實現貨幣資金轉移的行為被稱為互聯網支付。互聯網支付與第三方支付形成的交集即為第三方互聯網支付。

第三方移動支付：基於無線通信技術，用戶通過移動終端上非銀行系產品實現的非語音方式的貨幣資金的轉移及支付行為。

2.2.2 國內主流第三方支付

Analysys 易觀（https://www.analysys.cn/）發布的《中國第三方支付互聯網支付市場季度監測報告 2017 年第 3 季度》數據顯示，2017 年第 3 季度中國第三方支付互聯網支付市場交易規模為 63,815.51 億元人民幣，環比增長 8.59%，如圖 2.2 所示。

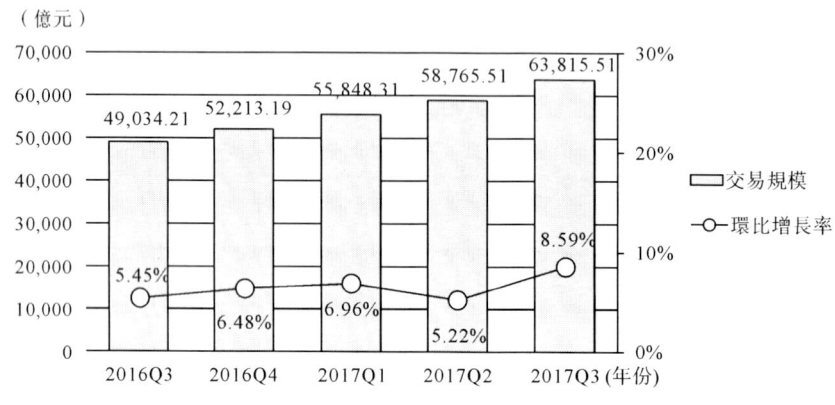

圖 2.2　2016Q3–2017Q3 中國第三方互聯網支付交易規模

第三方互聯網支付市場競爭格局仍然延續上季度排名，支付寶以 24.94% 的市場份額穩居互聯網支付市場第一名；銀聯支付保持行業第二，市場佔有率達到 23.51%；騰訊金融以 10.21% 的市場佔有率位列第三。前三家機構共佔據互聯網支付行業交易份額的 58.66%，如圖 2.3 所示。

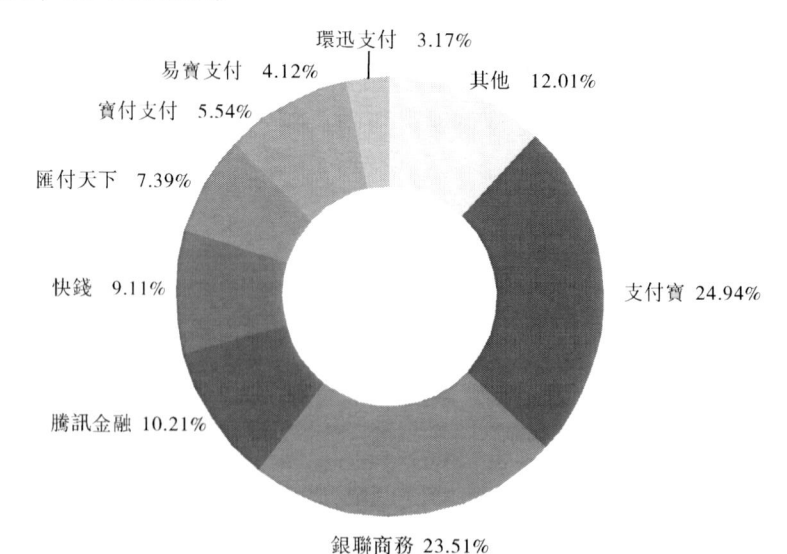

圖 2.3　2017 年第 3 季度年中國第三方支付互聯網支付市場交易規模

2.3　實驗步驟

以支付寶為例，介紹第三方支付註冊與使用方法。用戶可以在支付寶網站或淘寶網站註冊支付寶帳戶，也可以在支付寶 APP 或淘寶 APP 上註冊支付寶帳戶。支付寶網站支持大陸用戶使用手機和郵箱兩種方式註冊個人帳戶。

2.3.1　支付寶網站註冊個人帳戶

1. 登錄支付寶網站（http://www.alipay.com），點擊【立即註冊】，如圖 2.4 所示。

圖 2.4　支付寶網站首頁面

2. 點擊【個人帳戶】，默認選擇【中國大陸】，輸入手機號碼和驗證碼，點擊【下一步】，如圖 2.5 所示。如短信校驗碼在指定時間內沒有收到，可以再次點擊【獲取驗證碼】。

圖 2.5　使用手機號碼註冊支付寶個人帳戶

3. 填寫帳戶基本信息，帳戶註冊成功則默認為手機註冊帳戶，帳戶綁定此手機號，如圖 2.6 所示。

溫馨提示：姓名與身分證號碼必須填寫，需要填寫個人真實信息，註冊完成後不可修改。另外，該頁面的職業、常用住址信息也是必填項。

圖 2.6　填寫個人基本信息

4. 點擊【確定】成功後，會有兩種情況：

第一種：①未通過身分證驗證。可以在網上購物，但不可以充值、查詢收入明細、收款金額不可使用。解決方法：點擊完成【實名認證】。②原來已有支付寶帳戶通過了實名認證，請點擊【關聯認證】操作。

第二種：通過身分信息驗證，可以使用支付寶的所有功能（但收款額度只有 5,000 元/年）。解決方法：完成實名認證後，無收款額度限制。

5. 姓名和身分證號碼通過身分信息驗證後，頁面提示銀行綁定銀行卡，輸入用戶的銀行卡卡號及該卡銀行預留手機號，點擊【同意協議並確定】，如圖 2.7 所示。

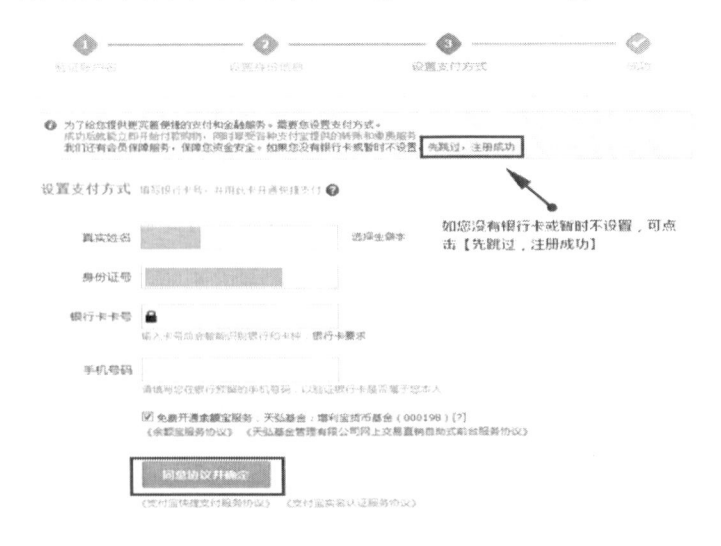

圖 2.7　支付寶個人帳戶設置支付方式

6. 輸入校驗碼，點擊【確認，註冊成功】完成開通支付寶服務且綁定銀行卡成功，如圖2.8所示。

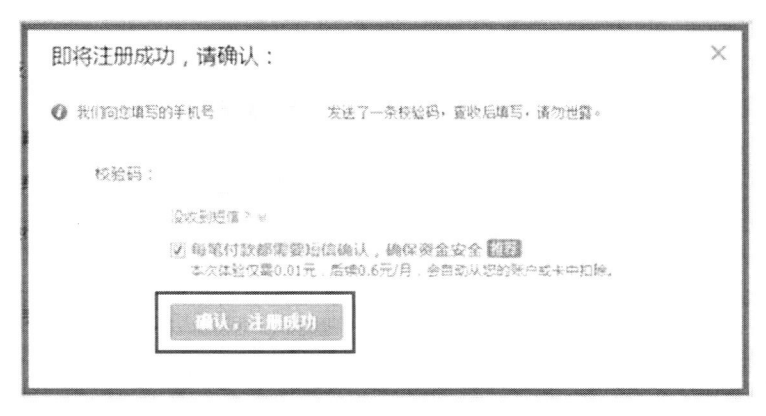

圖2.8　手機號驗證

7. 支付寶服務開通成功，如圖2.9所示。

圖2.9　支付寶服務開通成功

溫馨提示：部分帳戶註冊成功後，該登錄名可在支付寶、天貓、淘寶、聚劃算、一淘、阿里巴巴國際站、阿里巴巴中文站、阿里雲等阿里巴巴旗下網站通用，且登錄密碼與支付寶登錄密碼一致。

2.3.2　手機支付寶註冊個人帳戶

1. 用手機登錄支付寶，點擊【新用戶？立即註冊】，如圖2.10所示。

開發中國電商市場的電子商務基礎實驗

圖 2.10　手機支付寶註冊個人帳號界面

2. 設置帳戶頭像、昵稱，輸入手機號碼和登錄密碼，點擊【註冊】，【國家和地區】選擇【中國大陸】，點擊【密碼框】旁的眼睛可查看明文密碼，如圖 2.11 所示。

圖 2.11　設置註冊信息

3. 確認手機號碼，系統將發送驗證碼短信至該手機號機主，如圖 2.12 所示。

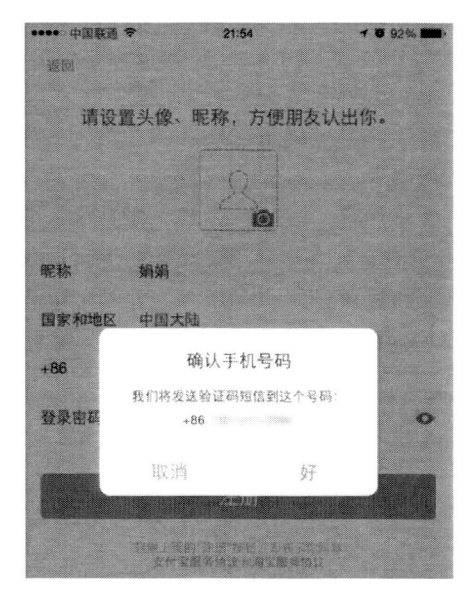

圖 2.12　確認手機號碼

4. 通過驗證，設置支付密碼，如圖 2.13 所示。

圖 2.13　設置支付密碼

註：註冊環節中不再需要補全支付密碼，在做首筆交易支付的時候補全 6 位支付密碼。

5. 註冊成功，如圖 2.14 所示。

圖 2.14　手機支付寶註冊成功

6. 如果系統判斷存在操作異常，在註冊中需要通過安全驗證，如圖 2.15 所示。

圖 2.15　安全驗證

7. 如果註冊的帳戶密碼和已有帳戶密碼一致，可直接登錄帳戶，如圖 2.16 所示。

圖 2.16　登錄手機支付寶

2.4　實踐練習

2.4.1　基礎練習

1. 註冊第三方支付

選擇一家第三方支付，註冊第三方支付帳戶，瞭解第三方支付的主要功能與業務種類。

2. 使用第三方支付

選擇合適的購物網站，購買一件商品，使用第三方支付進行支付。

2.4.2　拓展練習

下載第三方支付 APP，全面瞭解 APP 各項功能與業務種類，瞭解第三方支付 APP 的安全事項，使用第三方支付 APP 進行支付。

第 3 章　網上購物

3.1　實驗目的與基本要求

1. 瞭解國內電商的交易規模與市場格局。
2. 瞭解主流購物網站。
3. 掌握網上購物流程。

3.2　基礎知識

3.2.1　購物網站分類

購物網站就是為買賣雙方交易提供的互聯網平臺，賣家可以在網站上登出其想出售商品的信息，買家可以從中選擇併購買自己需要的物品。目前國內比較知名的 B2C 購物網站有天貓、京東、當當、蘇寧易購等；提供個人對個人的 C2C 買賣平臺有淘寶等；為商家間提供交易服務的 B2B 交易平臺有阿里巴巴、慧聰網等；以及快速發展的本地生活服務 O2O 平臺有美團點評、口碑等。

B2B：Business to Business，是商家對商家的一種經營模式。B2B 是中國最早的電子商務模式，B2B 模式把線下批發銷售業務逐漸轉移到線上，拉起了中國電子商務發展的帷幕，典型案例是阿里巴巴。

B2C：Business to Customer，是商家對顧客的一種經營模式，是相對於線下超市、商場的一種網上商城模式，典型案例是京東。

C2C：Customer to Customer，是顧客對顧客的一種經營模式，有網上集市之稱，典型案例是淘寶。

O2O：Online to Offline，是一種線上行銷與線下實體服務體驗相結合、線上線下無縫連接以提升商業效率與用戶體驗的商業模式，典型案例是美團。

3.2.2　國內主流購物網站

1. B2B 電子商務

Analysys 易觀發布的《中國電子商務 B2B 市場年度綜合分析（2017）》數據顯示，

2017 年中國 B2B 電商市場交易規模達到 17.5 萬億元，同比增長 22.1%。2011—2017 年中國 B2B 電商市場交易規模及增速如圖 3.1 所示。

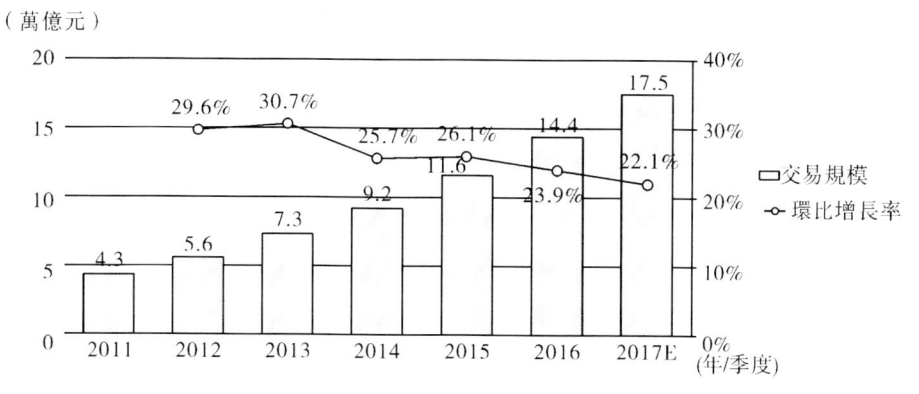

圖 3.1 2011—2017 年中國 B2B 電商市場交易規模

在國內 B2B 電商市場中，阿里巴巴以 45.0%的市場份額的絕對優勢繼續領跑，慧聰網、環球資源網、國聯股份、馬可波羅、敦煌網、中國製造網、網庫集團、金泉網均佔有一定的市場份額，如圖 3.2 所示。

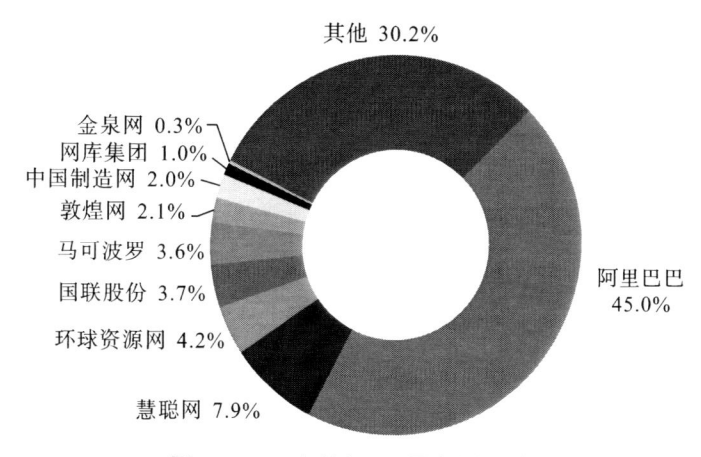

圖 3.2 2016 年綜合 B2B 電商市場份額

2. B2C 電子商務

Analysys 易觀發布的《中國網上零售 B2C 市場季度監測報告（2017 年第 2 季度）》數據顯示，2017 年第 2 季度，中國網上零售 B2C 市場交易規模為 8,604.6 億元，同比增長 32%，如圖 3.3 所示。

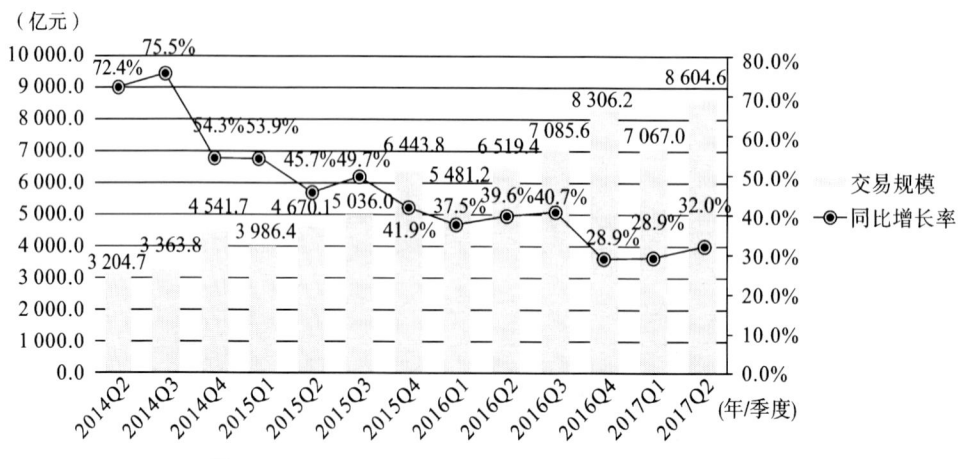

圖 3.3　2014Q2—2017Q2 中國網絡零售 B2C 市場交易規模

在市場份額方面，2017 年第 2 季度，天貓市場份額為 51.3%，居首位，京東、唯品會分別以 32.9%、3.2% 的市場份額位居第二、第三位，主流 B2C 網站及市場份額如圖 3.4 所示。

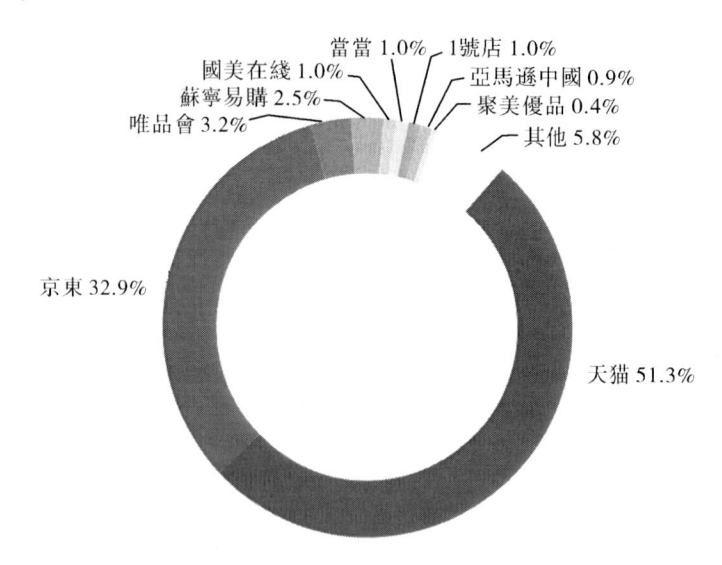

圖 3.4　2017 年第 2 季度中國網絡零售 B2C 市場交易規模

3. O2O 電子商務

2017 年 7 月 1 日，艾瑞諮詢發布《2017 年中國本地生活 O2O 行業研究報告》數據顯示，2017 年中國本地生活服務 O2O 行業規模有望達 9,779.9 億元，同比增長 28.3%，如圖 3.5 所示。到店場景成為本地生活服務 O2O 的主力消費場景，美團點評與口碑網形成兩強對峙的格局。

28

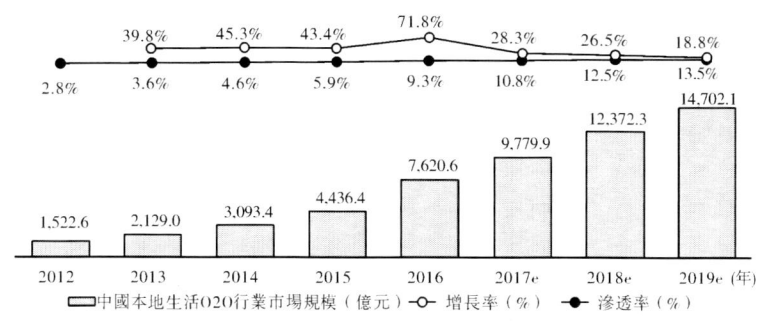

圖 3.5　2012—2019 年中國本地生活 O2O 行業市場規模

3.3　實驗步驟

以京東為例，介紹網上購物流程，主要包括用戶註冊、查找商品、加入購物車、提交訂單、查看訂單狀態、收貨後評價等幾個步驟，如圖 3.6 所示。

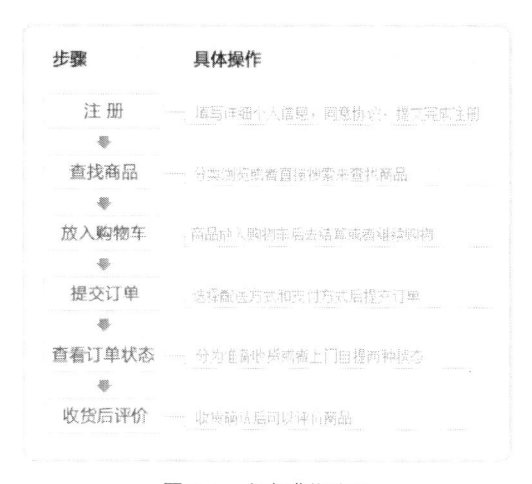

圖 3.6　京東購物流程

3.3.1　註冊帳號

若還沒有京東帳號，打開京東網首頁，在上方居中位置，點擊【免費註冊】按鈕，如圖 3.7 所示。

開發中國電商市場的電子商務基礎實驗

圖 3.7　京東首頁面

　　進入到註冊頁面，瀏覽「京東用戶註冊協議和隱私政策」內容，點擊【同意並繼續】，填寫用戶名、登錄密碼、密碼、手機號碼，獲取短信驗證碼，完成註冊，如圖 3.8 所示。

圖 3.8　京東註冊頁面

註冊完畢後，登錄京東網，在【設置】中心，對帳號安全性、收貨地址進行設置，如圖 3.9 和圖 3.10 所示。

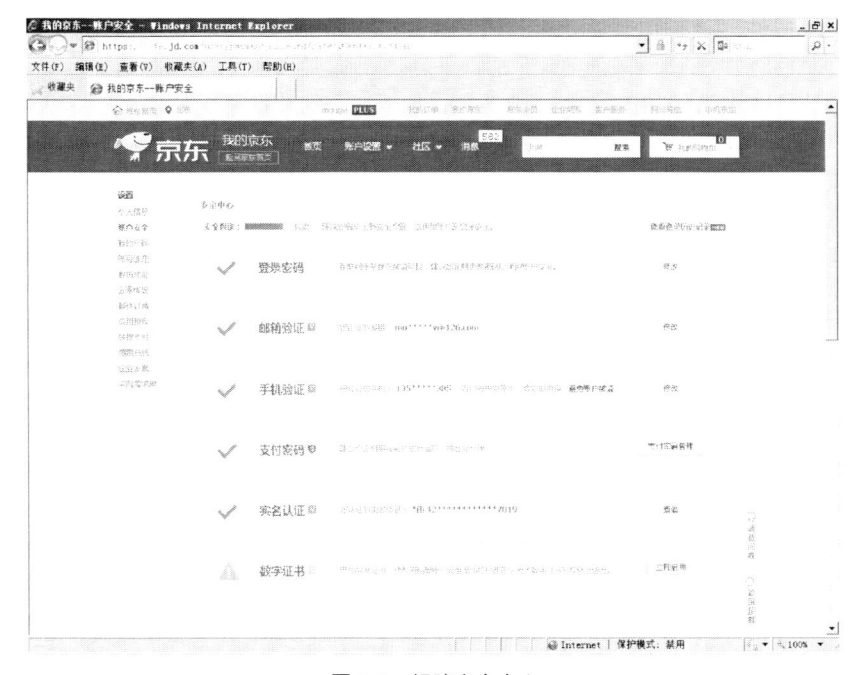

圖 3.9　帳號安全中心

圖 3.10　添加收貨地址

3.3.2 查找商品

在網站首頁左側按類別進行查找，或者在頁面頂部文本框中輸入搜索商品，如圖3.11 所示。

圖 3.11 查找商品

進入產品列表頁面，可以通過品牌、價格、產品參數、配送方式、付款方式、評論等多種方式篩選商品，如圖 3.12 所示。

圖 3.12 篩選商品

3.3.3　加入購物車

瀏覽商品，選擇商品查看商品介紹、用戶評論等信息，若需購買，則點擊【加入購物車】，如圖 3.13 所示。

圖 3.13　瀏覽商品信息並加入購物車

將商品加入購物車後，跳轉到購物車頁面，對購物車內商品進行管理，包括刪除商品、修改商品數量等，如圖 3.14 所示。

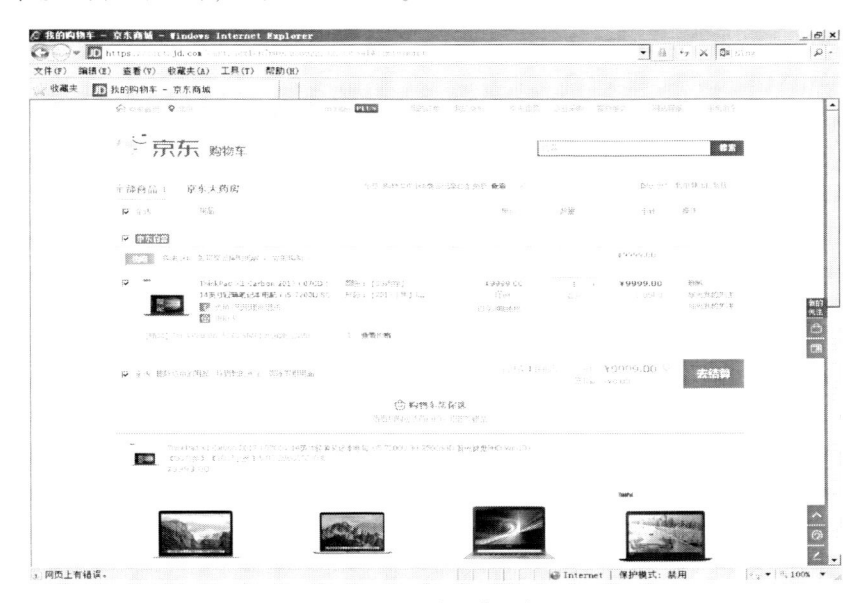

圖 3.14　管理購物車

3.3.4 提交訂單

查看購物車，若商品清單無誤，點擊【去結算】，進入訂單信息頁面，填寫收貨人信息、支付方式、發票信息、優惠券與禮品卡信息，再次核實金額，點擊【提交訂單】，如圖 3.15 所示。

圖 3.15 填寫訂單信息並提交

3.3.5 查看訂單狀態

訂單提交後，等待收貨。收貨前可以查看訂單狀態，跟蹤訂單配送流程與時間，如圖 3.16 所示。或者點擊【我的訂單】，查看歷史訂單，如想取消該交易可取消未收貨訂單，如圖 3.17 所示。

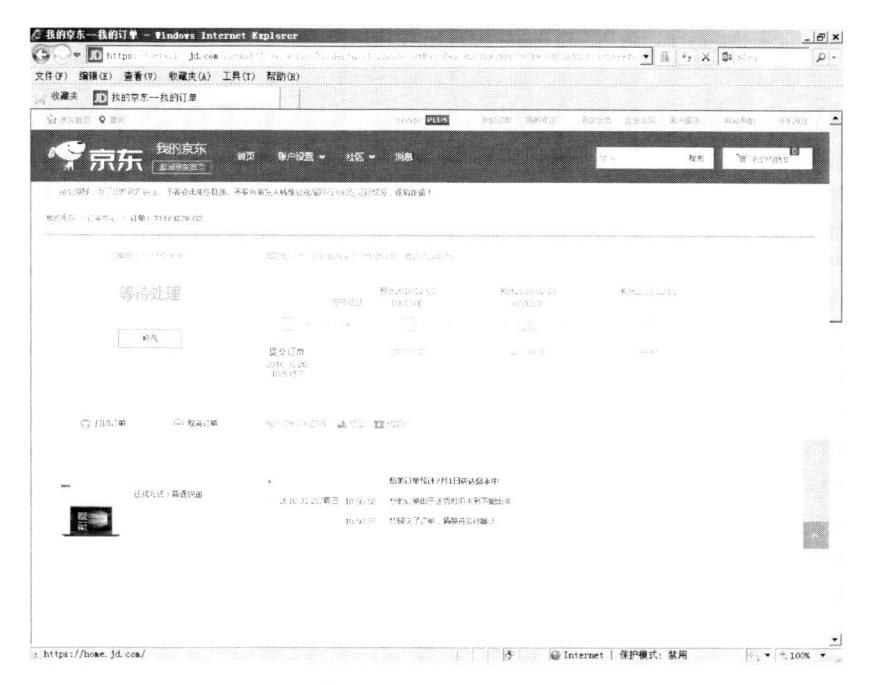

圖 3.16　查看訂單狀態

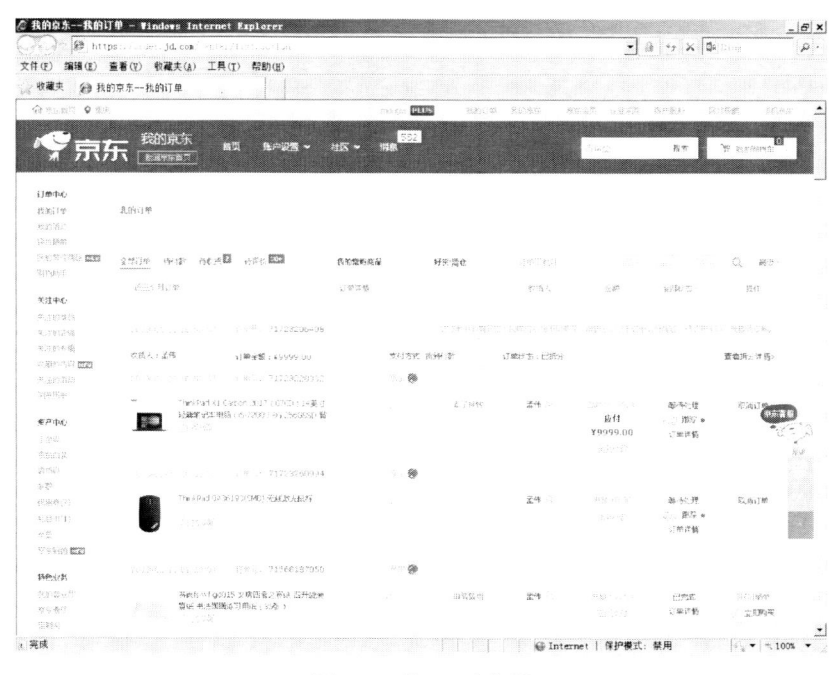

圖 3.17　管理歷史訂單

3.3.6 購買評價

收貨後，可對配送服務與商品進行評價，評價信息供其他消費者參考，如圖 3.18 所示。

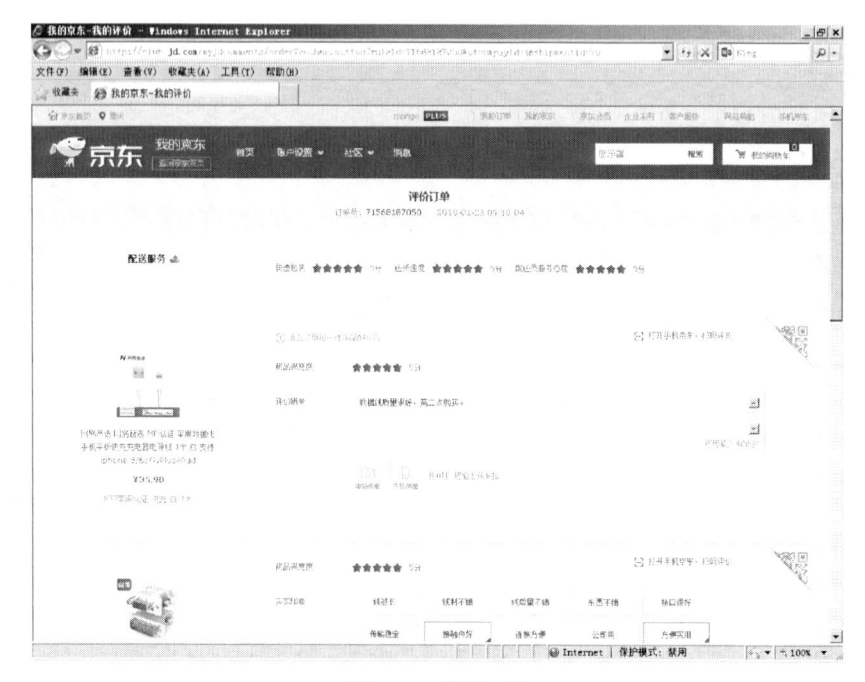

圖 3.18　購買評價

3.4　實踐練習

3.4.1　基礎練習

1. 選擇購物網站

選擇一家購物網站，註冊用戶。

2. 體驗購物流程

瀏覽並選擇商品，下訂單，填寫支付信息和物流配送信息，等待收貨。對商品、購物體驗等進行評價。

3.4.2　拓展練習

選擇一家境外電商網站，體驗海淘購物流程，瞭解境外購物網站的頁面風格、商品分類、商品價格、物流配送等信息，熟悉跨境電商匯率與報關等流程。

第二篇 技術篇

開發中國電商市場的電子商務基礎實驗

第 4 章　輕量級網絡服務器

4.1　實驗目的與基本要求

1. 瞭解服務器的基本概念。
2. 掌握輕量級 Web 服務器的配置方法。
3. 掌握輕量級 FTP 服務器的配置方法。

4.2　基礎知識

4.2.1　網絡服務器的基本概念

　　服務器是提供計算服務的設備。由於服務器需要回應服務請求，並進行處理，因此一般來說服務器應具備承擔服務並且保障服務的能力。服務器的構成包括處理器、硬盤、內存、系統總線等，和通用的計算機架構類似，但是由於需要提供可靠的服務，因此對其的處理能力、穩定性、可靠性、安全性、可擴展性、可管理性等方面的要求更高。在網絡環境下，服務器根據提供的服務類型不同，分為文件服務器、打印服務器、數據庫服務器、Web 應用服務器、郵件服務器、DHCP 服務器、DNS 服務器等。

4.2.2　DNS 服務器

1. DNS 服務器的工作原理

　　DNS 分為 Client 和 Server，Client 扮演發問的角色，問 Server 一個 Domain Name，Server 必須要回答此 Domain Name 的真正 IP 地址。DNS 先查自己的資料庫，如果自己的資料庫沒有，則會向該 DNS 上所設的 DNS 詢問，依次得到答案之後，將收到的答案存起來，並回答客戶。

　　DNS 服務器會根據不同的授權區（Zone），記錄所屬該網域下的名稱資料，包括網域下的次網域名稱和主機名稱。

　　在 DNS 服務器中有快取緩存區（Cache）。快取緩存區的主要目的是將該名稱服務器查詢出來的名稱及相對的 IP 地址記錄在快取緩存區中，當下次其他客戶端到次服務器查詢相同的名稱時，服務器就直接從緩存區中找到該名稱記錄資料，傳回客戶端，加速客戶端查詢名稱的速度。

2. 域名解析過程

假設要查詢互聯網上名稱為 www.test.com.cn 的 IP 地址，從名稱可知此主機在中國 CN，要找組織名稱 test.com.cn 網域下的 www 主機。名稱解析過程如下：

（1）在 DNS 客戶端（CMD 命令行模式）鍵入查詢主機的指令，如：

c:\ping www.test.com.cn

pinging www.test.com.cn【192.72.80.36】with 32bytes of data

reply from 192.72.80.36 bytes time <10ms ttl 253

（2）DNS 服務器先查詢是否屬於該網域下的主機名稱，如果該主機名稱並不屬於該網域範圍，再查詢快取緩存區的記錄資料是否有此機名稱。

（3）查詢緩存區中沒有此記錄資料，查詢根網域的 DNS 服務器，發出查詢 www.test.com.cn 的 Request。

（4）在根網域中，向 Root Name Server 詢問，Root Name Server 記錄各 Top Domain 分別由哪些 DNS Server 負責。Root Name Server 會回應最接近的 Name Server 為控制 CN 網域的 DNS 服務器。

（5）Root Name Server 已告知 Local DNS Server 負責 .cnDomain 的 Name Server，Local DNS 再發出查詢 www.test.com.cn 名稱的 Request。

（6）在 .cn 網域中，指定 DNS 服務器在本機上沒有找到此名稱的記錄，會回應最近的主機為控制 com.cn 網域的 DNS 服務器。

（7）原本被查詢的 DNS 服務器主機，收到繼續查詢的 IP 地址後，再向 com.cn 網域的 DNS Server 發出查詢 www.test.com.cn 名稱的 Request。

（8）在 com.cn 網域中，被指定的 DNS Server 在本機上沒有找到此名稱的記錄，會回應最接近控制 test.com.cn 網域的 DNS 主機。

（9）原本被查詢的 DNS Server，在接收到應繼續查詢的地址，向 test.com.cn 網域的 DNS Server 發出尋找 www.test.com.cn 的要求，最後會在 test.com.cn 網域的 DNS Server 找到 www.test.com.cn 主機的 IP。

（10）原本發出查詢要求的 DNS 服務器，在接收到查詢結果的 IP 地址後，回應回給原查詢名稱的 DNS 客戶端。

3. 兩種 DNS 查詢模式

有兩種詢問原理，分為遞歸式（Recursive）和交談式（Interactive）。前者是由 DNS 代理去問，問的方法是用 Interactive 方式，後者是由本機直接做 Interactive 式詢問。由 www.test.com.cn 解析過程可知，一般在查詢名稱過程中，這兩種查詢模式是交互存在的。

遞歸式：DNS 客戶端向 DNS Server 的查詢模式，這種方式將查詢的封包送出去問，等待正確名稱的正確回應，這種方式只處理回應回來的封包是否為正確回應但找不到該名稱的錯誤訊息。

交談式：DNS Server 間的查詢模式，由 Client 端或 DNS Server 發出去問，回應回來的資料不一定是最後正確的名稱位置，但也不是錯誤訊息的回應，而是回應回來告知最接近的 IP 位置，然後再到此最接近的 IP 上去尋找所要解析的名稱，反覆操作直到找到正確位置。

4.2.3 DHCP 服務器

1. DHCP 服務器的基本概念

動態主機分配協議（DHCP）是一種簡化主機 IP 地址分配管理的 TCP/IP 標準協議。用戶可以利用 DHCP 服務器管理動態 IP 地址的分配及其他相關環境配置工作，如 DNS、WINS、Gateway 的設置。

在使用 TCP/IP 協議的網絡上，每一臺計算機都擁有唯一的計算機名和 IP 地址。IP 地址（及其子網掩碼）用於鑑別其所連接的主機和子網。當用戶將計算機從一個子網移動到另一個子網的時候，一定要改變該計算機的 IP 地址。如果採用靜態 IP 地址的分配方法將增加網絡管理員的負擔，而 DHCP 可以讓用戶將 DHCP 服務器中的 IP 地址數據庫中的 IP 地址動態分配給局域網中的客戶機，從而減輕了網絡管理員的負擔。用戶可以利用 DHCP 服務在網絡上自動分配 IP 地址及相關環境配置。

在使用 DHCP 時，整個網絡至少有一臺服務器上安裝了 DHCP 服務，其他使用 DHCP 功能的工作站也必須設置成利用 DHCP 獲得 IP 地址。

2. 使用 DHCP 的作用

（1）安全可靠的設置

DHCP 避免了因手工設置 IP 地址及子網掩碼所產生的錯誤，同時也避免了把一個 IP 地址分配給多臺工作站所造成的地址衝突。

（2）減輕了管理 IP 地址設置的負擔

使用 DHCP 服務器大大縮短了配置或重新配置網絡中工作站所花費的時間，同時通過對 DHCP 服務器的設置可靈活設置地址的租期。DHCP 地址租約的更新過程由客戶機與 DHCP 服務器自動完成，無須網絡管理員干涉。

3. DHCP 常用術語

（1）作用域

作用域是一個網絡中所有可分配 IP 地址的連續範圍。作用域主要被用來定義網絡中單一物理子網的 IP 地址範圍。作用域是服務器用來管理分配給網絡客戶 IP 地址的主要工具。

（2）超級作用域

超級作用域是一組作用域的集合，它用來實現同一個物理子網中包含多個邏輯 IP 子網。超級作用域中只包含一個成員作用域或子作用域的列表。

（3）排除範圍

排除範圍是不用於分配的 IP 地址序列。保證在這個序列中的 IP 地址不會被 DHCP 服務器分配給客戶機。

（4）地址池

用戶定義 DHCP 範圍及排除範圍後，剩餘的 IP 地址組成一個地址池。地址池中的地址可以動態分配給網絡中的客戶機使用。

（5）租約

租約是 DHCP 服務器指定的時間長度，在這個時間範圍內客戶機可以使用所獲得的 IP 地址。當客戶機獲得 IP 地址時租約被激活，在租約到期前客戶機需要更新 IP 地址的租約，當租約過期或從服務器上刪除則租約停止。

（6）保留地址

用戶可以利用保留地址創建一個永久的地址租約。保留地址保證子網中的指定硬件設備始終使用同一個 IP 地址。

4.2.4　Web 服務器

1. Web 服務器簡介

Web 服務器也稱 WWW（World Wide Web）服務器，其主要功能是提供網頁瀏覽服務。

Web 服務器可以理解為一臺負責提供網頁服務的計算機，通過 HTTP 協議將 HTML 網頁文件傳給客戶機。客戶機通過 IE、Chrome、Firefox 等網頁瀏覽器查看網頁。Web 服務器使用超文本標記語言描述網絡資源，創建網頁，以供 Web 瀏覽器閱讀。通俗地說，我們平時上網看新聞，瀏覽的各新聞頁面，其實就是放在一個 Web 服務器上的，上網通過超文本傳輸協議（HTTP）看到了這個頁面，但是這個頁面是 HTML 類型的，網絡上的 Web 服務器還支持 ASP、PHP、JSP 等腳本。

2. 主流 Web 服務器

在 UNIX 和 Linux 平臺下使用最廣泛的免費 HTTP 服務器是 W3C、NCSA、Apache 和 Tomcat 服務器，而 Windows Server 平臺使用 IIS 的 Web 服務器。

在選擇 Web 服務器時應考慮的特性因素主要有：性能、安全性、日志和統計、虛擬主機、代理服務器、緩衝服務和集成應用程序等。

（1）Microsoft IIS

Microsoft 的 Web 服務器產品為 Internet Information Server（IIS）。IIS 是允許在公共 Intranet 或 Internet 上發布信息的 Web 服務器。IIS 是目前最流行的 Web 服務器產品之一，很多著名網站都建立在 IIS 平臺上。IIS 提供了一個圖形界面的管理工具，稱為 Internet 服務管理器，可用於監視配置和控制 Internet 服務。

IIS 是一種 Web 服務組件，包括 Web 服務器、FTP 服務器、NNTP 服務器和 SMTP 服務器等，分別用於網頁瀏覽、文件傳輸、新聞服務和郵件發送等，使得在網絡（包括互聯網和局域網）上發布信息成了一件很容易的事。提供 ISAPI（Intranet Server API）作為擴展 Web 服務器功能的編程接口；同時，還提供 Internet 數據庫連接器，可以實現對數據庫的查詢和更新。

（2）IBM WebSphere Server

WebSphere Application Server 基於 Java 應用環境，用於建立、部署和管理 Internet 和 Intranet Web 應用程序，是一種功能完善、開放的 Web 應用程序服務器。IBM 提供 WebSphere 產品系列，面向以 Web 為中心的開發人員，通過提供綜合資源、可重複使用的組件、功能強大並易於使用的工具，以及支持 HTTP 和 IIOP 通信的可伸縮運行時環境，來幫助這些用戶從簡單的 Web 應用程序轉移到電子商務業務。

（3）BEA WebLogic Server

BEA WebLogic Server 是一種多功能、基於標準的 Web 應用服務器，為企業構建自己的應用提供了堅實的基礎。由於 BEA WebLogic Server 具有全面的功能、對開放標準有遵從性、具備多層架構、支持基於組件的開發，適合互聯網企業開發、部署應用。

BEA WebLogic Server 為構建集成化的企業級應用提供了穩固的基礎，以 Internet 的容量和速度，在連網的企業之間共享信息、提交服務、實現協作自動化。BEA WebLogic Server 的遵從 J2EE、面向服務的架構，以及豐富的工具集支持，便於實現業務邏輯、數據和表達的分離，提供開發和部署各種業務驅動應用所必需的底層核心功能。

（4）Oracle IAS

Oracle IAS 英文全稱是 Oracle Internet Application Server，即 Internet 應用服務器。Oracle IAS 是基於 Java 的應用服務器，通過與 Oracle 數據庫等產品的結合，Oracle IAS 能夠滿足 Internet 應用對可靠性、可用性和可伸縮性的要求。

Oracle IAS 作為一個集成的、通用的中間件產品，最大的優勢是其集成性和通用性。在集成性方面，Oracle IAS 將業界最流行的 HTTP 服務器 Apache 集成到系統中，集成了 Apache 的 Oracle IAS 通信服務層，可以處理多種客戶請求，包括來自 Web 瀏覽器、胖客戶端和手持設備的請求，並且根據請求的具體內容，分發給不同的應用服務進行處理。在通用性方面，Oracle IAS 支持各種業界標準，包括 JavaBeans、CORBA、Servlets 以及 XML 標準等，便於用戶將其他系統平臺上開發的應用移植到 Oracle 平臺上。

（5）Apache

Apache 源於 NCSAhttpd 服務器，是全球最流行的 Web 服務器軟件，全球很多著名網站都架設在 Apache 服務器上。Apache 的特點是簡單、速度快、性能穩定，並可做代理服務器來使用。最初只用於小型或試驗 Internet 網絡，後來逐步擴充到各種 UNIX 系統中，尤其適合 Linux 系統。Apache 是開源軟件，開源社區持續開發新功能、新特性、修改完善，支持跨平臺的應用，擁有強大的可移植性。

（6）Tomcat

Tomcat 是一個開放源代碼，是基於 Apache 許可證下開發的自由軟件。其運行 Servlet 和 JSP Web 應用軟件，基於 Java 的 Web 應用軟件容器。Tomcat Server 根據 Servlet 和 JSP 規範進行執行，Tomcat Server 也實行了 Apache-Jakarta 規範且比絕大多數商業應用軟件服務器更符合規範，目前許多 Web 服務器都是採用 Tomcat。

4.2.5　FTP 服務器

1. 介紹

FTP（File Transfer Protocol）是文件傳輸協議的簡稱，支持 FTP 協議的服務器就是 FTP 服務器。FTP 的主要作用就是讓用戶連接上一個遠程計算機（遠程計算機上運行著 FTP 服務器程序），查看遠程計算機文件，將文件從遠程計算機下載到本地計算機，或把本地計算機的文件上傳到遠程計算機。

與大多數 Internet 服務一樣，FTP 也是客戶機/服務器系統。用戶通過一個支持 FTP 協議的客戶端程序，連接到在遠程主機上的 FTP 服務器程序。用戶通過客戶端程序向服務器程序發出命令，服務器程序執行用戶所發出的命令，並將執行的結果返回到客戶機。比如，用戶發出一條命令，要求服務器向用戶傳送某文件的一份拷貝，服務器會回應這條命令，將指定文件送至用戶的機器上。客戶機程序代表用戶接收到這個文件，將其存放在用戶目錄中。

2. 主流 FTP 服務器軟件

目前在 UNIX 和 Linux 下常用的免費 FTP 服務器軟件主要是 Wu-FTP、ProFTP 等。Windows Server 平臺除了使用本身的 IIS 架構 FTP 服務器外，常用 FTP 服務器軟件還有 Serv-U、WS-FTP Server、Crob FTP Server 等。

（1）Wu-FTP

絕大多數 Linux 發行版本中都有 Washington University FTP，這是一個著名的 FTP 服務器軟件，一般簡稱為 Wu-FTP。Wu-FTP 功能強大，能夠很好地運行於眾多的 UNIX 操作系統，例如：IBM AIX、FreeBSD、HP-UX、NeXTstep、Dynix、SunOS、Solaris 等，互聯網上 FTP 服務器多數都使用 Wu-FTP。

Wu-FTP 擁有許多強大的功能，較符合吞吐量較大的 FTP 服務器的管理要求：①可以在用戶下載文件的同時對文件做自動壓縮或解壓縮操作；②可以對不同網絡上的機器做不同的存取限制；③可以記錄文件上載和下載時間；④可以顯示傳輸時的相關信息，方便用戶及時瞭解目前的傳輸動態；⑤可以設置最大連接數，提高了效率，有效控制負載。

（2）ProFTPD

ProFTPD 是一個在 UNIX 平臺上或是類 UNIX 平臺上（如 Linux，FreeBSD 等）的 FTP 服務器程序，是在自由軟件基金會的版權聲明（GPL）下開發、發布的免費軟件。任何人只要遵守 GPL 版權聲明，都可以隨意修改 ProFTPD 源代碼。

ProFTPD 有如下特點：①單一主設置文件，包含許多指令以及其支配的組；②可設定多個虛擬 FTP Server，匿名 FTP 服務更加容易；③可根據系統的負載選擇以單獨運作方式或是由 inetd 啟動；④匿名 FTP 的根目錄不需要特定的目錄結構、系統二進制執行文件或其他系統文件；⑤ProFTPD 不執行任何外部程序以免造成安全漏洞；⑥具有隱藏目錄或隱藏文件，源自於 UNIX 形式的文件權限，或是 user/group 類型的文件權限設定；⑦能夠供一般使用者在單獨運作模式下執行，以降低某些借助攻擊方式取得 root 權的可能性。

（3）IIS（FTP）

如果需要建立小型的 FTP 服務器，且不會同時進行大流量的數據傳輸，可以用 Windows 系統的 IIS 作為服務器軟件來架設。

（4）Serv-U

Serv-U 是一種被廣泛應用的 FTP 服務器端軟件，支持 Windows 全系列操作系統。Serv-U 安裝簡單，功能強大，可以用同一個 IP 設定多個 FTP 服務器，限定登錄用戶的權限、登錄主目錄及空間大小，支持遠程登錄管理等，適合絕大部分個人自建 FTP 需要。

4.2.6 郵件服務器

1. 介紹

郵件服務器即支持收發電子郵件的服務器。流行的郵件服務器系統軟件一般是基於 Web、POP3、IMAP4、SMTP 和 ESMTP 協議的電子郵件管理平臺，可為企業提供功能完善的、高性能的電子郵件系統。虛擬域的支持使用戶不僅可以用傳統的電子郵件客戶端訪問自己的郵件，也可以在任何時間、任何地點用瀏覽器訪問和管理郵箱。其自動的郵件採集、轉發、回覆功能，為用戶使用電子郵件提供了極大的靈活性和方便性。

2. 主流郵件服務器軟件

（1）Sendmail

在 UNIX 系統中，Sendmail 是應用最廣的電子郵件服務器。幾乎所有 UNIX 的缺省配置中都內置 Sendmail，只需要設置好操作系統，就能立即運轉起來。作為一個免費軟件，Sendmail 可以支持數千甚至更多的用戶，而且占用的系統資源很少。

（2）Postfix

Postfix 設計上實現了程序在過量負載情況下仍然保證程序的可靠性。Postfix 由十多個小的子模塊組成，每個子模塊完成特定的任務，如通過 SMTP 協議接收一個消息，發送一個消息，本地傳遞一個消息，重寫一個地址等。Postfix 使用多層防護措施防範攻擊者來保護本地系統，Postfix 要比同類的服務器產品速度快三倍以上，一臺安裝 Postfix 的臺式機一天可以收發上百萬封郵件。

（3）Qmail

Qmail 按照 UNIX 思路的模塊化設計方法，具備較高的性能，還提供一些技術手段增強系統的可靠性和安全性，提供了與 Sendmail 兼容的方式來處理轉發、別名等操作。Qmail 將系統劃分為不同的模塊，包括負責接收外部郵件模塊、管理緩衝目錄中待發送郵件隊列模塊、將郵件發送到遠程服務器或本地用戶模塊。

（4）iPlanet Messaging Server

iPlanet Messaging Server 是為企業和服務提供商設計的強大、可靠、大容量的 Internet 郵件服務器。Messaging Server 採用集中的 LDAP 數據庫存儲用戶、組和域的信息，支持標準的協議、多域名和 Webmail，具有強大的安全和訪問控制。iPlanet Messaging Server 作為開放可擴展的基於 Internet 的高性能電信級通信平臺，能夠支持千萬級用戶，具有授權管理、虛擬主機與虛擬域功能，易於擴展。

（5）Domino

Domino 郵件服務器擁有提供可用於電子郵件、Web 訪問、在線日曆和群組日程安排、協同工作區、公告板和新聞組服務的統一體系結構。其支持 Lotus Notes、Web 瀏覽器、Outlook、PDA 等各類客戶端，無線用戶能夠隨時隨地安全地收發信息。

（6）Exchange Server

Exchange Server 是一個設計完備的郵件服務器產品，提供了包括電子郵件、會議安排、團體日程管理、任務管理、文檔管理、即時會議和工作流等豐富的協作應用。

Exchange Server 協作應用以消息交換為出發點，具備業界最強的擴展性、可靠性、安全性和最高的處理性能。除了常規的 SMTP/POP 協議服務之外，Exchange Server 還支持 IMAP4、LDAP 和 NNTP 協議。Exchange Server 服務器有兩種版本，標準版包括 Active Server、網絡新聞服務和一系列與其他郵件系統的接口；企業版除了包括標準版的功能外，還包括與 IBM OfficeVision、X.400、VM 和 SNADS 通信的電子郵件網關，Exchange Server 支持基於 Web 瀏覽器的郵件訪問。

4.3 實驗步驟

4.3.1 Web 服務器軟件安裝與配置

1. 下載服務器軟件

在網上搜索「簡易 ASP 服務器」，找到合適的下載站點，將其下載保存到本地計算機，雙擊運行主程序。

2. 設置網站目錄

設置網站主目錄，如 E 盤根目錄下的 web 文件夾「e：\web」，如圖 4.1 所示。

圖 4.1　設置 Web 服務器網站目錄

3. 設置網站端口和主頁

設置網站端口為默認端口 80，設置網站主頁，根據需要選擇【自動啓動】或【開機啓動】功能選項，如圖 4.2 所示。

圖 4.2　設置 Web 服務器端口與主頁

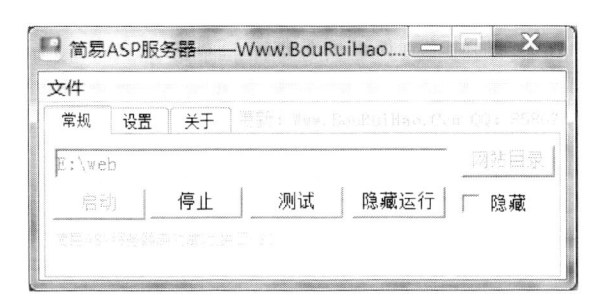

4. 啟動 Web 服務器

啟動後，Web 服務器開始運行，如圖 4.3 所示。

注意：當防火牆顯示阻止設置時，要允許應用通過防火牆。

圖 4.3　啟動 Web 服務器

4.3.2　FTP 服務器軟件安裝與配置

1. 下載 FTP 服務器軟件

在網上搜索「Slyar FTPserver」，找到合適的下載站點，將其下載保存到本地計算機，雙擊運行主程序。

2. 設置 FTP 服務器

運行 FTPserver，設置 FTP 端口號、帳戶名稱和密碼，設置 FTP 目錄（與 Web 服務器目錄相同），設置訪問權限，如圖 4.4 所示。

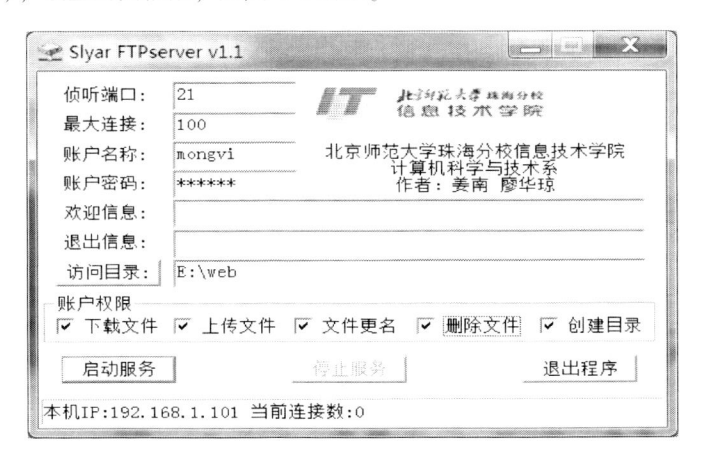

圖 4.4　設置 FTP 服務器

偵聽端口：FTP 服務器服務端口，默認為 21。

最大連接：允許同時連接數量。

帳戶名稱和密碼：用於訪問該 FTP 服務器的帳號和密碼，若允許匿名訪問，則帳戶名稱為「anonymous」，密碼空缺。

歡迎信息：登錄該 FTP 服務器顯示的信息。

退出信息：退出該 FTP 服務器顯示的信息。

訪問目錄：登錄該 FTP 服務器顯示的 FTP 根目錄。

用戶權限：根據需要選擇是否允許下載文件、上傳文件、文件更名、刪除文件、創建文件等。

2. 啓動 FTP 服務器

啓動服務後，FTP 服務器開始運行，如圖 4.5 所示。

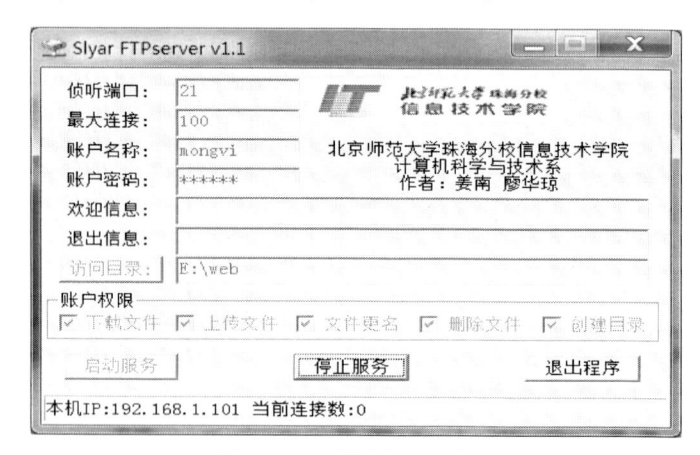

圖 4.5　FTP 服務器運行狀態

4.3.3　上傳網頁文件

1. 解壓網站程序

訪問網站源代碼下載網站，選擇並下載合適的 ASP 代碼網站程序。解壓網站程序壓縮包到合適位置，查看說明文件，瞭解安裝說明、初始帳號和密碼等信息。

2. 連接 FTP 服務器

運行 FlashFXP 等 FTP 客戶端軟件，輸入 IP 地址、用戶名和密碼，如圖 4.6 所示。

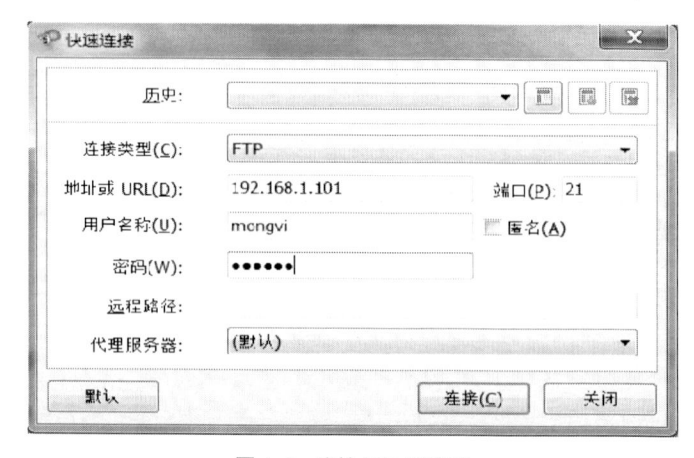

圖 4.6　連接 FTP 服務器

3. 上傳網頁

連接到 FTP 服務器，選擇所有網頁文件，上傳到 FTP 服務器，如圖 4.7 所示。

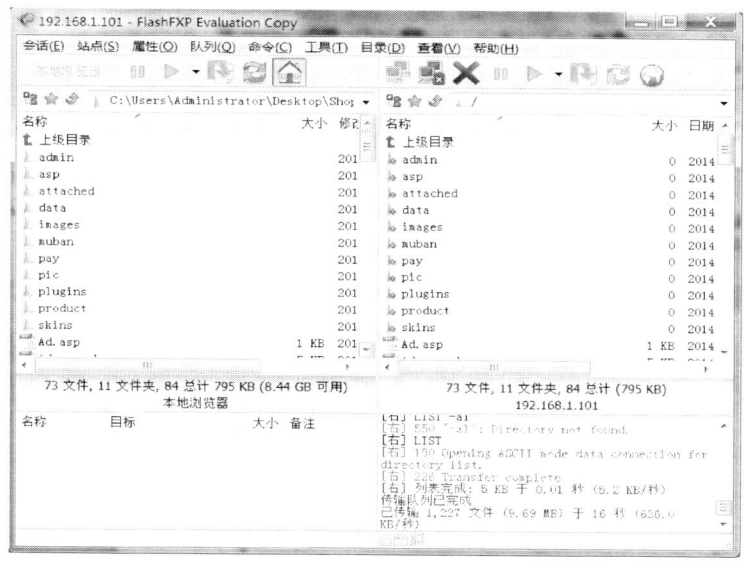

圖 4.7　FTP 傳輸文件狀態

因 FTP 服務器文件夾與 Web 服務器文件相同，以上網頁文件即上傳到 Web 服務器中。

4. 訪問網頁

通過 IP 地址可以訪問前面上傳的頁面，如圖 4.8 所示。

圖 4.8　訪問網頁

4.4 實踐練習

4.4.1 基礎練習

1. 下載服務器軟件

通過搜索引擎搜索實驗軟件，或由教師統一提供。

2. 下載網站程序

示例 Web 服務器軟件基於 ASP 技術，訪問 www.chinaz.com 等網站，下載 ASP 源碼網站程序包。

3. 配置並訪問網站

參照本章實驗步驟，對軟件和網站程序包進行配置，實現網站的正常訪問。

4.4.2 拓展練習

自行在網上搜索參考資料，下載並配置 Apache，Tomcat，IIS 等專業版 Web 服務器軟件和 Serv-U，Uftp 等專業版 FTP 服務器軟件，下載網站程序包，配置網站並瀏覽。

第 5 章　Vmware 虛擬機安裝網絡操作系統

5.1　實驗目的與基本要求

1. 瞭解虛擬機的基本概念。
2. 掌握虛擬機的配置方法。
3. 掌握網絡版操作系統的安裝方法。

5.2　基礎知識

5.2.1　虛擬機的基本概念

虛擬化技術是企業 IT 基礎設施建設和管理上的一個重大進步，虛擬化技術降低了 IT 基礎結構總成本，並為企業 IT 用戶提供了更好的服務水準，顯著提高了 IT 資源靈活性且極大地降低了 IT 基礎設施的複雜性。

早在 20 世紀 70 年代，IBM 研究中心就在實驗室裡實現了其主機的鏡像，算是最原始的虛擬機。40 多年來，虛擬機一直在大型機和小型機中運行，無聲無息。直到 Vmware 將 x86 虛擬機帶到了人們的面前，我們能夠在 Linux 中打開一個獨立的虛擬機系統，運行著熟悉的 Windows 操作系統，或在熟悉的 Windows 操作系統中體驗 Linux 和 UNIX 操作系統。至此虛擬技術真正開始得到廣泛瞭解和應用。

1. 虛擬硬件模式

虛擬硬件模式是最傳統的虛擬計算機模式。最早的虛擬硬件模式源自 IBM 大型機的邏輯分區技術。這種技術的主要特點是，每一個虛擬機都是一臺真正機器的完整拷貝，一個功能強大的主機可以被分割成許多虛擬機。目前，這一虛擬模式被業界廣泛借鑑，包括 HP vPAR、Vmware ESX Server 和 Xen 在內的虛擬技術都運用這樣的工作原理。

虛擬硬件模型在計算機、存儲和網絡硬件間建立了一個抽象的虛擬化平臺，使得所有的硬件被統一到一個虛擬化層中。在這個平臺頂部創建的虛擬機具有同樣的硬件結構，更好的可遷移性。在這種模型中，每個用戶都可以在虛擬機上運行程序、存儲數據，甚至虛擬機崩潰也不會影響系統本身和其他系統用戶。所以，虛擬機模型不僅允許資源共享，而且實現了系統資源的保護。高端的虛擬服務器產品可以直接在硬件上運行虛擬機，而不需要宿主操作系統。並且，通過相關的管理軟件，可以對每個虛擬機消耗的物理資源（網絡帶寬、磁盤 I/O 訪問等）進行精確的控制。

虛擬硬件虛擬技術有兩個顯著特點：①無論哪款產品，都可以直接用系統處理器執行 CPU 指令，根本不涉及虛擬層。②實現真正的分區隔離，每個分區只能占用一定的系統資源，包括磁盤 I/O 和網絡帶寬，並提高了系統的整體安全性。

目前，此類虛擬機的典型產品有 Vmware Workstation, GSX Server, ESX Server 和 Microsoft Virtual PC, Virtual Server 以及 Parallels Workstation 等。這些虛擬機軟件都具有同樣的特點：①虛擬了 Intel x86 平臺，可以同時運行多個操作系統和應用程序。使用虛擬化層，提供了硬件級的虛擬，即虛擬機為運行於虛擬機的操作系統映像提供了一整套虛擬的 Intel x86 兼容硬件。②虛擬了真正服務器所擁有主板芯片、CPU、內存、SCSI 和 IDE 磁盤設備、各種接口、顯示和其他輸入輸出設備等全部設備。③每個虛擬機都可以被獨立地封裝到一個文件中，可以實現虛擬機的靈活遷移。

2. 虛擬操作系統模型

虛擬操作系統模型是基於虛擬機運行的主機操作系統創建的一個虛擬層，用來虛擬主機的操作系統。在這個虛擬層之上，可以創建多個相互隔離的虛擬專用服務器（Virtual Private Server, VPS）。這些 VPS 可以最大化效率共享硬件、軟件許可證以及管理資源。對其用戶和應用程序來講，每一個 VPS 平臺的運行和管理都與一臺獨立主機完全相同，因為每一個 VPS 均可獨立進行重啓並擁有自己的 root 訪問權限、用戶、IP 地址、內存、過程、文件、應用程序、系統函數庫以及配置文件。對於運行著多個應用程序和擁有實際數據的產品服務器來說，虛擬操作系統的虛擬機可以降低成本消耗和提高系統效率。

操作系統虛擬化技術解決了在單個物理服務器上部署多個生產應用服務和存儲服務器時所面臨的挑戰。在應用服務部署完成之後，它們被集中於同一種操作系統以便於管理和維護。操作系統虛擬化是針對生產應用和服務器的完美虛擬化解決方案，共享的操作系統提供了更為有效的服務器資源並且大大降低了處理損耗。通過操作系統虛擬化，上百個 VPS 可以在單個的物理服務器上正常運行。

虛擬操作系統模式虛擬化解決方案同樣能夠滿足一系列的需求：①安全隔離，計算機資源的靈活性和控制，硬件抽象操作及最終高效、強大的管理功能。每一個 VPS 中的應用服務都是安全隔離的，且不受同一物理服務器上的其他 VPS 的影響。②運用專用的文件系統，使得文件瀏覽對所有 VPS 用戶來說就如常規服務器一樣，但卻無法被該服務器上的其他 VPS 用戶看到。③能夠即時分配、監控、計算並控制資源級別，完成對 CPU、內存、網絡輸入/輸出、磁盤空間以及其他網絡資源的靈活管理。④經過抽象的 VPS 具有相同的虛擬硬件結構，並可以在任意連網的服務器之間透明遷移，而不產生任何宕機時間。

目前，Parallels（原 SWsoft）的 Parallels Virtuozzo Containers 是這一領域的成熟產品。

3. Xen

在不斷增加的虛擬化技術列表中，Xen 是近來最引人注目的技術之一。Xen 在劍橋大學作為一個研究項目被開發出來，已經在開源社區中得到了極大的推動。Xen 是一款半虛擬化（Paravirtualizing）VMM（虛擬機監視器，Virtual Machine Monitor）。為了調用系統管理程序，要有選擇地修改操作系統，然而卻不需要修改操作系統上運行的應用程序。Xen 是一種特殊的虛擬硬件虛擬機，具有虛擬硬件虛擬機的大部分特性，其最大的不同點在於，Xen 需要修改操作系統內核。

Vmware 仍然是虛擬技術領域的領袖，在產品的成熟度方面它比 XenSource 公司有著很明顯的優勢。但是很多的業內人士認為，由於開源的原因，Xen 的實力將會越來越強。目前，開源領域的巨頭 Red Hat 公司以及 Novell 公司都已經開始將該技術整合進入它們於 Red Hat Enterprise Linux 5 系統以及 Novell、SuSE Linux Enterprise Server 10 系統。

5.2.2　Vmware 虛擬機介紹

1. Vmware 虛擬機概況

Vmware Workstation 能夠實現託管舊版應用程序並克服平臺遷移問題，在隔離的環境中配置和測試新軟件或修補程序，自動執行軟件開發和測試任務，在單臺 PC 或服務器上演示多層配置。Vmware 公司提供了從工作站版本到服務器版本，從遷移工具到管理工具的一系列產品，形成了一整套的解決方案。作為這個行業的領頭羊，Vmware 具有比較大的技術優勢。

（1）面向 IT 專業人員

使用 Vmware Workstation 方面，世界各地的 IT 專業人員都可以在單臺 PC 上以虛擬機的形式創建和測試多個計算環境。廣泛的操作系統支持使 Workstation 成為用於在虛擬機上運行舊版應用程序，或用於解決與新操作系統相關遷移問題的理想方案。可將 PC 設備成本降低 50%～60%，方便軟件遷移和更新，提高諮詢臺解決問題的速度。

桌面管理員可以先使用 Workstation 在一個隔離的環境中測試軟件更新、修補程序和補丁，然後再跨網絡部署它們。諮詢臺技術人員也可以從使用 Workstation 中獲益，他們可以創建虛擬機庫用以快速複製並解決用戶問題。

（2）面向軟件開發人員和測試人員

利用 Vmware Workstation，軟件開發人員可以在單臺 PC 上使用虛擬機來構建多個開發和測試環境，從而優化他們的工作。Workstation 使開發小組能夠方便地在虛擬機上為操作系統、預安裝的服務器和開發工具創建隨時可供訪問的庫，不僅縮短了上市時間，同時還免去了許多耗時的設置任務，加強質量保證，自動執行重複任務。

質量保證小組可以使用 Workstation 快速高效地測試大量案例和配置。與 IDE（如 Visual Studio 和 Eclipse）的集成使 QA 工程師的工作更輕鬆，因為他們用於應用程序測試和調試的所有平臺均可作為虛擬機在其主機上運行。

（3）面向技術銷售和培訓專業人員

系統工程師和其他技術銷售專業人員之所以鍾愛 Workstation，是因為它能夠讓他們輕鬆地演示複雜的多層應用程序。客戶可以使用 Workstation 中的小組功能來模擬整個虛擬網絡環境，其中包括客戶端、服務器和數據庫虛擬機，整個系統都在單臺 PC 上。該操作可降低企業軟件演示的成本和複雜性，創建隔離的「沙箱」環境，讓學員能在其中安全地進行實驗，便於進行基於計算機的培訓。

教師和培訓師可以使用 Workstation 快速創建可供學員使用的虛擬機，其中包含一學期內所有的課程和實驗。然後，學員可以使用安全、隔離的虛擬機中的多個操作系統、應用程序和工具進行實驗，而不會使主機或外部網絡面臨風險。

講師還可以將其虛擬機配置為在每節課結束後自動恢復為初始狀態，使虛擬機可以更方便地供下一組學員使用。

2. 虛擬設備與服務介紹

VMnet0：這是 Vmware 用於虛擬橋接網絡下的虛擬交換機。

VMnet1：這是 Vmware 用於虛擬 Host-only 網絡下的虛擬交換機。

VMnet8：這是 Vmware 用於虛擬 NAT 網絡下的虛擬交換機。

Vmware Network Adapter VMnet1：這是 Host 用於與 Host-only 虛擬網絡進行通信的虛擬網卡。

Vmware Network Adapter VMnet8：這是 Host 用於與 NAT 虛擬網絡進行通信的虛擬網卡。

Vmware Authorization Service：虛擬機的驗證服務。

Vmware Agent Service：虛擬機的代理服務。

Vmware DHCP Service：虛擬機的 DHCP 服務。

Vmware NAT Service：虛擬機的網絡地址轉換服務。

Vmware Virtual Mount Manager Extended：虛擬機的虛擬文件掛載服務。

3. Vmware 虛擬機網絡類型

Vmware 虛擬機支持三種類型的網絡：Bridged（橋接模式），NAT（網絡地址轉換模式），Host-only（主機模式）。

（1）Bridged（橋接模式）

在這種模式下，Vmware 虛擬出來的操作系統就像是局域網中和宿主機一樣的一臺獨立的主機，它可以訪問網內任何一臺機器，如圖 5.1 所示。在橋接模式下，需要手工為虛擬系統配置 IP 地址、子網掩碼，而且還要和宿主機器處於同一網段，這樣虛擬系統才能和宿主機器進行通信。同時，由於這個虛擬系統是局域網中的一個獨立的主機系統，那麼就可以手工配置它的 TCP/IP 配置信息，以實現通過局域網的網關或路由器訪問互聯網。

使用橋接模式的虛擬系統和宿主機器的關係，就像連接在同一個 Hub 上的兩臺電腦。想讓它們相互通信，就需要為虛擬系統配置 IP 地址和子網掩碼，否則就無法通信。

如果想利用 Vmware 在局域網內新建一個虛擬服務器，為局域網用戶提供網絡服務，就應該選擇橋接模式。

图 5.1　橋接模式

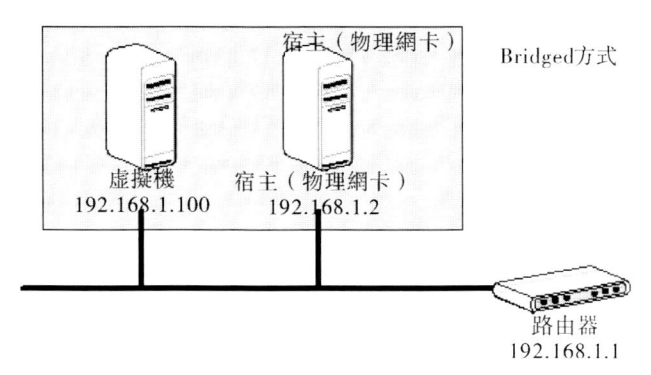

（2）NAT（網絡地址轉換模式）

使用 NAT 模式，就是讓虛擬系統借助 NAT（網絡地址轉換）功能，通過宿主機器所在的網絡來訪問公網，如圖 5.2 所示。也就是說，使用 NAT 模式可以實現在虛擬系統裡訪問互聯網。NAT 模式下的虛擬系統的 TCP/IP 配置信息是由 VMnet8（NAT）虛擬網絡的 DHCP 服務器提供的，無法進行手工修改，因此虛擬系統也就無法和本局域網中的其他真實主機進行通信。採用 NAT 模式最大的優勢是虛擬系統接入互聯網非常簡單，不需要進行任何其他的配置，只需要宿主機器能訪問互聯網即可。

如果想利用 Vmware 安裝一個新的虛擬系統，在虛擬系統中不用進行任何手工配置就能直接訪問互聯網，建議採用 NAT 模式。

提示：以上所提到的 NAT 模式下的 VMnet8 虛擬網絡，Host-only 模式下的 VMnet1 虛擬網絡，以及 Bridged 模式下的 VMnet0 虛擬網絡，都是由 Vmware 虛擬機自動配置生成的，不需要用戶自行設置。VMnet8 和 VMnet1 提供 DHCP 服務，VMnet0 虛擬網絡則不提供。

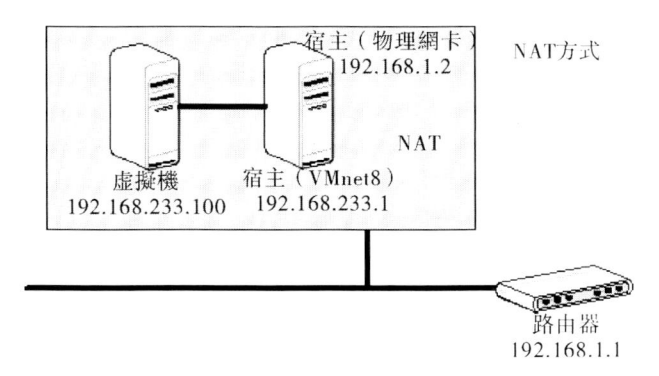

圖 5.2　NAT 模式

（3）Host-only（主機模式）

在某些特殊的網絡調試環境中，要求將真實環境和虛擬環境隔離開，這時就可採用 Host-only 模式，如圖 5.3 所示。在 Host-only 模式中，所有的虛擬系統是可以相互通信的，但虛擬系統和真實的網絡是被隔離開的。

提示：在 Host-only 模式下，虛擬系統和宿主機器系統是可以相互通信的，相當於這兩臺機器通過雙絞線互連。

在 Host-only 模式下，虛擬系統的 TCP/IP 配置信息（如 IP 地址、網關地址、DNS 服務器等），都是由 VMnet1（Host-only）虛擬網絡的 DHCP 服務器來動態分配的。

如果想利用 Vmware 創建一個與網內其他機器相隔離的虛擬系統，進行某些特殊的網絡調試工作，可以選擇 Host-only 模式。

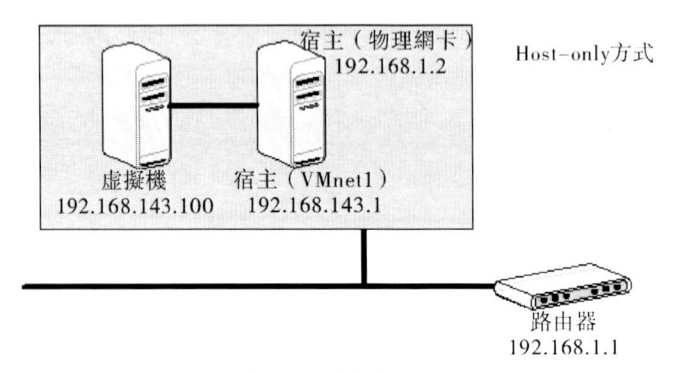

圖 5.3　主機模式

5.2.3　服務器操作系統

1. UNIX 類

一般來說，UNIX 服務器具有高度可靠性、開放性，支持包括 TCP/IP、SNMP、NFS 等在內的多種主流網絡協議。UNIX 服務器具有區別 X86 服務器和大型主機的特有體系結構，當前 UNIX 服務器廠商主要有 IBM 公司的 Power 處理器和 AIX 操作系統、Oracle（收購 Sun）與 Fujitsu（富士通）公司的 SPARC 處理器及 Solaris 操作系統，HP 的 PA-RISC 處理器和 HP-UX 操作系統。

2. Linux 類

Linux 是一套免費使用和自由傳播的類 UNIX 操作系統，是基於 POSIX 和 UNIX 的多用戶、多任務、支持多線程和多 CPU 的操作系統。Linux 能運行主要的 UNIX 工具軟件、應用程序和網絡協議，支持 32 位和 64 位硬件。Linux 繼承了 UNIX 以網絡為核心的設計思想，是一個性能穩定的多用戶網絡操作系統。Linux 最早由 Linus Benedict Torvalds 在 1991 年開始編寫。Linux 的發行版本可以大體分為兩類，一類是商業公司維護的發行版本，一類是社區組織維護的發行版本，前者以著名的 Redhat（RHEL）為代表，後者以 Debian 為代表。

3. Windows Server 類

Windows Server 類操作系統由 Microsoft（微軟）公司開發。Microsoft 公司的 Windows 系統不僅在個人操作系統中佔有絕對優勢，在網絡操作系統中也具有非常強勁的競爭力。Windows Server 2016 是微軟公司於 2016 年 10 月 13 日正式發布的最新服務器操作系統。

5.3 實驗步驟

5.3.1 Vmware Workstation 安裝

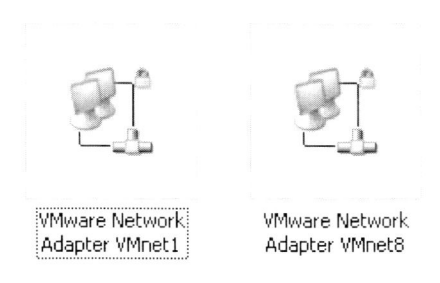

1. Vmware Workstation 下載

訪問 Vmware 中文官方站點：http://www.Vmware.com/cn/，註冊用戶後，可以獲取 Vmware Workstation 免費試用 30 天的註冊碼。安裝界面如圖 5.4 所示。

圖 5.4　Vmware Workstation 安裝界面

2. Vmware Workstation 配置

運行 Vmware Workstation 6.5 安裝文件，選擇安裝類型，安裝目錄後，開始安裝過程。安裝完畢後，宿主機中會增加 Vmware Network Adapter VMnet1 和 Vmware Network Adapter VMnet8 兩個虛擬網卡，如圖 5.5 所示。

注意：為後面表述的方便，Vmware Workstation 簡稱 Vmware，將物理計算機的操作系統稱為宿主機（Host OS），將 Vmware Workstation 下安裝的虛擬機稱為客戶機（Guest OS）。

圖 5.5　Vmware Workstation 增加的虛擬網卡

Vmware Workstation 安裝完畢後，在 Windows 系統中增加了 Vmware Agent Service，Vmware Authorization Service，Vmware DHCP Service，Vmware NAT Service 和 Vmware Virtual Mount Manager Extended5 項服務，如圖 5.6 所示。

圖 5.6　Vmware Workstation 增加的系統服務

Vmware Workstation 軟件自身也增加了 VMnet0，VMnet1，VMnet8 三個虛擬網絡設備，如圖 5.7 所示。

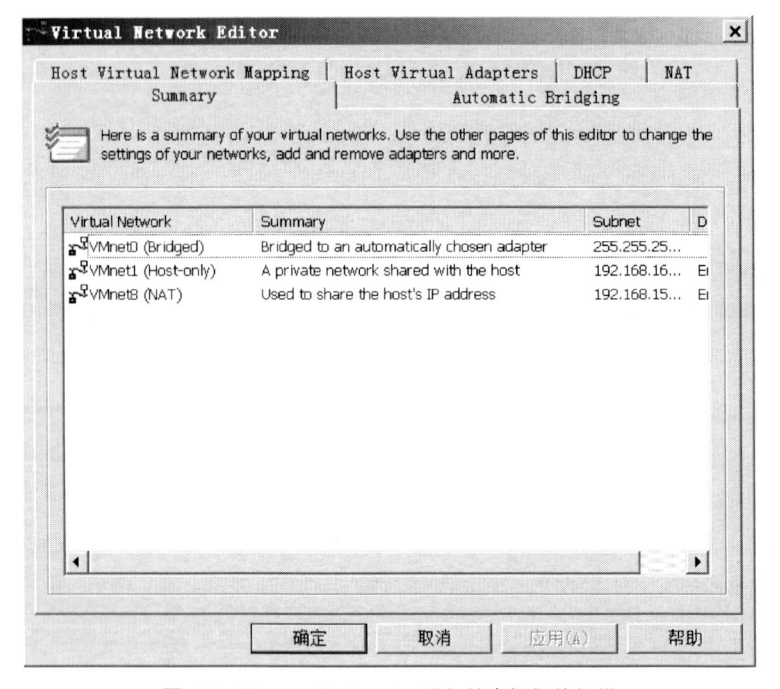

圖 5.7　Vmware Workstation 增加的虛擬網絡設備

5.3.2　安裝 Windows Server

1. 下載 Windows Server 安裝文件

微軟學生軟件資源——「點亮夢想計劃」為高校師生提供了最新版的 Visual Studio 開發工具、SQL Server 數據庫、Expression 設計工具、Windows Server、XNA、Microsoft Robotics Studio 等軟件。廣大師生可以將微軟學生軟件資源中的軟件工具完全免費用於非商業性的個人學習、科研和課內外實踐中，如圖 5.8 所示。

圖 5.8　微軟學生中心

　　Visual Studio 開發工具和 SQL Server 數據庫：幫助學生進行面向對象的編程、數據庫、軟件開發、網絡開發、嵌入式開發等課程的學習和課程實踐。豐富的學習資源將激發學生的科技創新熱情，鼓勵學生積極進行課內外創新實踐。

　　Expression 設計工具：給學生在網頁設計、平面設計以及動畫/交互設計等方面帶來更廣闊的創作空間，幫助師生更自由地進行創意設計，更好地將創意變為現實。

　　Windows Server：可用於操作系統原理相關課程的學習及實踐，廣大學生可以瞭解和學習構建基於 Windows Server 的高效、可靠和安全的 IT 基礎架構。

　　XNA 以及 Microsoft Robotics Studio：用於游戲開發和機器人開發的軟件平臺。

微軟學生中心介紹網址：

http://www.microsoft.com/china/msdn/student/website2012/win8p4.html。

2. 配置 Windows Server 2003 虛擬機

　　以 Windows Server 2003 為例，介紹在 Vmware 虛擬機中安裝網絡版 Windows 操作系統。

　　（1）配置安裝信息

　　運行 Vmware，點擊菜單【File】→【New】→【Virtual Machine】。在彈出窗口中選擇【Typical】（典型，推薦選項），點擊【Next】按鈕，如圖 5.9 所示。

開發中國電商市場的電子商務基礎實驗

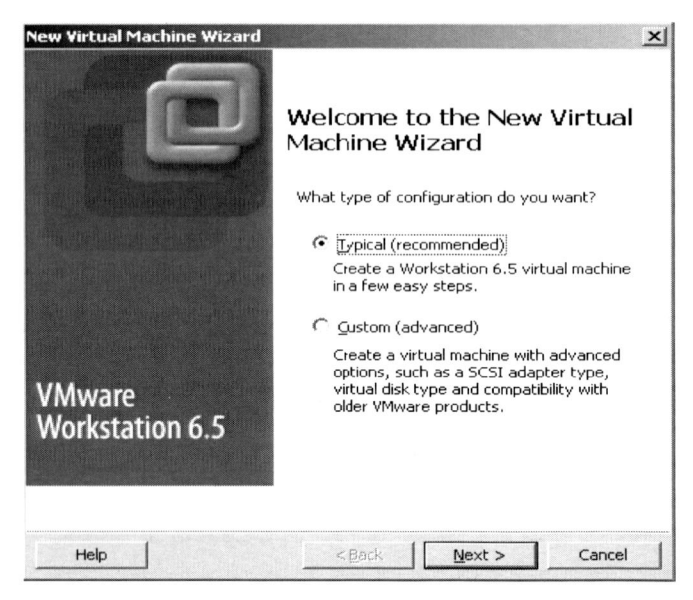

圖 5.9　選擇新虛擬機類型

　　選擇操作系統的安裝光盤，可以選擇通過光驅和光盤安裝，也可以選擇光盤鏡像文件，Vmware 支持 ISO 格式的光盤鏡像文件。光盤鏡像文件是將光盤內容的完整信息保存為文件格式，通過虛擬光驅打開，如同普通光盤，常見格式有 ISO、CCD、BIN、IMG 等。

　　Vmware6.5 提供自動和手動兩種安裝模式，在這一步選擇安裝盤或光盤鏡像文件後點擊【Next】按鈕，進入自動安裝模式。若選中【I will install the operating system later】（我將稍後安裝操作系統），則進入手動安裝模式，如圖 5.10 所示。

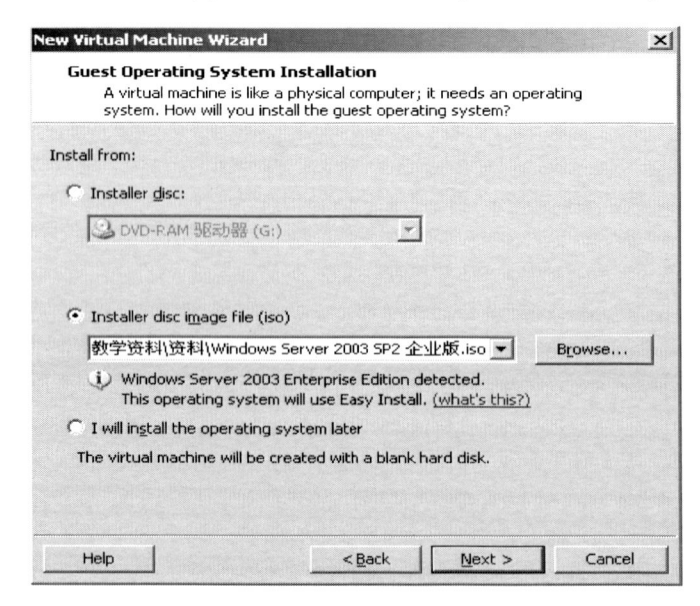

圖 5.10　虛擬機安裝模式

第 5 章　Vmware 虛擬機安裝網絡操作系統

（2）自動安裝模式

輸入安裝光盤的序列號，虛擬機操作系統的用戶名和密碼，點擊【Next】按鈕，如圖 5.11 所示。

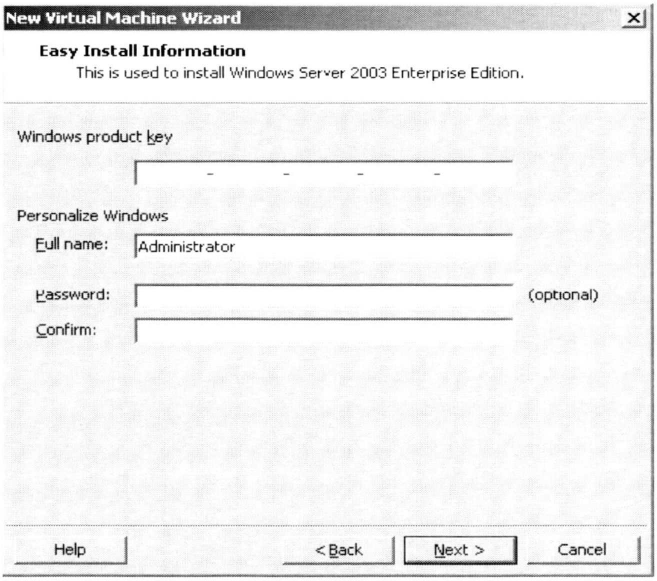

圖 5.11　操作系統安裝設置

輸入虛擬機操作系統名稱，用於顯示在 Vmware 已安裝虛擬機欄中，選擇虛擬機的存放文件夾，點擊【Next】按鈕，如圖 5.12 所示。

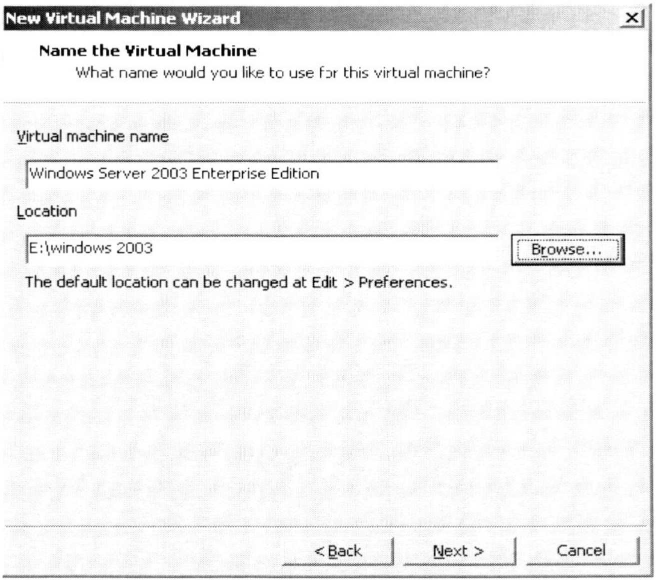

圖 5.12　虛擬機保存文件夾

61

設置虛擬機的硬盤空間大小，默認是 8G。可以選擇虛擬機硬盤為單個文件，也可以選擇分割成 2G 大小。Vmware 並不會立即占用宿主機相應容量的硬盤空間，而是隨著虛擬機文件容量的大小來調整對宿主機的硬盤空間占用容量，如圖 5.13 所示。

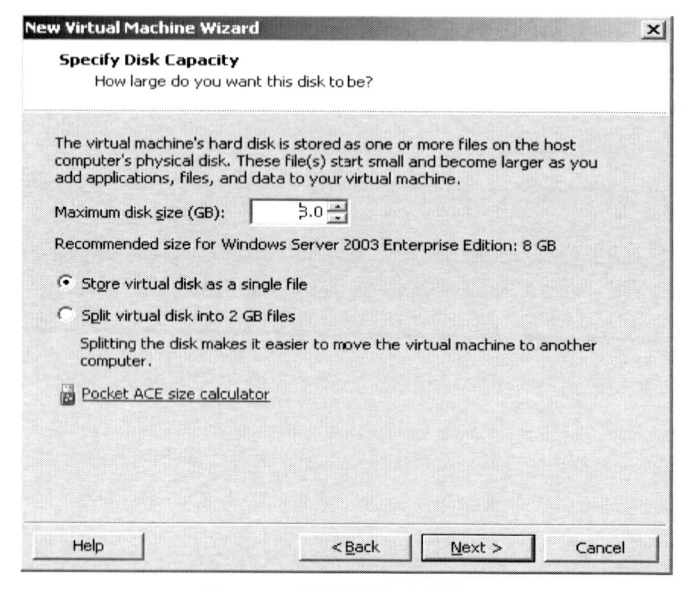

圖 5.13　虛擬機磁盤空間分配

設置完畢後，顯示相關設置信息，點擊【Finish】按鈕，默認會在完成後啟動本虛擬機。在此模式下，會自動將虛擬機分配的全部容量格式化為一個 C 盤，並複製安裝程序，開始安裝，如圖 5.14 所示。

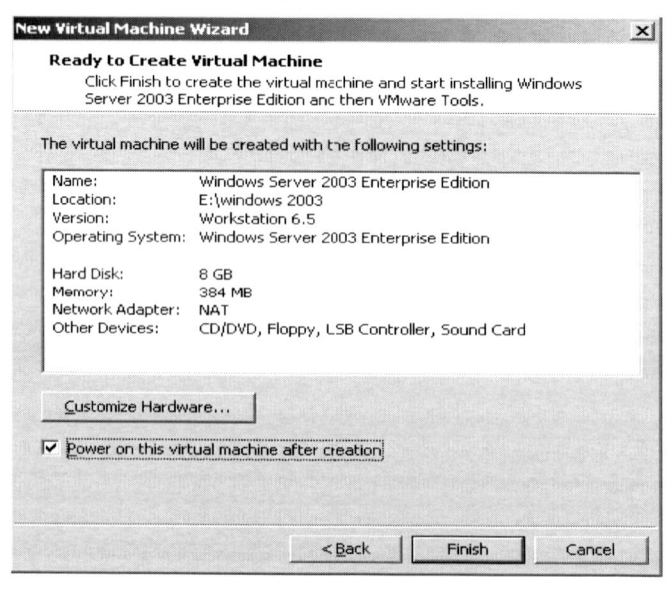

圖 5.14　虛擬機設置信息

(3) 手動安裝模式

在手動安裝模式下，需要先關閉虛擬機，設置虛擬機的系統安裝盤。

重新開機後，系統進入普通的手動安裝模式，選擇客戶機操作系統類型，如圖 5.15 所示。根據安裝提示，同意用戶許可協議，進行磁盤分區和格式化，選擇系統安裝分區，複製文件，輸入安裝序列號，開始系統正式安裝。

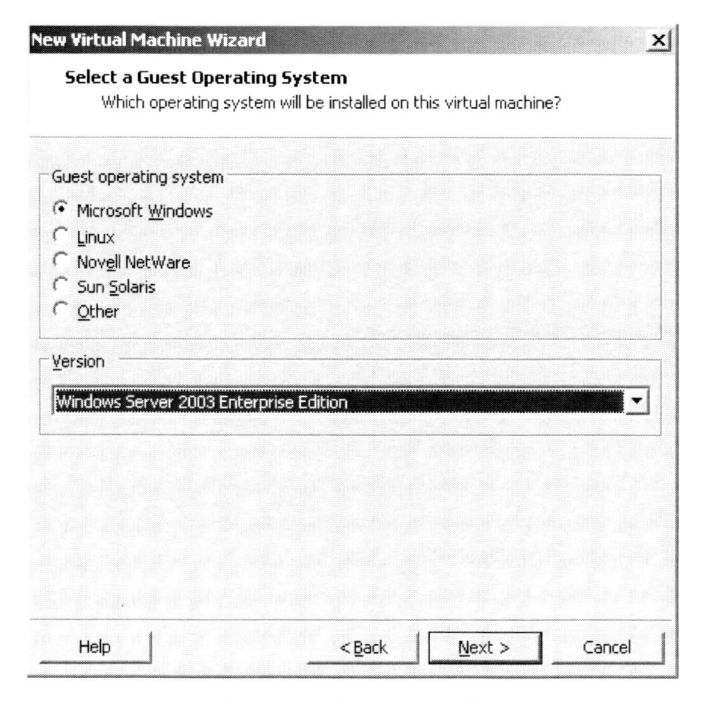

圖 5.15　選擇客戶操作系統

3. 操作系統正式安裝

文件複製完畢後，計算機會重啓一次，開始進行安裝配置工作。再重啓一次，即進入系統，如圖 5.16 所示。

開發中國電商市場的電子商務基礎實驗

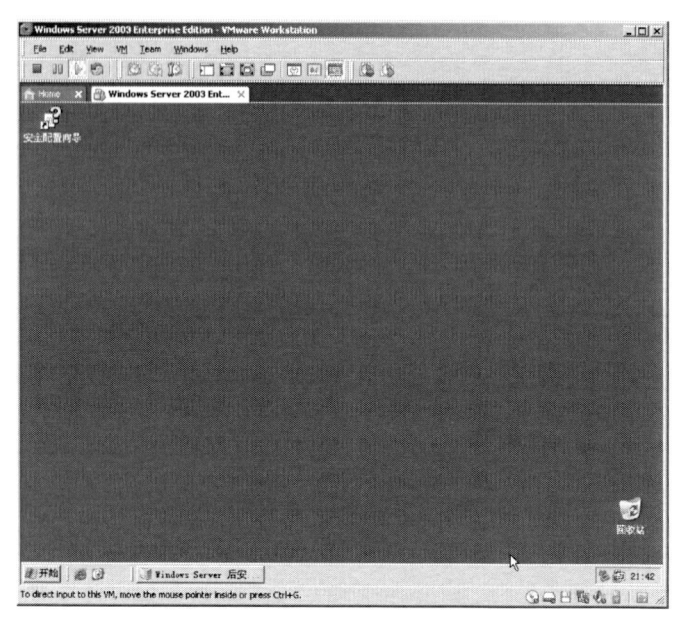

圖 5.16　安裝完成的客戶機

第一次登錄系統後，會自動安裝 Vmware Tool，該工具在顯示、鼠標操作等方面的效果有較大改進。

4. 虛擬機配置信息修改

在硬件欄，可以修改虛擬機的內存容量、硬盤容量、光驅、軟驅、網絡、USB、聲卡、顯卡、處理器等信息，如圖 5.17 所示。

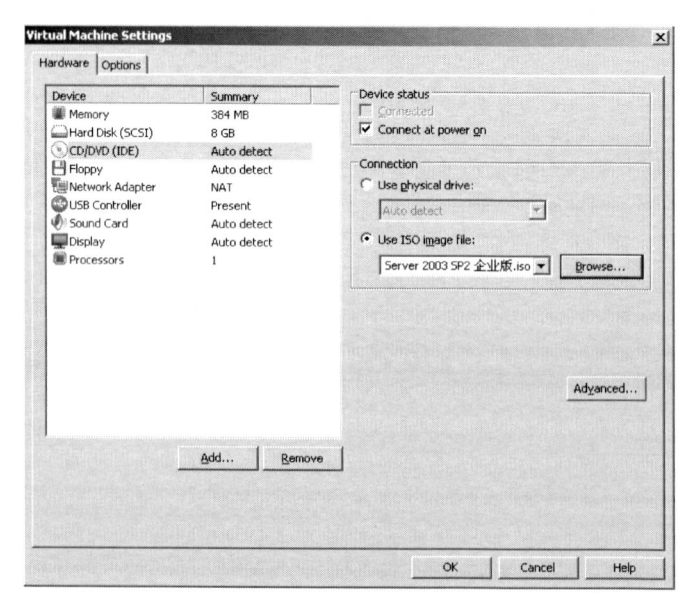

圖 5.17　虛擬機硬件設置

在選項欄，可以設置虛擬機名稱、電源選項、共享文件夾、快照、應用工具等，如圖 5.18 所示。

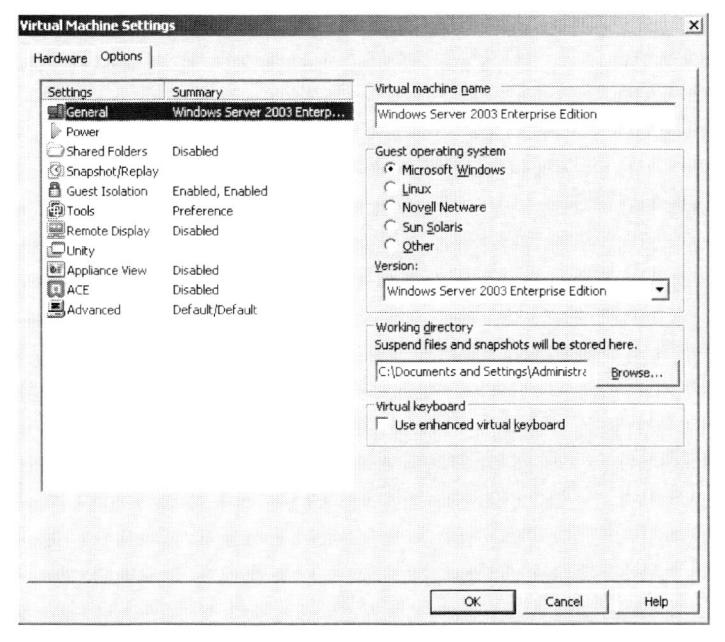

圖 5.18　虛擬機選項

5.4　實踐練習

5.4.1　基礎練習

1. 安裝 Vmware Workstation

下載 Vmware Workstation 並獲取試用序列號，安裝 Vmware Workstation。

2. 安裝 Windows Server

在微軟學生中心獲取最新版本的 Windows Server 安裝文件和學生序列號，在 Vmware Workstation 中安裝 Windows Server 操作系統。

5.4.2　拓展練習

在虛擬機中安裝 Linux、UNIX、MacOS 等其他操作系統最新版本。

第 6 章　Windows 網絡服務器配置

6.1　實驗目的與基本要求

1. 瞭解網絡服務需求分析。
2. 掌握 Windows 平臺網絡服務器的安裝與配置。

6.2　基礎知識

Windows Server 是微軟公司在 2003 年 4 月 24 日推出的 Windows 的服務器操作系統，其核心是 Microsoft Windows Server System（WSS），每個 Windows Server 都與其家用（工作站）版對應（2003 R2 除外）。Windows Server 最新版本是 Windows Server version 1709。

6.3　實驗步驟

6.3.1　實驗背景介紹

某單位需要對外提供 Web 訪問，內部有辦公系統、郵件系統、文件共享系統，並且通過子域名進行訪問。公司通過專線連入互聯網，假定分配有公網 IP 地址 211.83.192.100，內部計算機使用 C 網段虛擬 IP 地址。外部 Web 服務器和 DNS 服務器通過端口映射或 DMZ 主機的方式對外提供訪問，其餘各網絡服務器供公司內部訪問。服務器規劃如表 6.1 所示，網絡拓撲圖如圖 6.1 所示。

注意：練習所使用 IP 地址均為 C 網段的內部虛擬 IP 地址，只能供內部訪問，若需要供外部訪問，則需要使用公網 IP 地址。

表 6.1　　　　　　　　　　　　　服務器規劃

服務器名稱	實現功能	IP 地址	域名
S1	外部 Web 服務器 外部 BBS	192.168.1.5	www.ecbookshop.cn bbs.ecbookshop.cn
S2	內部辦公系統 Email 服務器 DNS 服務器	192.168.1.6	oa.ecbookshop.cn mail.ecbookshop.cn dns.ecbookshop.cn
S3	內部 FTP 服務器 內部論壇 BBS 內部企業博客	192.168.1.7	ftp.ecbookshop.cn bbs.ecbookshop.cn blog.ecbookshop.cn
S4	開發用 Web 服務器 開發用 FTP 服務器 開發用數據庫服務器	192.168.1.8	dev.ecbookshop.cn

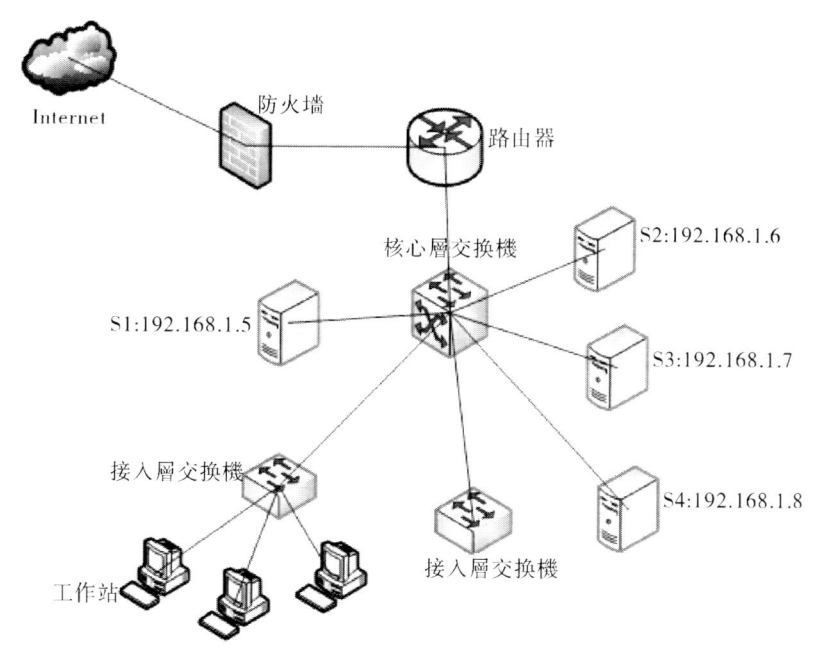

圖 6.1　網絡拓撲圖

以 Windows Server 平臺為例，講解各類網絡服務器安裝與配置過程。服務器操作系統使用 Windows Server 2003，Web 服務器使用 Windows 自帶 IIS 建立，FTP 服務器使用 Serv-U 建立，DNS 服務器使用操作系統自帶 DNS 服務器組件，Email 服務器使用 Exchange Server 2003 建立。

6.3.2 DNS 服務器安裝與配置

1. 域名解析方式選擇

（1）使用域名註冊服務商 DNS

註冊域名後，域名註冊服務商提供該域名的管理平臺，對於中小企業，若子域名較少，可以直接通過域名管理平臺，增加子域名及對應的 IP 地址，如圖 6.2 所示。當訪問 ftp.ecbookshop.cn 時，會查詢域名註冊服務商的域名服務器，查找到對應的 IP 地址為 192.168.1.7。

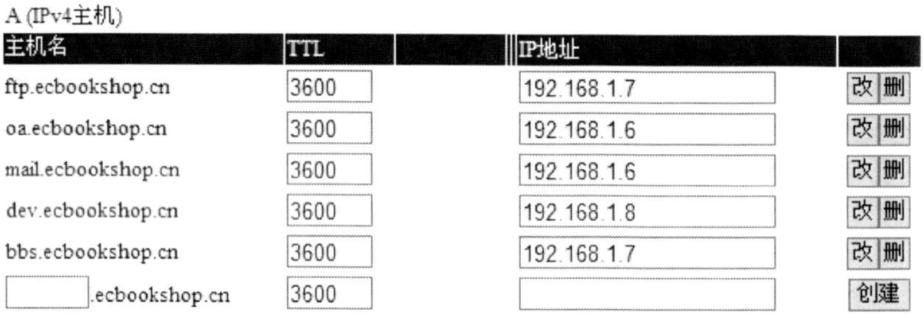

A (IPv4主機)			
主機名	TTL	IP地址	
ftp.ecbookshop.cn	3600	192.168.1.7	改 刪
oa.ecbookshop.cn	3600	192.168.1.6	改 刪
mail.ecbookshop.cn	3600	192.168.1.6	改 刪
dev.ecbookshop.cn	3600	192.168.1.8	改 刪
bbs.ecbookshop.cn	3600	192.168.1.7	改 刪
.ecbookshop.cn	3600		創建

圖 6.2　通過域名管理平臺添加子域名解析

（2）自建 DNS

對於高校、大型企業事業單位來說，若子域名很多，可以建立自己的獨立域名服務器，並在域名管理平臺中將該域名的域名服務器修改為自己的域名服務器，如圖 6.3 所示，該域名服務器必須要有公網 IP 地址，才能實現域名的查詢解析。當訪問 www.ecbookshop.cn 時，會查詢域名服務器 211.83.192.100 中的對應 IP 地址，實現域名解析。

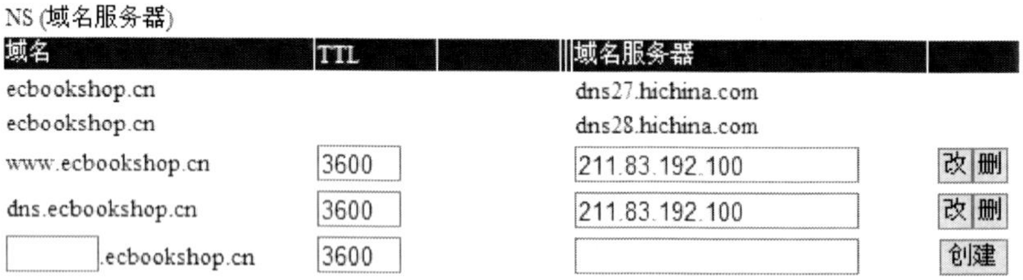

NS (域名服務器)			
域名	TTL	域名服務器	
ecbookshop.cn		dns27.hichina.com	
ecbookshop.cn		dns28.hichina.com	
www.ecbookshop.cn	3600	211.83.192.100	改 刪
dns.ecbookshop.cn	3600	211.83.192.100	改 刪
.ecbookshop.cn	3600		創建

圖 6.3　修改域名的域名解析服務器

2. 獨立 DNS 服務器安裝

為了增強系統的安全性，在 Windows 2003 Server 安裝完畢後，在默認狀態下，各種網絡服務器均沒有安裝，如圖 6.4 所示。

第 6 章　Windows 網絡服務器配置

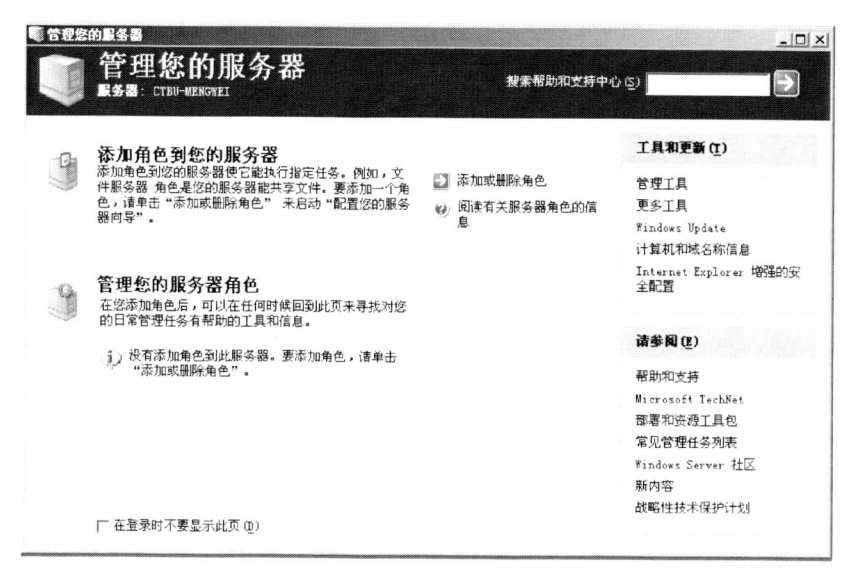

圖 6.4　服務器管理界面

點擊【添加或刪除角色】，出現服務器配置向導，列出了系統所包含的服務器角色，包括文件服務器、打印服務器、應用程序服務器、郵件服務器、DNS 服務器、DHCP 服務器等，如圖 6.5 所示。

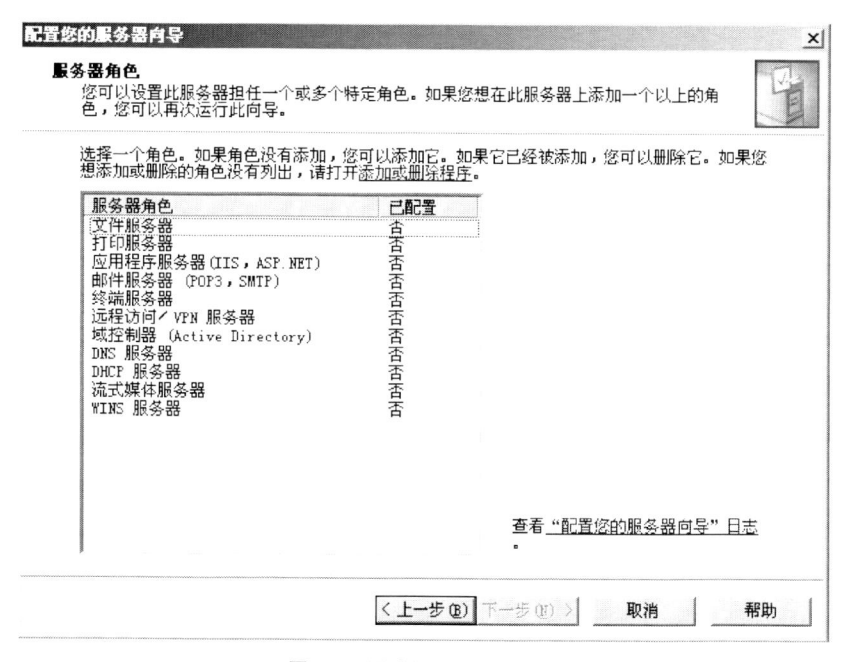

圖 6.5　服務器配置向導界面

69

選擇【DNS 服務器】，點擊【下一步】。開始 DNS 服務器的安裝，根據提示信息，繼續點擊【下一步】，出現查找區域類型選項界面，如圖 6.6 所示。

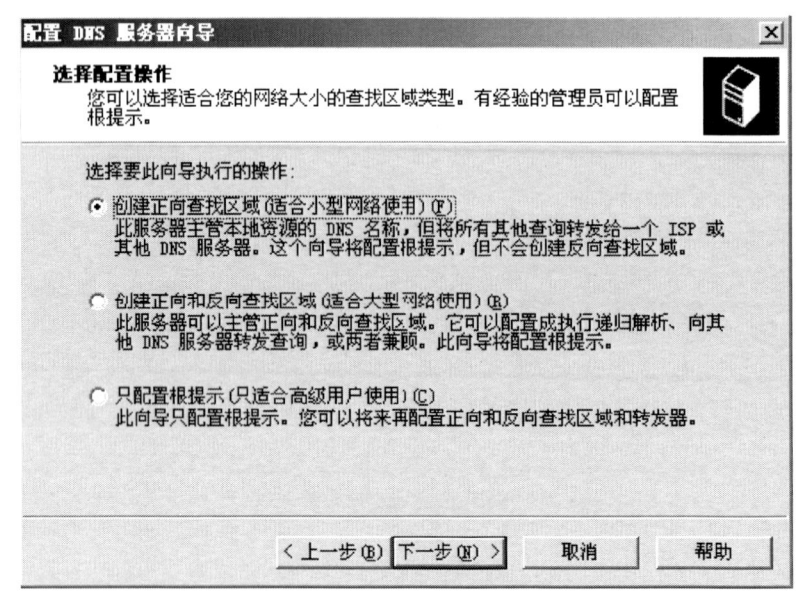

圖 6.6 查找區域類型選擇

查看提示信息，選擇【創建正向查找區域（適合小型網絡使用）】，點擊【下一步】，進入主服務位置選項，如圖 6.7 所示。

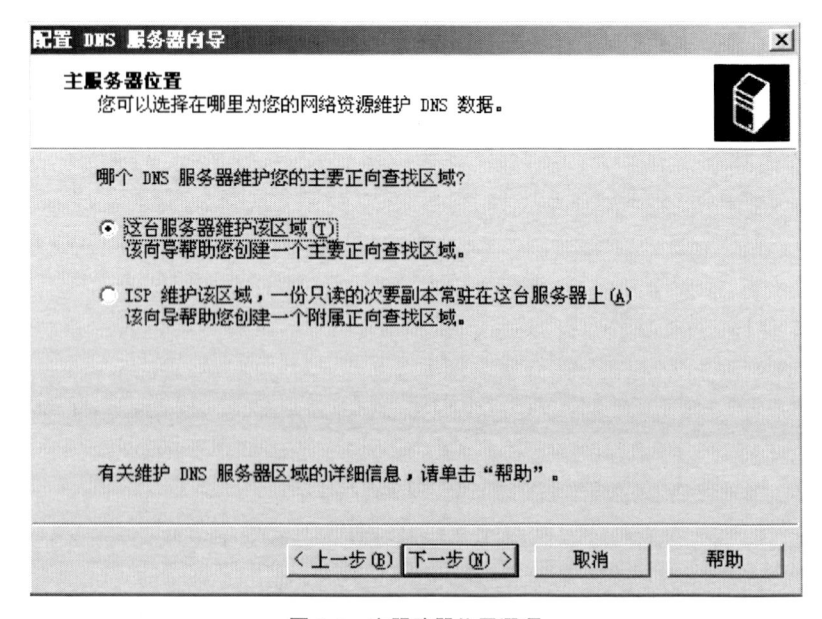

圖 6.7 主服務器位置選項

選擇【這臺服務器維護該區域（T）】，點擊【下一步】，設定區域名稱為所註冊域名「ecbookshop.cn」，如圖 6.8 所示。

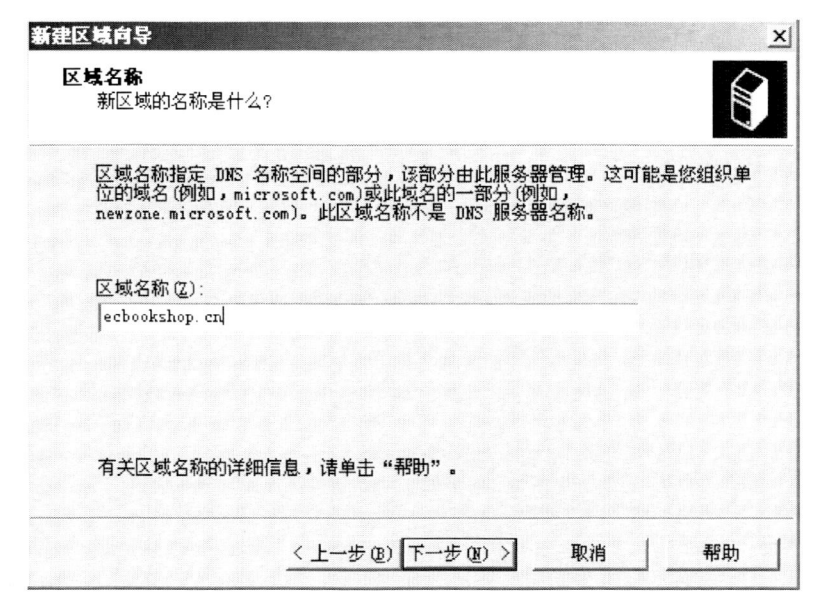

圖 6.8　區域名稱

繼續點擊【下一步】，接受默認選項【創建新文件】，文件名為「ecbookshop.cn.dns」，點擊【下一步】。

進入動態更新選項畫面，接受默認選項【不允許動態更新】後，點擊【下一步】。

進入轉發器設置界面，選擇【否，不向前轉發查詢】後，點擊【下一步】，開始收集信息，完成 DNS 服務器配置向導。

3. 獨立 DNS 服務器配置

返回服務器管理界面，增加了一項 DNS 服務器角色，點擊【管理此 DNS 服務器】，進入 DNS 服務器配置界面。也可以通過點擊【開始】→【所有程序】→【管理工具】→【DNS】進入。DNS 服務器配置界面如圖 6.9 所示。

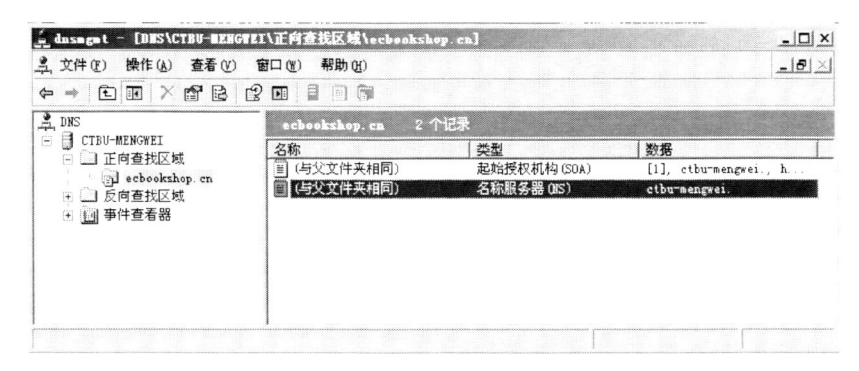

圖 6.9　DNS 服務器配置界面

開發中國電商市場的電子商務基礎實驗

右鍵點擊「ecbookshop」，在彈出菜單中點擊【新建主機（A）（S）】，如圖 6.10 所示。

圖 6.10　新建主機界面

在出現的新建主機對話框中，名稱文本框中輸入名稱「ftp」，IP 地址文本框中輸入 ftp.ecbookshop.cn 對應的 IP 地址「192.168.1.7」，如圖 6.11 所示。

圖 6.11　新建主機

點擊【添加主機】按鈕，完成主機「ftp」的添加，同理添加「oa」、「bbs」、「dev」、「mail」、「blog」等主機。添加完畢後，如圖 6.12 所示。

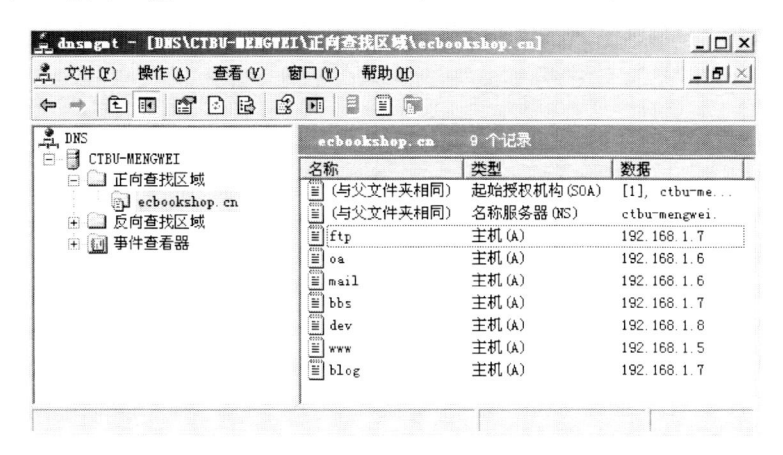

圖 6.12　主機記錄信息

4. 實驗驗證

在與此 DNS 服務器同在一個子網的客戶機，在網絡設置中添加該 DNS 服務器地址後，就可以通過「ping」域名解析出對應的 IP 地址，則說明域名解析成功，如圖 6.13 和圖 6.14 所示。

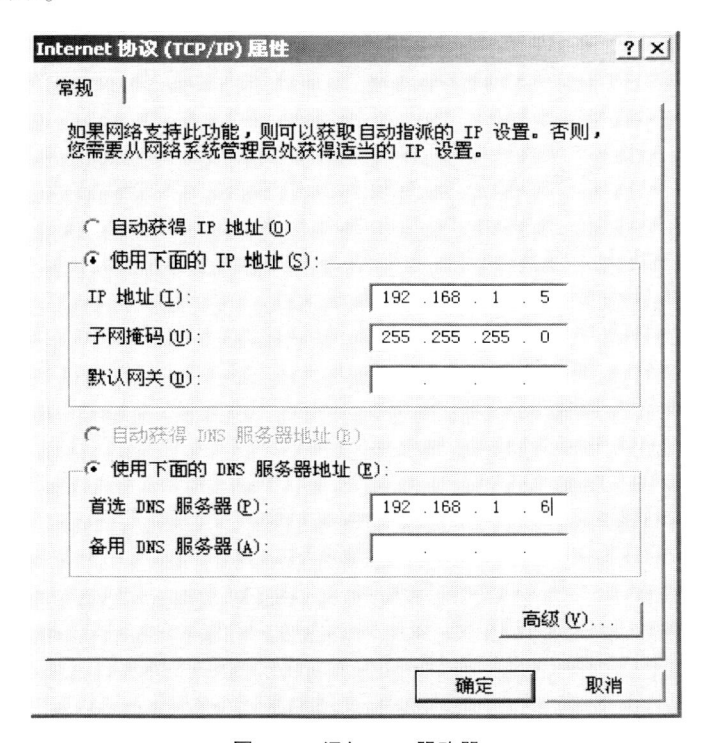

圖 6.13　添加 DNS 服務器

```
C:\Documents and Settings\Administrator>ping www.ecbookshop.cn

Pinging www.ecbookshop.cn [192.168.1.5] with 32 bytes of data:

Reply from 192.168.1.5: bytes=32 time<1ms TTL=128
Reply from 192.168.1.5: bytes=32 time<1ms TTL=128
Reply from 192.168.1.5: bytes=32 time<1ms TTL=128
Reply from 192.168.1.5: bytes=32 time<1ms TTL=128

Ping statistics for 192.168.1.5:
    Packets: Sent = 4, Received = 4, Lost = 0 (0% loss),
Approximate round trip times in milli-seconds:
    Minimum = 0ms, Maximum = 0ms, Average = 0ms
```

圖 6.14　DNS 解析驗證

6.3.3　Web 服務器安裝與配置

1. Web 服務器安裝

Web 服務器即「應用服務器」，安裝過程類似於 DNS 服務器安裝。在服務器管理界面中，點擊【添加或刪除角色】，出現服務器配置向導，選擇【應用服務器（IIS, ASP. NET）】，點擊【下一步】，根據實際需要選擇【啟用 ASP. NET】，點擊【下一步】，繼續點擊【下一步】，開始安裝，中間會要求指定安裝程序所在文件夾，選擇 Windows Server 2003 安裝光盤的 I386 目錄。經過文件複製和配置後，完成安裝。

2. Web 服務器配置

以服務器 S3 為例，講解服務器的配置過程，服務器 S3 的 IP 地址為 192.168.1.7，上面建有內部 FTP 服務器、內部論壇 BBS、內部博客三個站點，其中一個為 FTP 站點，兩個為 Web 站點，對應的域名分別為 ftp.ecbookshop.cn、bbs.ecbookshop.cn、blog.ecbookshop.cn。

在同一臺服務器上建立多個 Web 站點，可以提高服務器的利用率，降低成本。如虛擬主機可在一臺服務器建立數十個甚至數百個 Web 站點。同一臺服務器上建立多個 Web 站點，為了避免相互衝突，每個 Web 站點都具有唯一的、由三個部分組成的標記，用來接收和回應請求：IP 地址、端口號、主機頭名。因此，為了區分同一服務器上的不同 Web 站點，常用方案有 IP 地址區分法、端口區分法、主機頭名區分法，主機頭名區分法應用最廣泛，服務器 S3 上的兩個 Web 站點採用主機頭名。

IP 地址區分法：綁定多個 IP 地址，每個 Web 站點使用一個 IP 地址。

端口區分法：每個 Web 站點使用同一個 IP 地址，但是分配不同的端口號。

主機頭名區分法：每個 Web 站點分配的 IP 地址和端口號相同，但使用不同的主機頭名。

返回服務器管理界面，點擊【管理此應用程序服務器】，進入 Web 服務器配置界面，或通過點擊【開始】→【所有程序】→【管理工具】→【Internet 信息服務（IIS）服務器】進入。或右鍵點擊【我的電腦】→【管理】，點擊【服務和應用程序】→【Internet 信息服務】，進入。右鍵點擊【默認網站】，點擊【新建】→【網站】，如圖 6.15 所示。

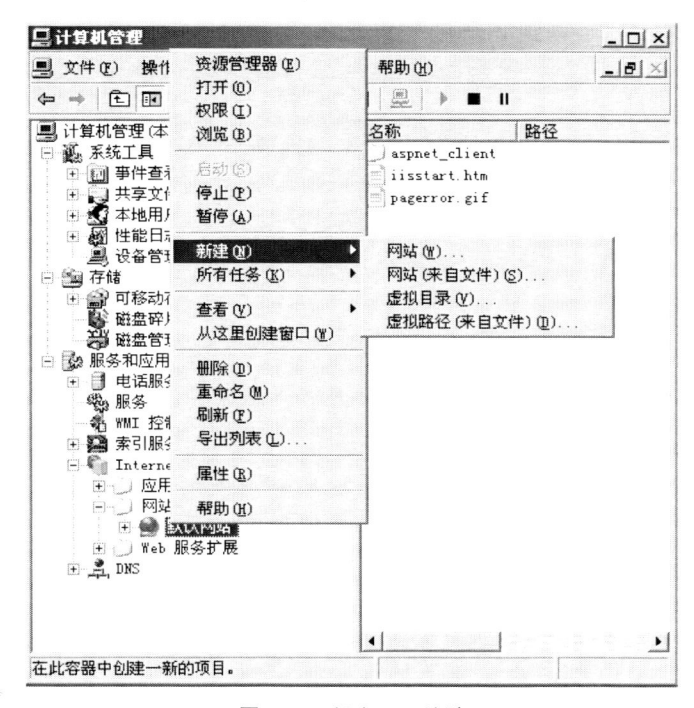

圖 6.15　新建 Web 站點

進入網站創建向導界面，點擊【下一步】，在網站描述界面輸入網址描述「bbs」，點擊【下一步】，在 IP 地址和端口設置界面，通過下列菜單選擇 IP 地址為「192.168.1.7」，網站端口號保持默認端口「80」，此網站的主機頭輸入「bbs.ecbookshop.cn」，如圖 6.16 所示。

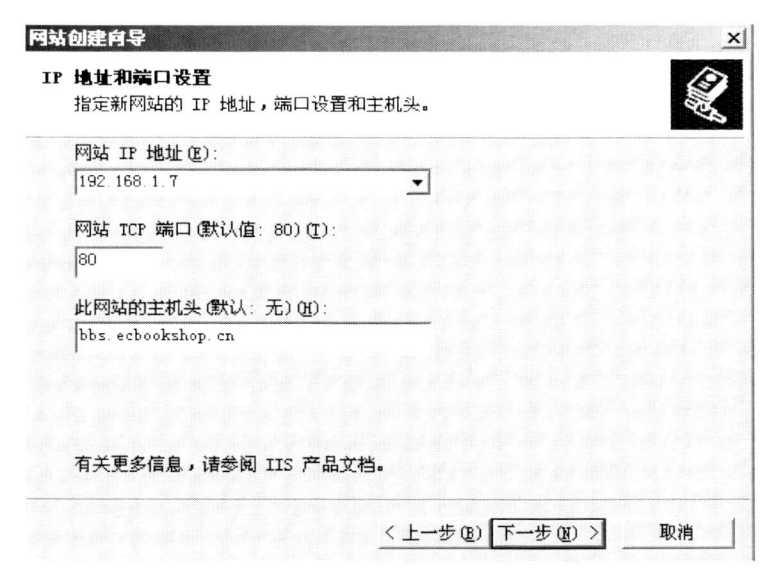

圖 6.16　設置 Web 站點的 IP 地址和端口

■■■開發中國電商市場的電子商務基礎實驗

　　點擊【下一步】，設置網站的主目錄，內部論壇 BBS 站點的主目錄為「E：\bbs」，瀏覽找到該文件夾，如圖 6.17 所示。

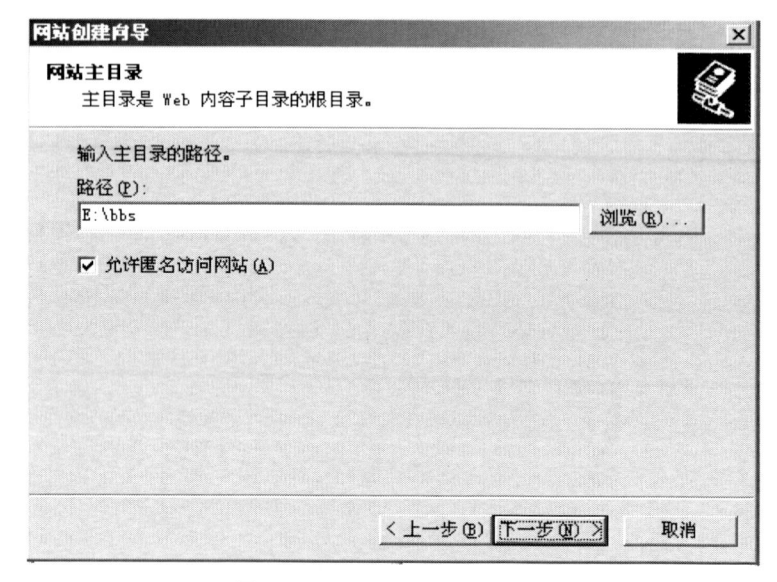

圖 6.17　設置 Web 站點的主目錄

　　點擊【下一步】，開始設置網站訪問權限。若是靜態 HTML 網址，僅開啟【讀取】權限即可，若是 ASP 或 ASP. NET 動態網頁，則還需要開啟【運行腳本】權限，根據需要設置相應的權限，如圖 6.18 所示。

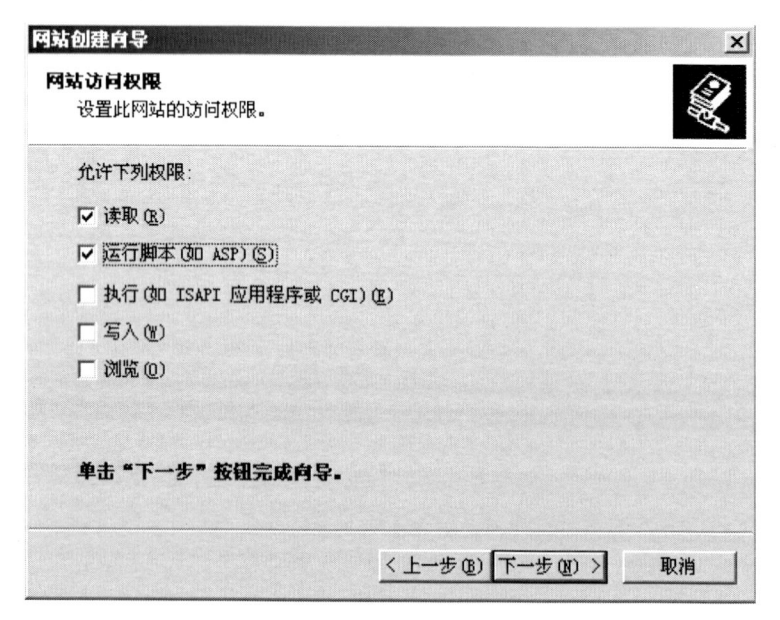

圖 6.18　網站訪問權限設置

讀取：表示該權限提供給客戶端讀取網頁的服務，也就是說客戶端可以下載網頁。
運行腳本：表示該權限允許客戶端訪問站點腳本文件（如 ASP）的源代碼。
執行：表示該權限允許客戶端執行 ISAP 應用程序或者是 CGI 的應用程序。
寫入：表示允許客戶端上載文件或者編輯改變網頁內容。
瀏覽：表示允許客戶端瀏覽 Web 站點的目錄。

點擊【下一步】完成 bbs.ecbookshop.cn 站點的配置。同理，完成 blog.ecbookshop.cn、oa.ecbookshop.cn、dev.ecbookshop.cn 站點的配置。配置完畢後，在服務器 S3 的 Internet 信息管理中增加了 bbs 和 blog 兩個站點，如圖 6.19 所示。

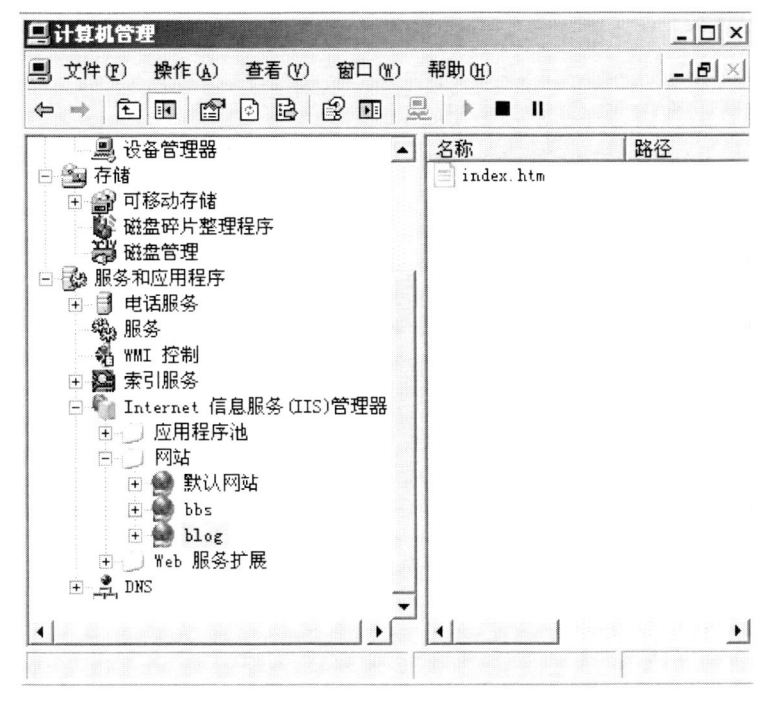

圖 6.19 Internet 信息服務管理器

配置完畢後，若需要對 Web 站點設置進行修改，右鍵點擊相應的 Web 站點，點擊【屬性】，可以對該站點的描述、IP 地址、主機頭、主目錄、訪問權限、默認文檔、目錄安全性、自定義錯誤等進行設置。

3. 訪問測試

分別訪問 bbs.ecbookshop.cn 和 blog.ecbookshop.cn，均正常，說明配置成功，如圖 6.20 和圖 6.21 所示。

圖 6.20 bbs.ecbookshop.cn 訪問畫面

圖 6.21 blog.ecbookshop.cn 訪問畫面

6.3.4 FTP 服務器安裝與配置

Serv-U 是 Windows 平臺下最流行的一款 FTP 服務器軟件，具備優秀的權限管理功能，能靈活地對每個用戶分配每個文件夾的操作權限。以 Serv-U 為例講解 FTP 服務器的安裝和配置方法。

1. FTP 服務器需求分析

FTP 服務器建立在服務器 S1 上，IP 地址為 192.168.1.7，該 FTP 服務器主要用於企業內部資源共享。

建立 FTP 前要先規劃 FTP 站點的目錄結構和用戶訪問權限。假定有開發部員工張三，該用戶能下載常用軟件和培訓資料內的文件，但不能修改和上傳；能夠下載和上傳文件至臨時中轉區，但不能刪除；能對個人的張三文件夾進行完全訪問，但不能看到其他員工的個人文件夾內信息。

文件存放於「E：\ ftp 站點」中，在該文件夾內建有多層次目錄結構，分別存放不同類別的資料，如常用軟件、培訓資料、員工個人文件夾等，目錄結構如圖 6.22 所示。

第 6 章　Windows 網絡服務器配置

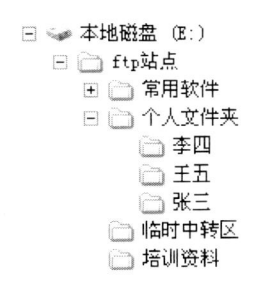

圖 6.22　FTP 站點目錄結構

2. Serv-U 安裝

訪問 Serv-U 軟件官方站點 http://www.serv-u.com/，或搜索下載最新版安裝程序。

若系統中已經安裝 IIS 組件的 FTP，需要先停用或更換端口，避免端口衝突。安裝時，語言選擇「中文簡體」，按照提示信息，完成安裝後進入 Serv-U 配置界面，如圖 6.23 所示。

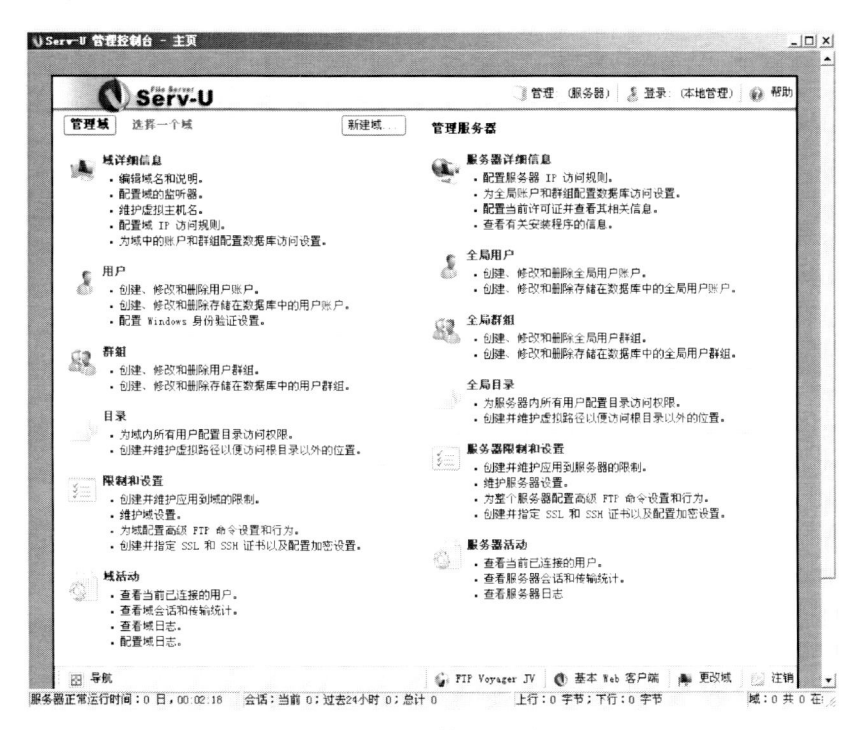

圖 6.23　Serv-U 管理控制臺界面

3. Serv-U 配置

Serv-U 配置分為兩大步驟：第一步是建立與配置域；第二步是建立用戶，並對該用戶分配訪問權限。

（1）建立與配置域

建立與配置域的操作步驟如圖 6.24、圖 6.25、圖 6.26 所示。

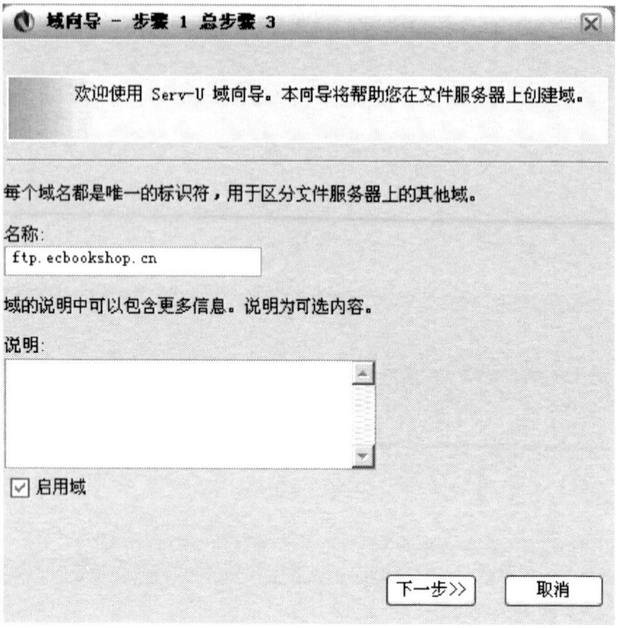

圖 6.24　設置域名信息

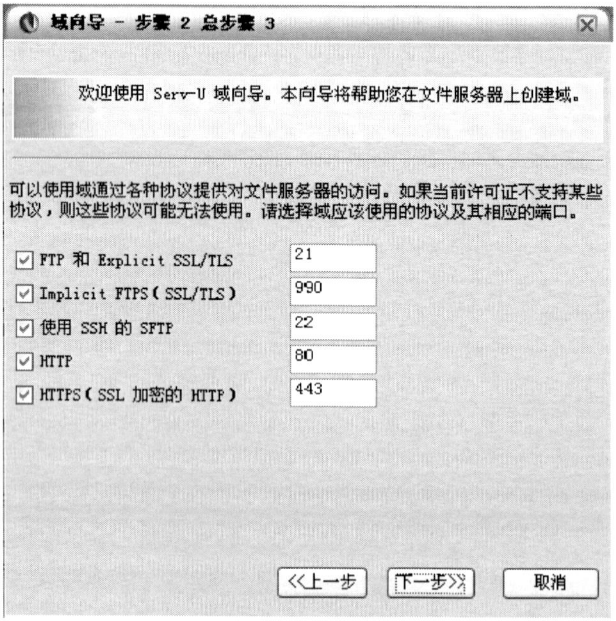

圖 6.25　設置端口號

第 6 章　Windows 網絡服務器配置

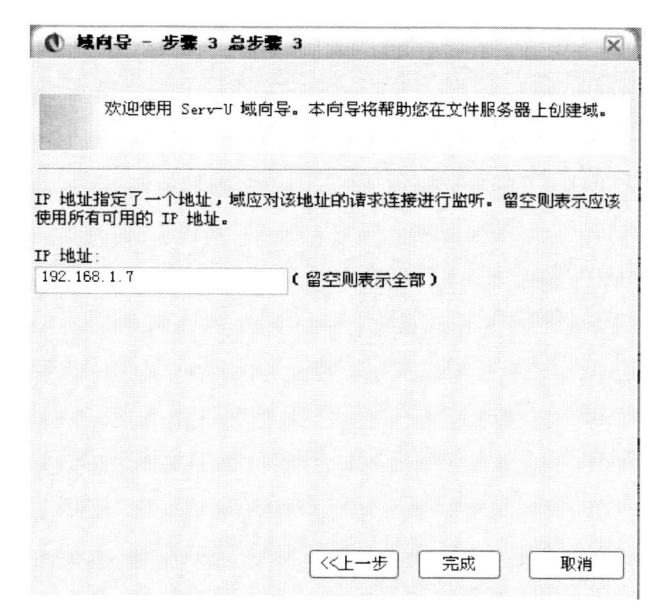

圖 6.26　設置 IP 地址

（2）建立與配置用戶

建立域後，點擊管理控制臺【用戶】，進入用戶管理界面，選擇用戶的類型，如域用戶，來自數據庫的用戶信息或使用 Windows 驗證，如圖 6.27 所示。

圖 6.27　用戶管理界面

81

開發中國電商市場的電子商務基礎實驗

選擇域用戶，點擊【添加】按鈕，進入用戶設置界面，重點是用戶信息設置和目錄訪問設置。

在用戶信息設置界面，用戶信息主要包括用戶名、全名、訪問密碼、管理權限、根目錄（表示使用該帳戶密碼登錄 FTP 後首先看到的目錄）、帳戶類型、其他選項等，如圖 6.28 所示。

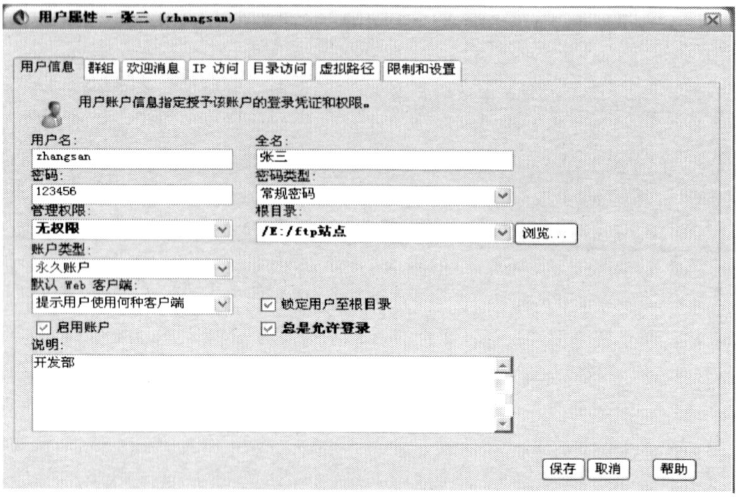

圖 6.28　設置用戶信息

目錄訪問主要設置該用戶對各目錄的訪問權限，針對每個用戶來分配各文件夾的管理權限。Serv-U 的文件夾權限採用繼承和次序兩種規則來確保權限分配的靈活性和可靠性。每個文件夾都可以對文件和目錄設置權限，「讀」表示可以下載，「寫」表示可以上傳，「追加」表示可以斷點上傳，「重命名」表示可以更改文件名，「刪除」表示可以刪除，「列表」表示可以顯示文件夾內文件與目錄信息，如圖 6.29 所示。

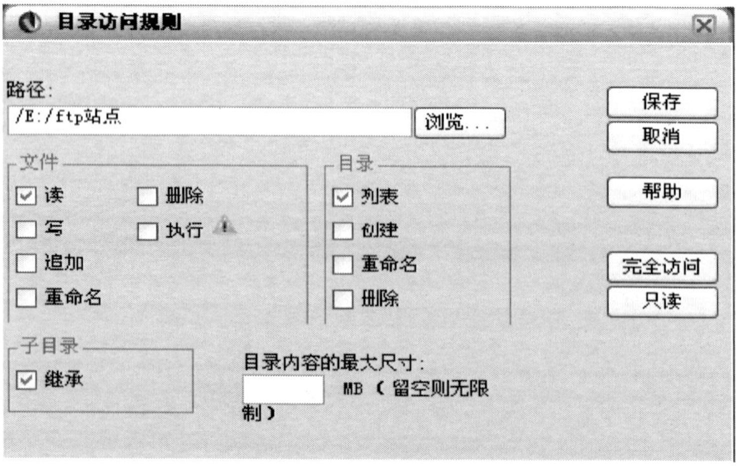

圖 6.29　目錄訪問規則設定

依次對各目錄設置訪問規則後，點擊保存。點擊某條規則，通過右側紅色箭頭調整規則順序，比如張三無法看到個人文件夾中李四和王五等信息，但又可以對張三文件夾實現完全訪問，就需要將張三文件夾的訪問規則移到個人文件夾訪問規則的上面，用戶 zhangsan 設置完畢的目錄訪問規則如圖 6.30 所示。

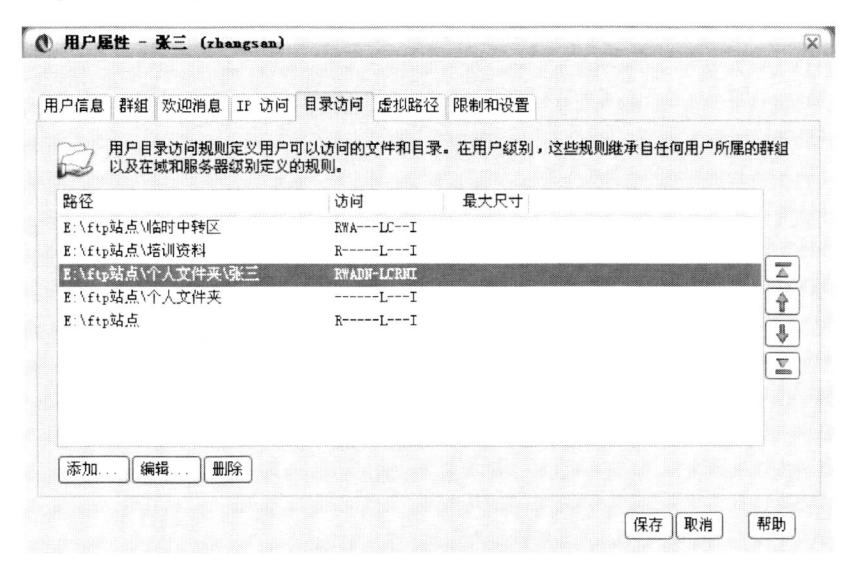

圖 6.30　目錄訪問規則順序調整

群組：存在用戶分類，並且同類用戶相對於其他類用戶有不同的訪問權限時，可以使用群組功能。比如開發部的成員都能訪問開發文檔和開發團隊內部資料等，就可以建立開發部群組，為開發部用戶建立統一的訪問權限，開發部各用戶在繼承統一權限的基礎上再分配個人的權限。

歡迎消息：用戶登錄 FTP 站點看到的信息。

IP 訪問：限制該用戶名禁止或允許的 IP 訪問範圍。

虛擬路徑：用戶名 zhangsan 的 FTP 根目錄為 E：\ ftp 站點，若需要將其他分區或文件夾的目錄放入 ftp 站點中，就可使用虛擬路徑將其他目錄映射至 FTP 路徑中，並對這些目錄設置訪問權限。

（4）測試

使用 FlashFXP 等 FTP 客戶端軟件或 IE 瀏覽器訪問 ftp://ftp.ecbookshop.cn 或 ftp://192.168.1.7，使用用戶名 zhangsan 和密碼 123456 登錄 FTP 站點，查看各目錄的操作權限是否正確。

6.4 實踐練習

6.4.1 基礎練習

參照實驗步驟，完成 Web 服務器和 FTP 服務器配置，利用網上下載的網站程序代碼包，在本地計算機建立一個可供訪問的網站。

6.4.2 拓展練習

某電子商務實驗室，分為兩間學生機房和一間管理中心，在管理中心內有服務器 S1、S2、S3 三臺服務器。S1 作為代理服務器實現學生機的共享上網服務。S2 是 FTP 服務器，提供資料共享和教師網絡存儲功能。S3 是 Web 服務器，建有該電子商務實驗室的網站，包括文章發布、交流論壇等功能模塊。請為該實驗室規劃網絡，繪製網絡拓撲圖，並選擇合適的軟件，在 Vmware 虛擬機上建立三臺虛擬機，安裝配置各種服務器軟件，進行實現上述各項功能。

第 7 章　Packet Tracer 仿真小型局域網

7.1　實驗目的與基本要求

1. 瞭解 Packet Tracer 的主要功能。
2. 掌握 Packet Tracer 配置小型局域網。

7.2　基礎知識

　　Packet Tracer 是由 Cisco 公司發布的一個功能強大的網絡仿真程序，為學習思科網絡課程的初學者設計、配置、排除網絡故障提供了網絡模擬環境。用戶可以在軟件的圖形用戶界面上直接使用拖曳方法建立網絡拓撲，並可提供數據包在網絡中行進詳細處理，觀察網絡即時運行情況。Packet Tracer 支持學生和教師建立仿真、虛擬活動網絡模型，通過仿真技術對現實的物理用具進行仿真，讓用戶可以在虛擬的環境下建立網絡拓撲結構圖，支持 JavaScript 和 CSS，支持多種服務器，可以學習 IOS 的配置、鍛煉故障排查能力。

7.3　實驗步驟

7.3.1　安裝與漢化

　　以 Packet Tracer 5.3 為例，介紹 Packet Tracer 的主要功能與小型局域網仿真方法。
1. 安裝 Packet Tracer
下載 Packet Tracer 5.3，雙擊 Packet Tracer 5.3 安裝文件安裝英文版軟件。
2. 漢化
將漢化文件 chinese.ptl 複製到 Packet Tracer 5.0 默認安裝位置的 languages 文件夾中（如 C：\ Program Files \ Packet Tracer 5.0 \ languages）。
啓動 PT5.0，選擇菜單欄中的【Options】→【Preferences...】，如圖 7.1 所示。

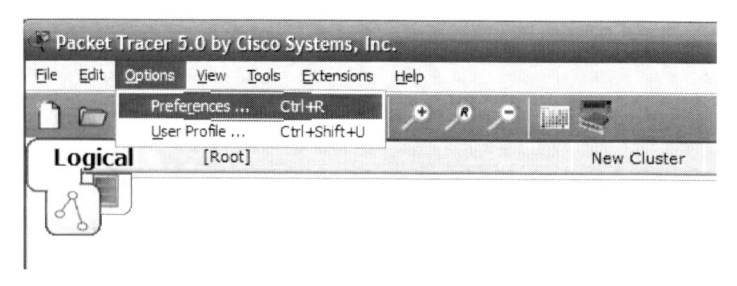

開發中國電商市場的電子商務基礎實驗

圖 7.1　設置軟件語言

在對話框中選擇【chinese. ptl】，然後單擊【Change Language】按鈕，如圖 7.2 所示。

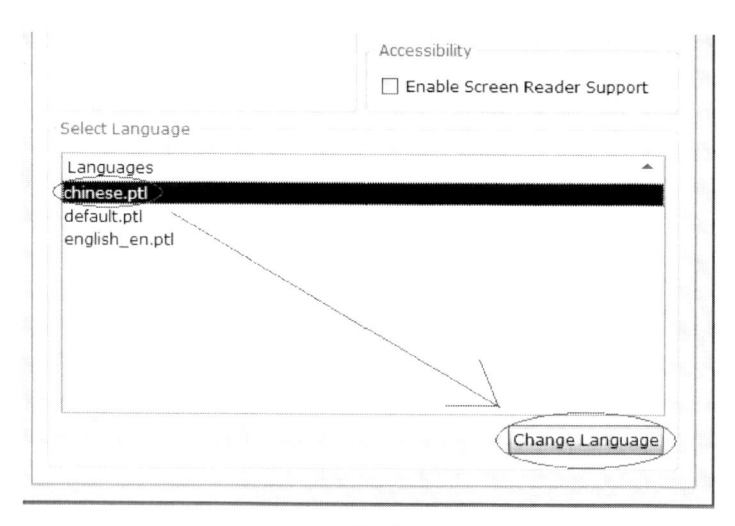

圖 7.2　選擇軟件語言

重新啓動 Packet Tracer，即可看到中文界面。

7.3.2　繪製網絡拓撲圖

1. 設備簡介

Packet Tracer 支持路由器、交換機、無線設備、各種終端設備等組成。

：路由器，點擊路由器，會在右邊顯示各類路由器的型號。

：交換機，包括各種型號的二層、三層交換機。

：集線器（HUB）。

：無線設備，包括有 AP 和無線路由器。

：各種類型的終端設備，包括個人 PC、筆記本、服務器、打印機、IP 電話。

第 7 章　Packet Tracer 仿真小型局域網

：雲，模擬了廣域網，如幀中繼等。

：自定義設備。

：多用戶連接。

2. 各種類型的線纜

Packet Tracer 支持 console 線、直通線、交叉線、光纖、電話線、銅軸電纜等線纜類型，如圖 7.3 所示。

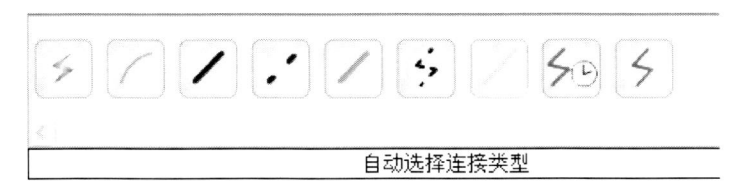

圖 7.3　Packet Tracer 線纜種類

：閃電符號，自動連線，對線纜不熟的初學者可以用這個來連接網絡設備。

：console 線，只要是在連接電腦的 R232 和網絡 console 口，在新的網絡設備，一般都要靠這根線來調試。

：直通線，兩頭都是 568B 或者 568A 的線序。

：交叉線，用來連接相同設備的，不過，現在的網絡廠商都做到了自適應識別。

：光纖，只有路由器或者交互機上有光纖接口，才可以用此線連接。

：電話線。

：銅軸電纜。

網絡設備包括 DTE 類設備（數據終端設備）和 DCE 類設備（數據電路端設備）兩大類。DTE 設備包括 PC、路由器、交換機 uplink 口、HUB 級聯口等，DCE 設備包括交換機普通口、HUB 普通口等。

一般來說交換設備與終端連接用直連線，終端與終端、交換與交換用交叉。現在的網絡設備一般都能自適應，即直通線或交叉線都可以。

3. 設備添加

在屏幕左下方是設備區域，左邊是網絡設備的各種類型，右邊是各種具體的設備，如圖 7.4 所示。

■ 開發中國電商市場的電子商務基礎實驗

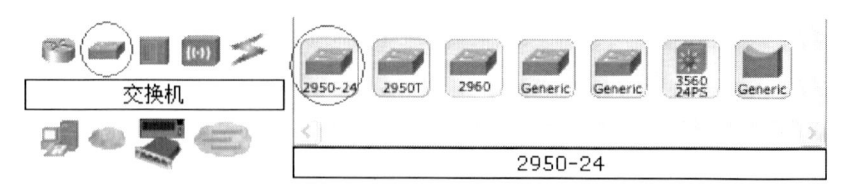

圖 7.4 Packet Tracer 交換機種類

　　左邊區域選擇第二個設備是「交換機」，右邊顯示各種具體型號的交換機。選擇第一個交換機「2950-24」，將其拖放到中間的工作平臺，命名為 S1。

　　用同樣方式，將交換機 S2，無線接入點 S3，服務器 Server1，Server2，客戶機 PC1，PC2，PC3，NB1 拖放到工作平臺，如圖 7.5 所示。

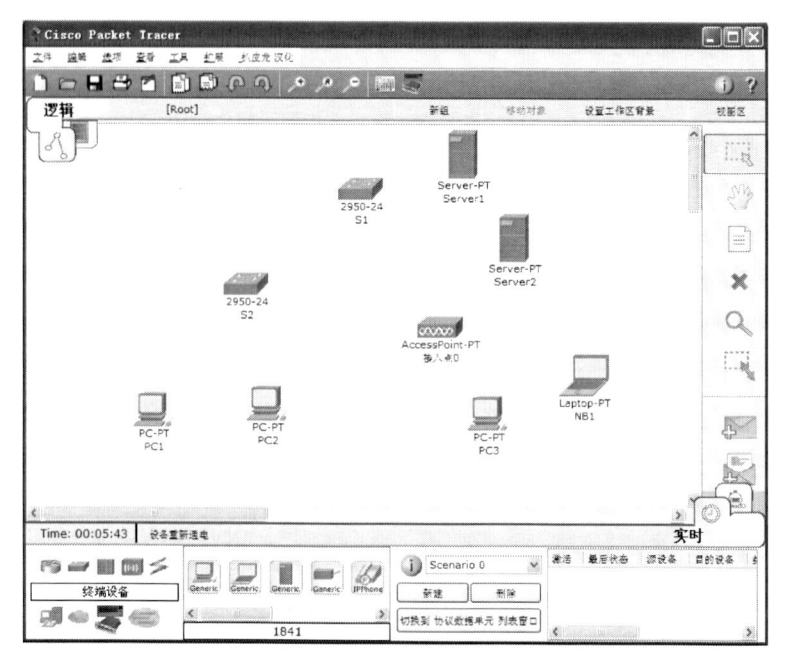

圖 7.5　添加計算機設備

　　4. 為設備添加模塊

　　為 PC 機、服務器或筆記本電腦添加無線網卡模塊，才能無線連接網絡。點擊筆記本 NB1，在物理（Phisical）項，先關閉筆記本電源，點擊筆記本網卡模塊，拖到左側，然後將 Linksys-WPC300N 無線模塊拖至筆記本網卡模塊區，如圖 7.6 所示。再打開筆記本電源，就會自動連接到最近的無線 AP。同理對 PC3 添加無線網卡。

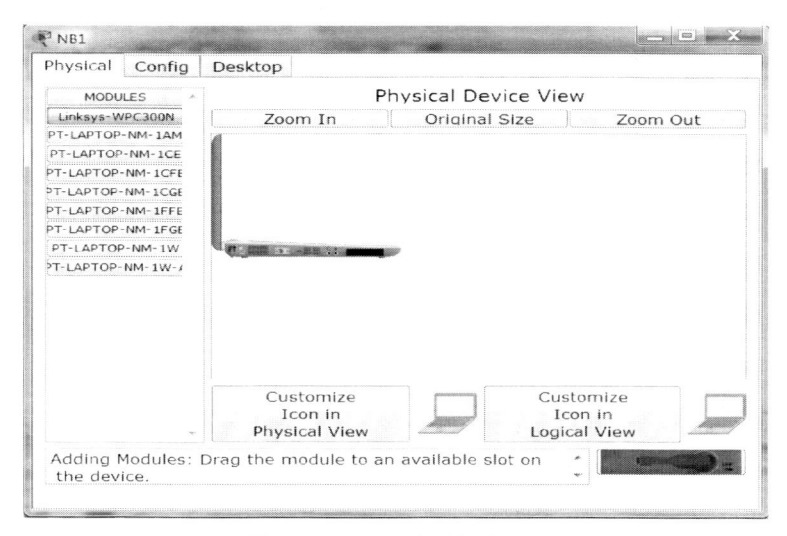

圖 7.6　設備添加無線網絡模塊

路由器、交換機等選擇 Generic 類型，可根據需要自由添加各種模塊，如光纖模塊、雙絞線模塊或無線模塊等，如圖 7.7 所示。

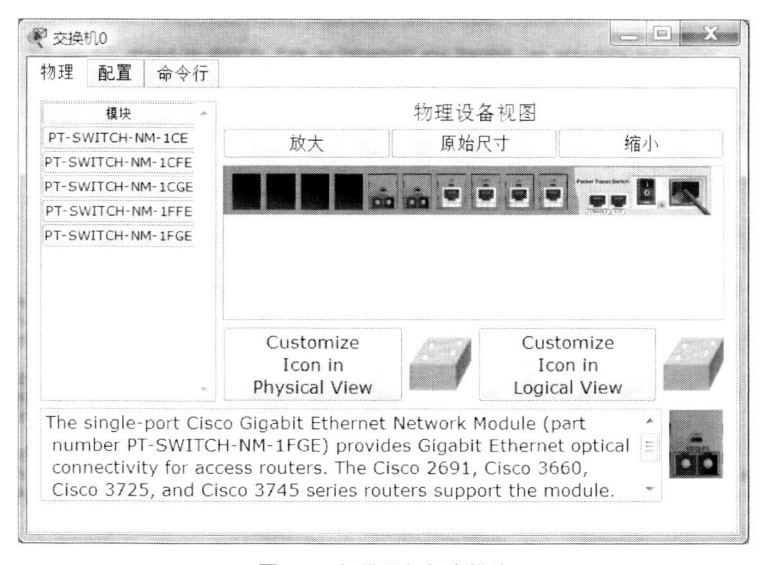

圖 7.7　設備添加網卡模塊

5. 線纜連接

S1 與 S2 都是交換機，用交叉線，點擊【線纜（閃電圖標）】，選擇【交叉線（虛線圖標）】，再點擊 S1 交換機，會彈出 S1 交換機端口供選擇，選擇端口後，再點擊 S2 端口，在彈出端口中選擇合適的端口。同理，完成所有線路連接。線路兩端是綠點表示連通，紅色表示不連通。若需要刪除設備或線路，先點擊面板右側紅色【×】圖標，再點擊設備或線路即可，如圖 7.8 所示。

開發中國電商市場的電子商務基礎實驗

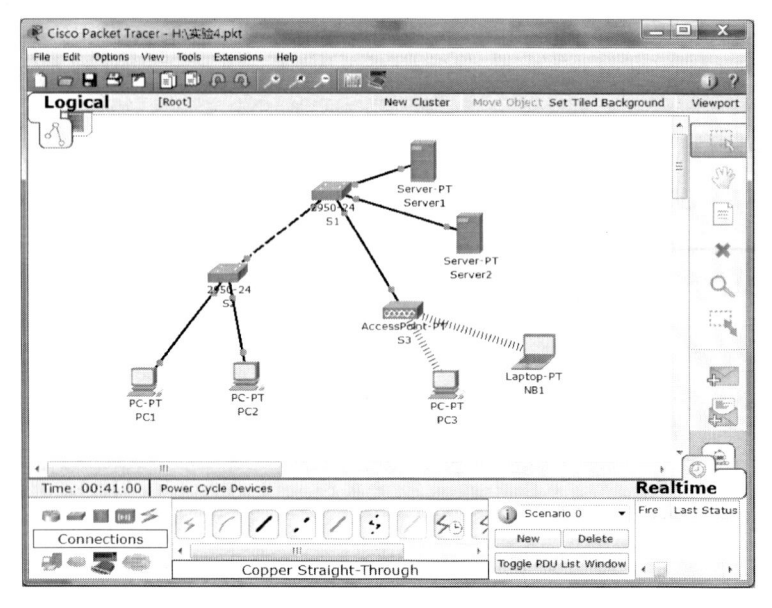

圖 7.8　局域網聯網

7.3.3　網絡配置

1. Server1：DHCP 服務器

網絡中計算機可以手工設置網絡參數，包括 IP 地址、子網掩碼、網關、DNS，也可以通過 DHCP 服務器自動獲取。DHCP 功能通過 DHCP 服務器實現。

在 Config 中 FastEthernet 面板設置 IP 地址，如圖 7.9 所示。

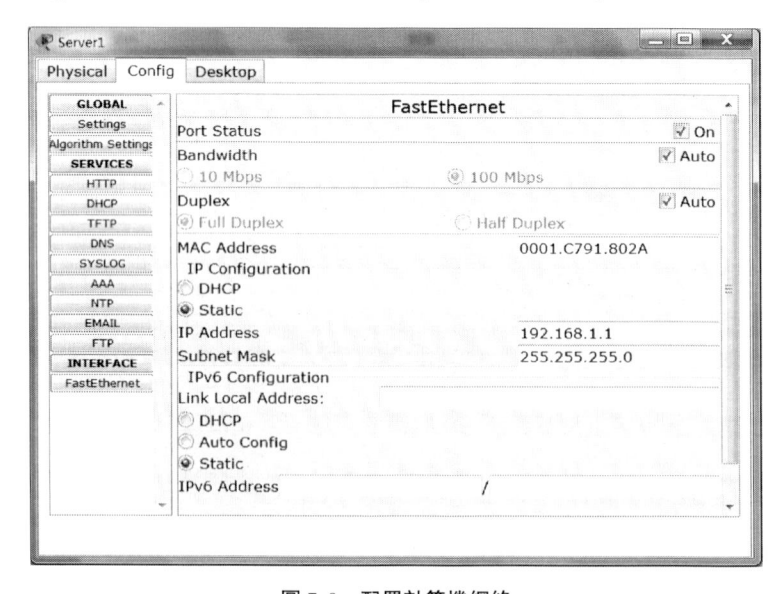

圖 7.9　配置計算機網絡

打開 DHCP 服務器，設置默認網關為「192.168.1.1」，DNS 服務器為「211.83.168.28」，開始 IP 地址為「192.168.1.100」，子網掩碼為「255.255.255.0」，最大用戶數為「50」，點擊【保存】。關閉掉其他 HTTP、DNS 等服務，如圖 7.10 所示。

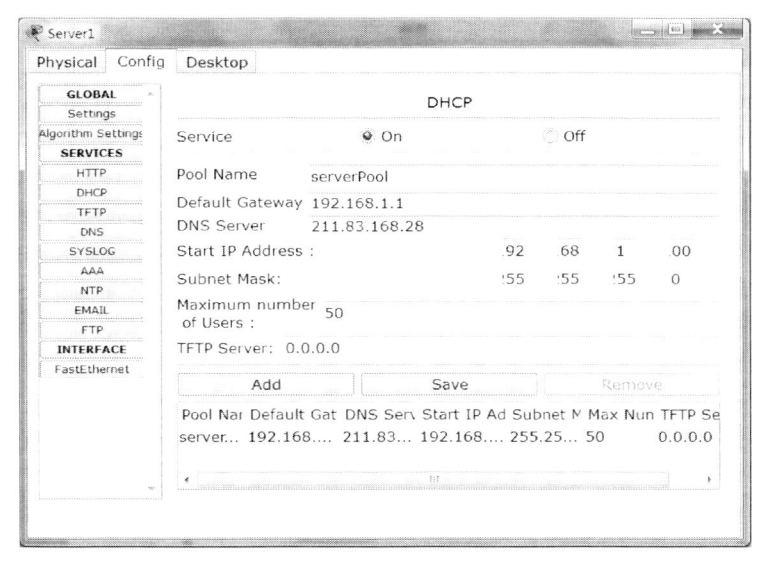

圖 7.10　配置 DHCP 服務器

2. Web、FTP、Email 服務器

各服務可單獨使用一臺服務器，也可集中在 Server2 一臺服務器上。設置服務器 Server2 為靜態 IP 地址，因為提供 Web 和 FTP 等服務需要固定的訪問地址，如圖 7.11 所示。

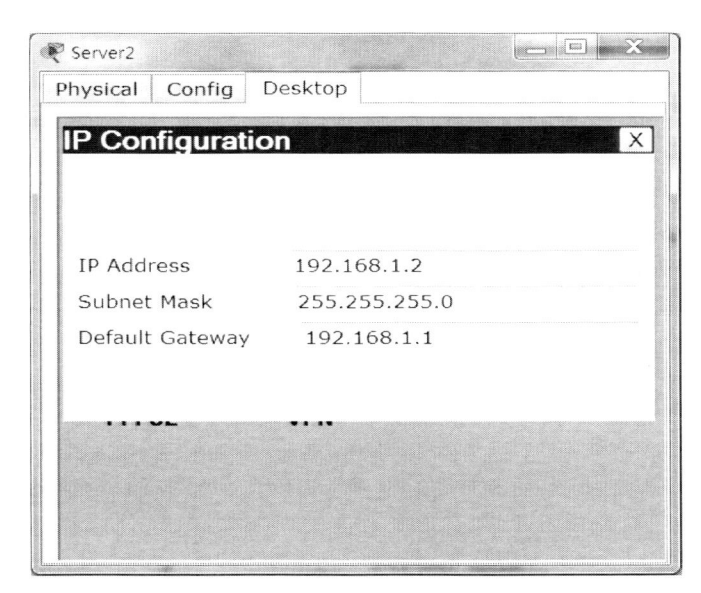

圖 7.11　通過 DHCP 服務器自動獲取網絡設置

依次打開 HTTP、FTP、Email 服務，關閉 DHCP 服務，否則會與 Server1 提供的 DHCP 服務衝突，使得其他客戶機不能正確地從 Server1 獲得 IP 地址。

3. 客戶機設置

將其他服務器和客戶機都設置成通過 DHCP 獲取 IP 地址。所有客戶機均成功獲取 IP 地址、子網掩碼、默認網關和 DNS 參數。在 NB1 的 Desktop 面板，打開 Command Prompt 進入命令行模式，輸入 ipconfig，可以查看網絡設置，如圖 7.12 所示。

```
PC>ipconfig

IP Address......................: 192.168.1.104
Subnet Mask.....................: 255.255.255.0
Default Gateway.................: 192.168.1.1

PC>
```

圖 7.12　查看計算機網絡設置

7.3.4　測試

1. 測試網絡通暢性

在某一臺服務器或客戶機上進入命令行模式，Ping 其他 IP 地址，查看網絡通暢性，如圖 7.13 所示。

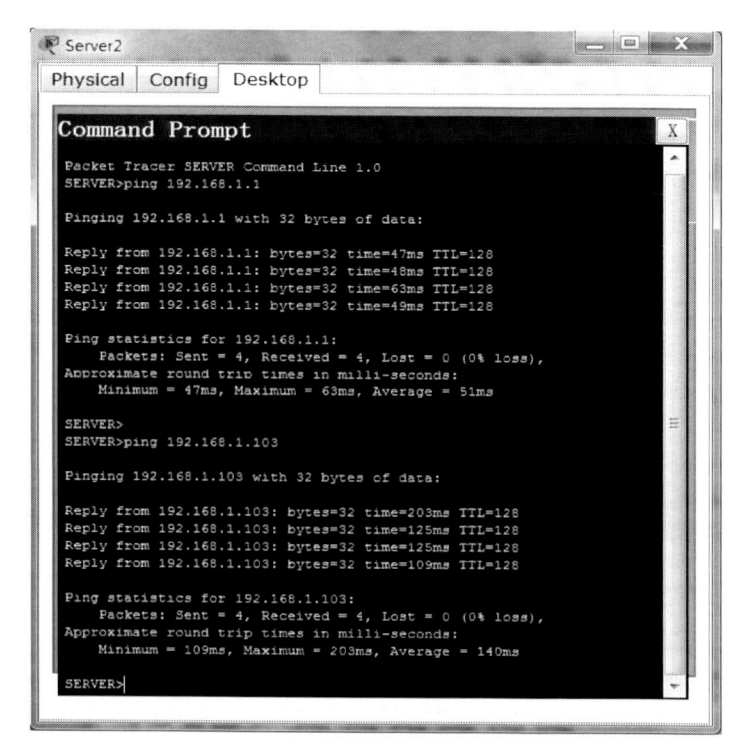

圖 7.13　測試網絡連通性

2. Web 服務器訪問測試

在任何一臺服務器或客戶機上，打開 Desktop 面板的 Web Browse（Web 瀏覽器），訪問 http://192.168.1.2，即可打開服務器 Server2 上的 Web 站點。FTP 站點需要命令行訪問測試。

7.4 實踐練習

7.4.1 基礎練習

安裝 Packet Tracer，添加各種網絡設備，進行配置，測試基本網絡命令。

7.4.2 拓展練習

在熟練掌握 Packet Tracer 使用方法並完成基礎練習基礎上，以自定義網絡為背景，在 Packet Tracer 建立網絡拓撲圖，並完成網絡配置工作。

第 8 章　Packet Tracer 配置網絡服務器

8.1　實驗目的與基本要求

1. 掌握 DHCP 服務配置及測試。
2. 掌握 DNS 服務配置及測試。
3. 掌握 Web 服務配置及測試。
4. 掌握 FTP 服務配置及測試。
5. 掌握電子郵件服務配置及測試。

8.2　基礎知識

Packet Tracer 整合了 Web 服務器、MAIL 服務器、FTP 服務器、DNS 服務器、DHCP 服務器等各類服務器功能，可模擬真實的網絡服務環境，對服務器參數進行設置和測試。

8.3　實驗步驟

8.3.1　網絡服務拓撲圖

該網絡服務器共由五臺服務器（Web 服務器、MAIL 服務器、FTP 服務器、DNS 服務器、DHCP 服務器）、一個交換機（2960-24）、兩個客戶機（PC0、PC1）和 7 根雙絞線組成，線纜兩端為綠點閃爍表明連接狀態正常，如圖 8.1 所示。

图 8.1　网络服务器拓扑图

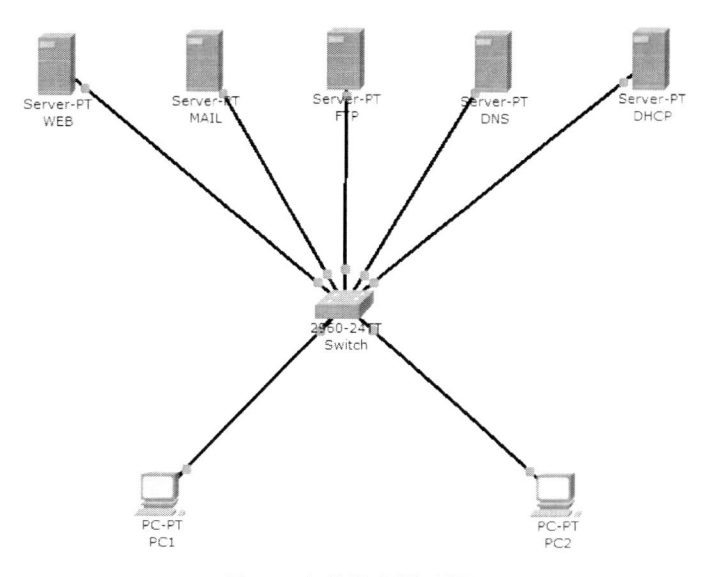

8.3.2　配置 IP

分别单击【服务器】（DHCP，DNS，FTP，MAIL，Web）→单击【Desktop】→单击【IP Configuration】→设置【IP Address（Subnet Mask 为默认值）】，如图 8.2、图 8.3、图 8.4、图 8.5、图 8.6 所示。

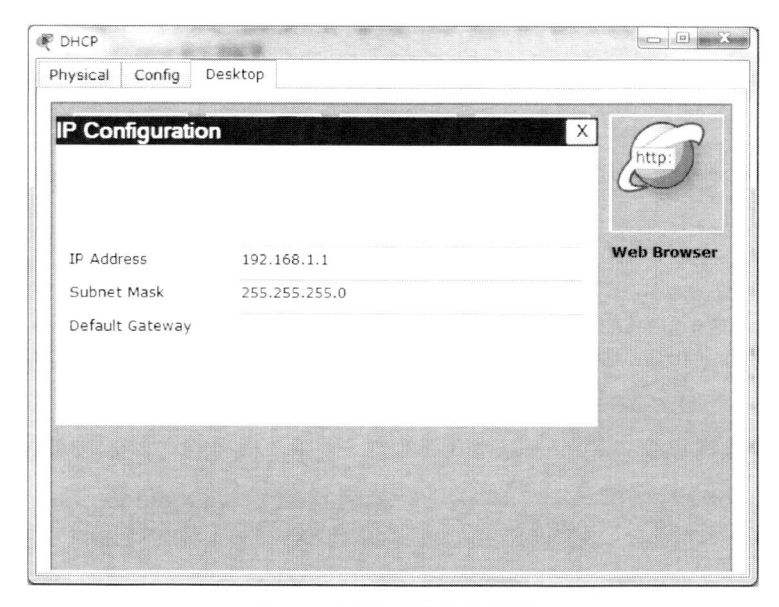

图 8.2　DHCP 服务器 IP 配置

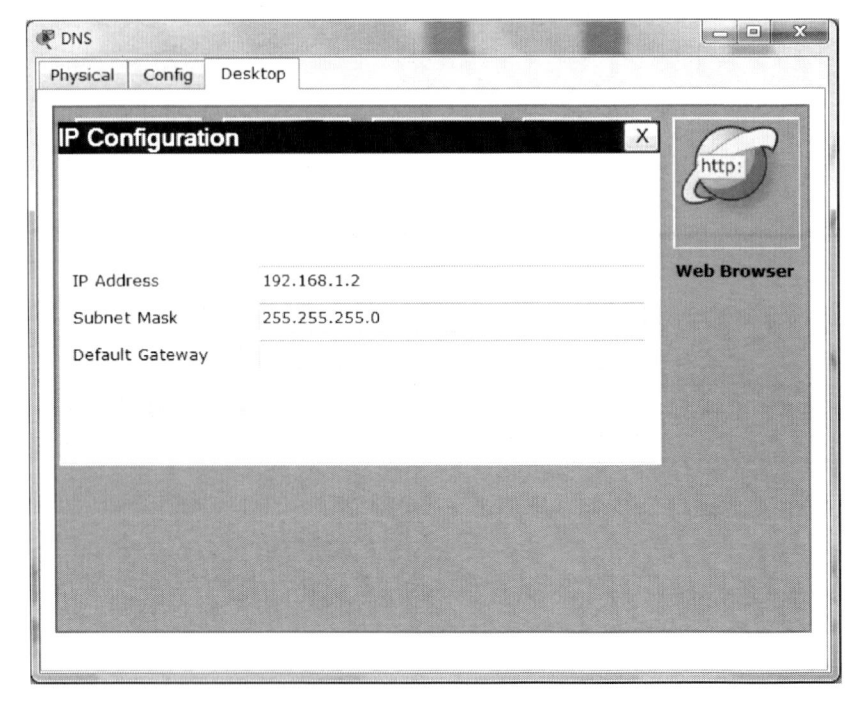

圖 8.3　DNS 服務器 IP 配置

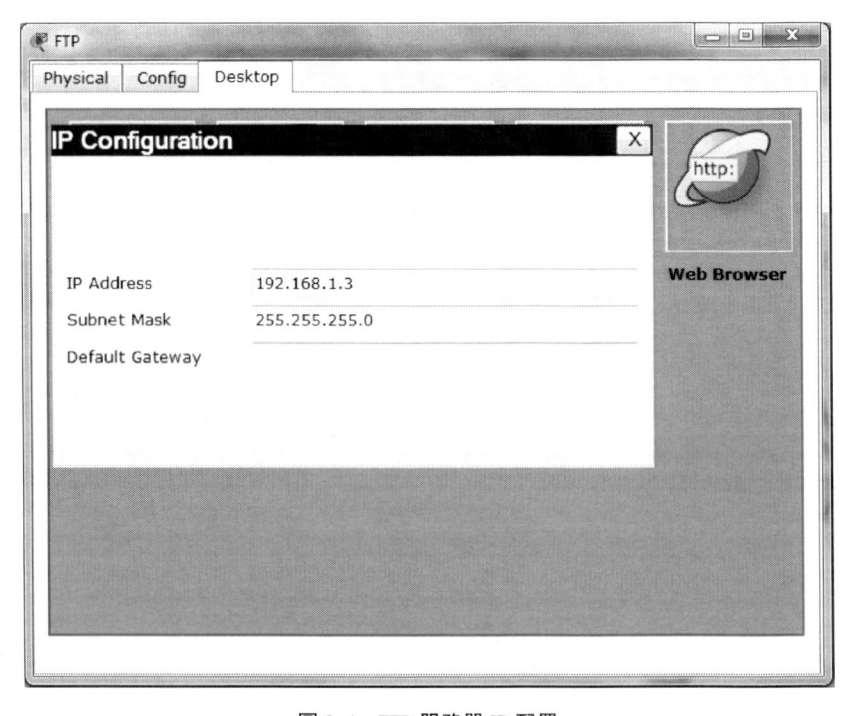

圖 8.4　FTP 服務器 IP 配置

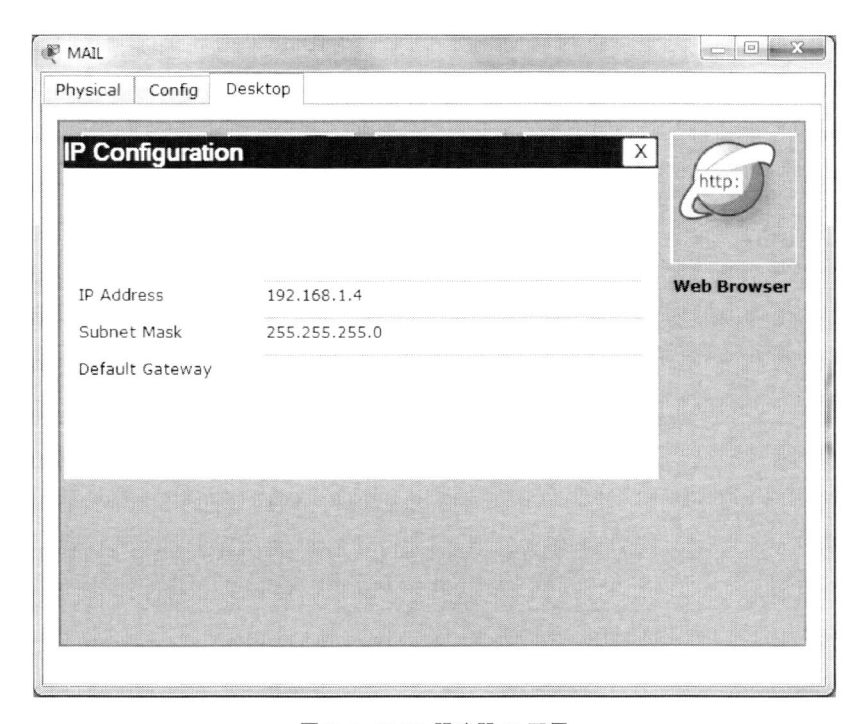

圖 8.5　MAIL 服務器 IP 配置

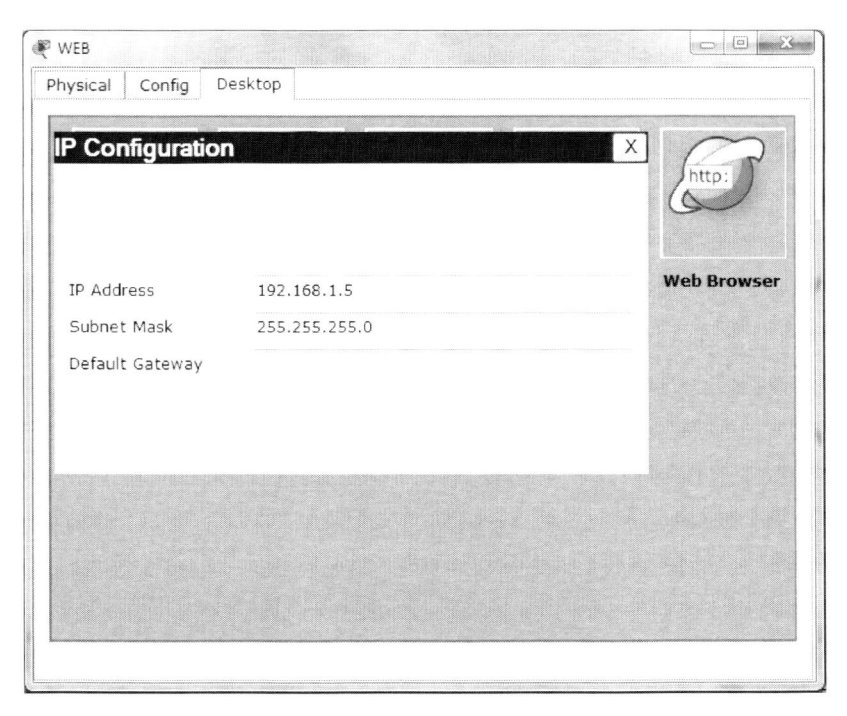

圖 8.6　Web 服務器 IP 配置

8.3.3 DHCP 服務器配置

配置 DHCP 服務器，關閉此服務器上的 DNS，FTP，MAIL，SERVICES（Web 服務），其他服務不變。單擊【Config】，單擊左側【DHCP】。

Service（服務狀態）：On（開）。

DNS 服務器地址：192.168.1.2（設置要訪問的 DNS 服務器地址）。

Start IP Address（開始 IP 地址）：192.168.1.6（設置本 192.168.1.0 網段客戶端自動申請到的 IP 地址尾數從 6 開始）。

Subnet Mask（默認子網網關）：空缺。

Maximum number of Users（子網最大客戶端量）：50。

TFTP Server（ ）：0.0.0.0（默認值）。

設置好後，單擊【Save】（保存），如圖 8.7 所示。

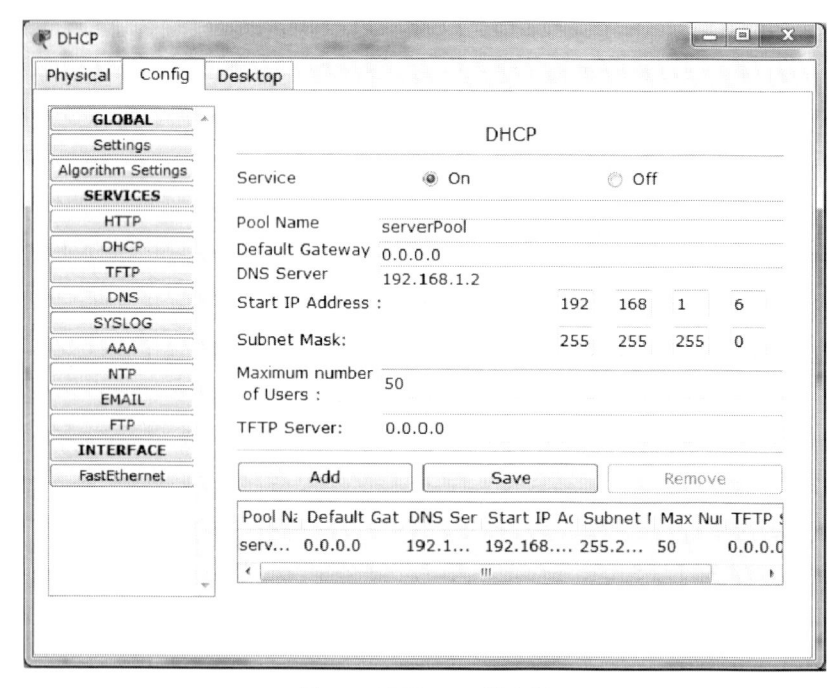

圖 8.7　配置 DHCP 服務器

單擊左側【DNS】，將【DNS Service】設置為【OFF】，其他不變，如圖 8.8 所示。

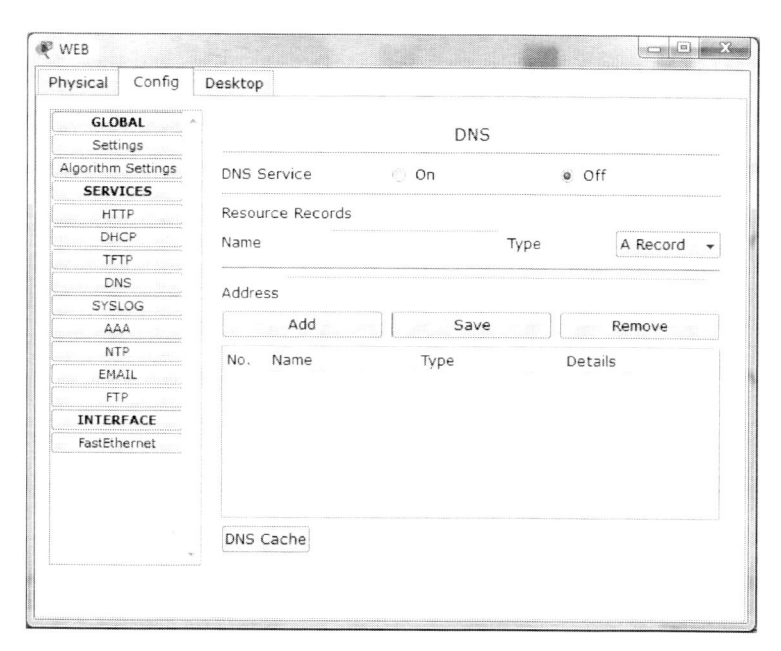

圖 8.8　配置 DNS 服務器

單擊左側【MAIL】→【SMTP Service】，將【POP3 Service】設置為【OFF】，其他不變，如圖 8.9 所示。

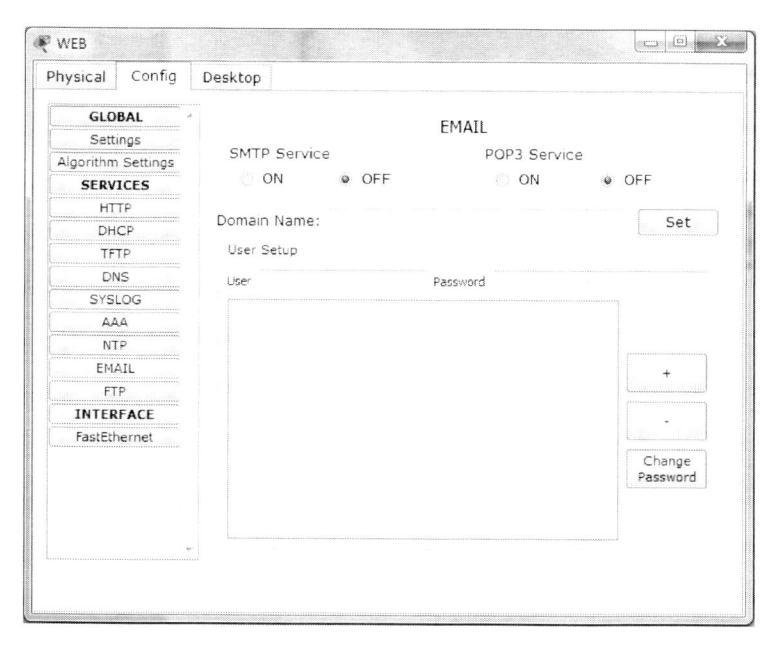

圖 8.9　配置 EMAIL 服務器

單擊左側【FTP】，將【FTP】設置為【OFF】，其他不變，如圖 8.10 所示。

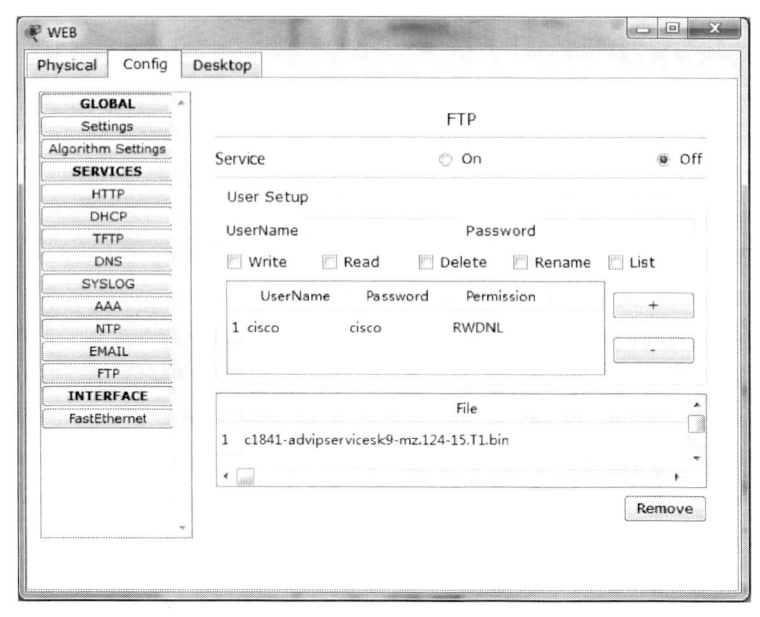

圖 8.10　配置 FTP 服務器

8.3.4　DNS 服務器配置

配置 DNS 服務器，關閉此服務器上的 DHCP，FTP，MAIL，SERVICES（Web 服務），其他服務不變，操作過程類似於 DHCP 配置過程。在此只針對 DNS 配置，如圖 8.11 所示。

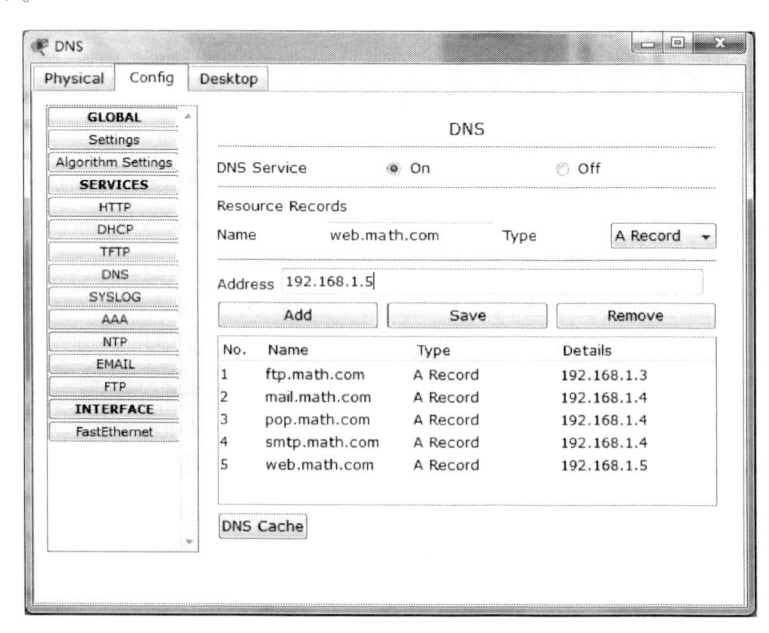

圖 8.11　配置 DNS 服務器

DNS Service（服務狀態）：On（開）。

分別添加 5 個 Resource Records Name（資源記錄名）和 Address（地址），每次添加最後要點擊【Add】（添加）到文本區域裡，添加完後點擊【Save】（保存）。

8.3.5　FTP 服務器配置

配置 FTP 服務器，關閉此服務器上的 DHCP、DNS、MAIL、SERVICES（Web 服務），其他服務不變，操作過程類似於 DHCP 配置過程。

Service（服務狀態）：On（開）。

分別添加 2 個 User Name（用戶名）和 Password（密碼），每個用戶都勾選上 Write（可寫）、Read（可讀）、Delete（刪除）、Rename（重命名）、List（列表），每次添加最後要點擊【+】（添加）到滾動文本區域裡，如圖 8.12 所示。

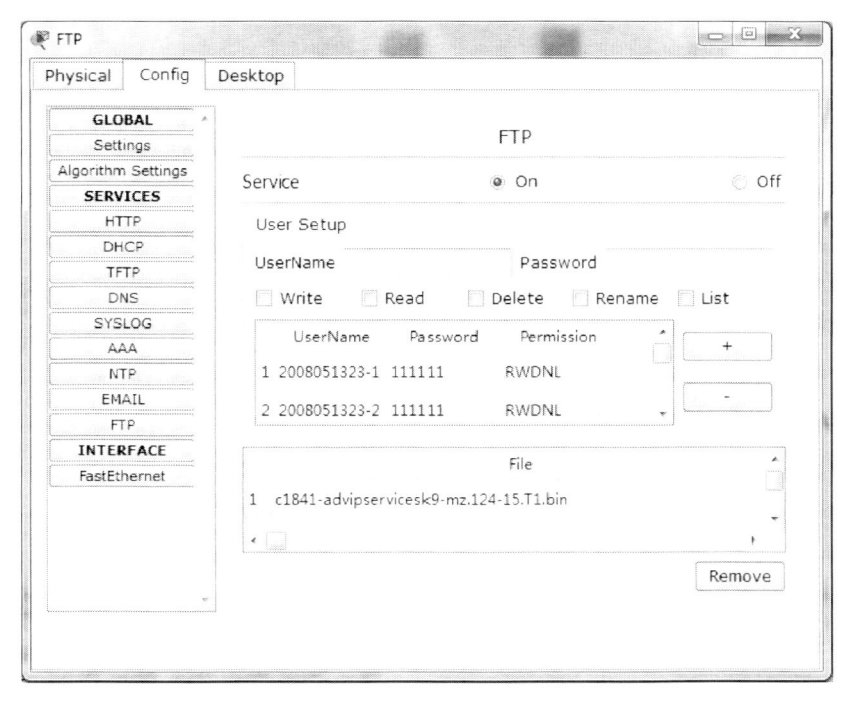

圖 8.12　配置 FTP 服務器

8.3.6　MAIL 服務器配置

配置 MAIL 服務器，關閉此服務器上的 DHCP、DNS、FTP、SERVICES（Web 服務），其他服務不變，操作過程類似於 DHCP 配置過程。

SMTP Service、POP3 Service（服務狀態）：On（開）。

Domain Name（域名）：mail.math.com。

分別添加 2 個 User（用戶）和 Password（密碼），每次添加最後要點擊【+】（添加）到滾動文本區域裡，如圖 8.13 所示。

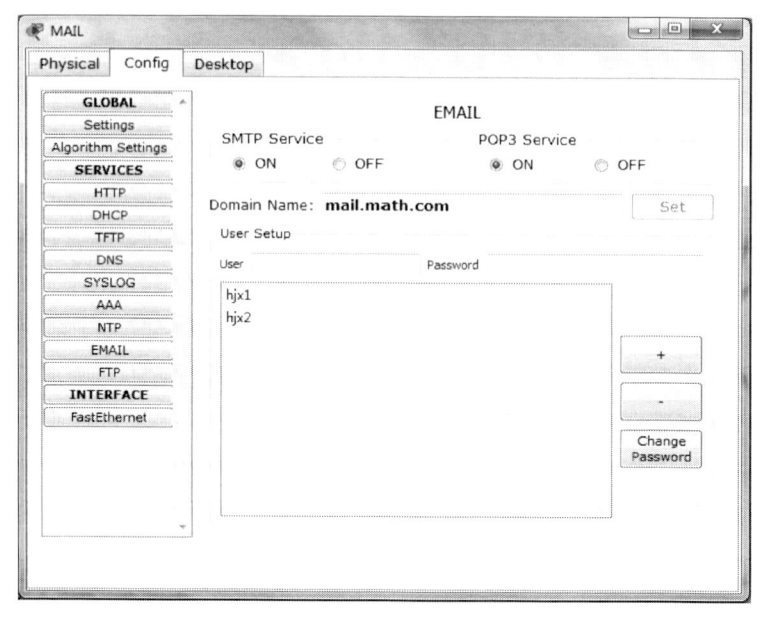

圖 8.13　添加 EMAIL 服務器用戶

8.3.7　Web 服務器配置

　　配置 Web 服務器，關閉以上配置過的服務（DHCP，DNS，FTPE，MAIL），其他服務狀態不變。分別單擊服務器（DHCP，DNS，FTP，MAIL，Web）打開配置面板，單擊【Config】，如圖 8.14、圖 8.15、圖 8.16、圖 8.17 所示。

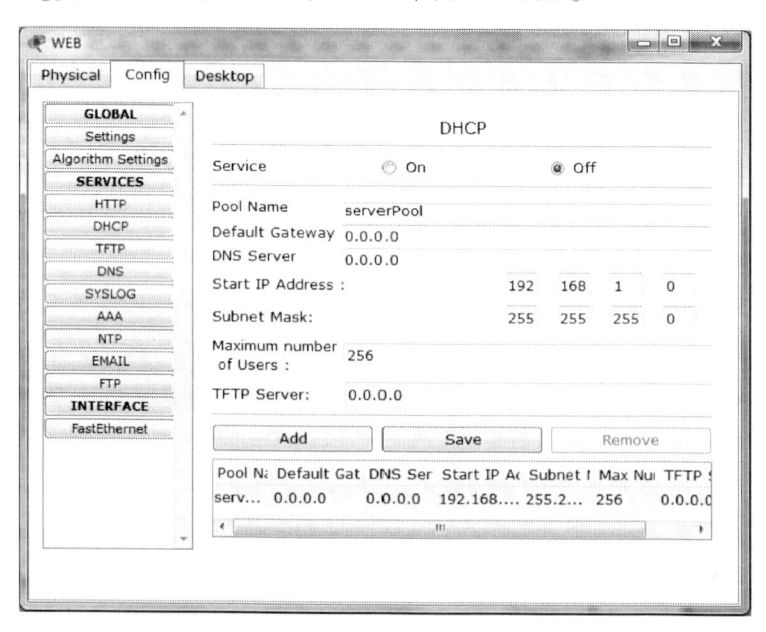

圖 8.14　關閉 DHCP 服務器

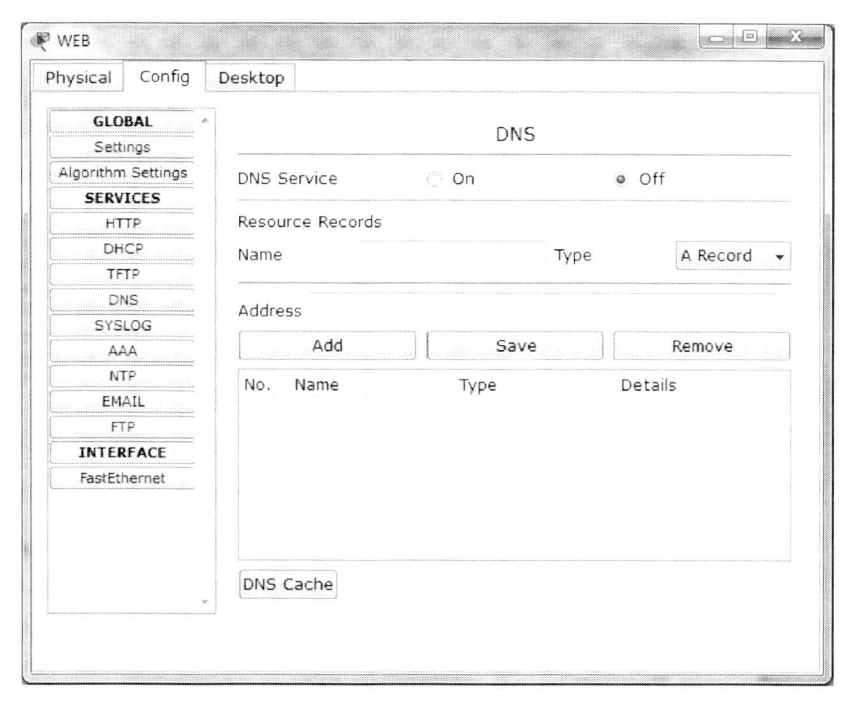

圖 8.15　關閉 DNS 服務器

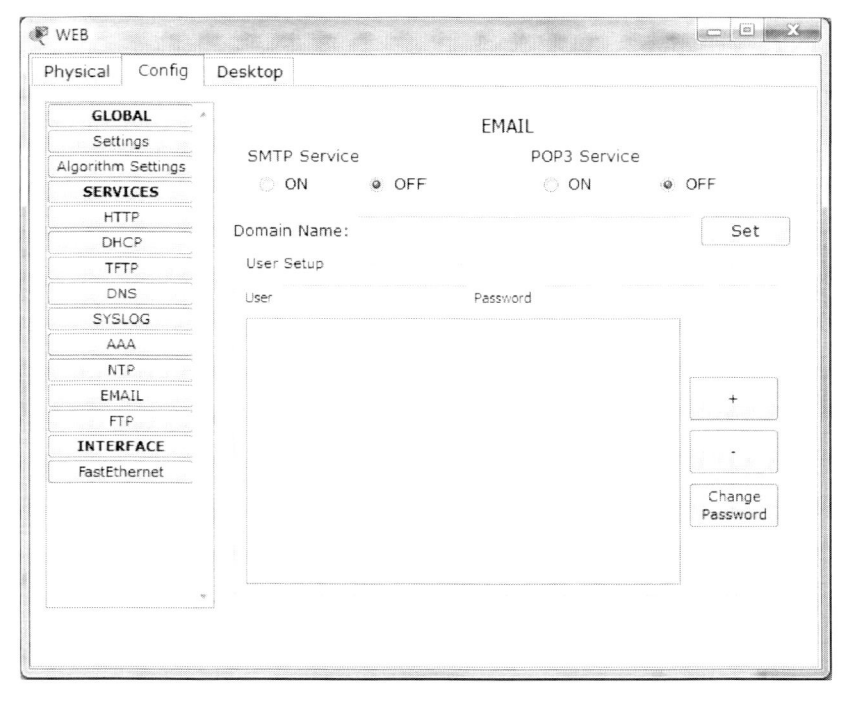

圖 8.16　關閉 EMAIL 服務器

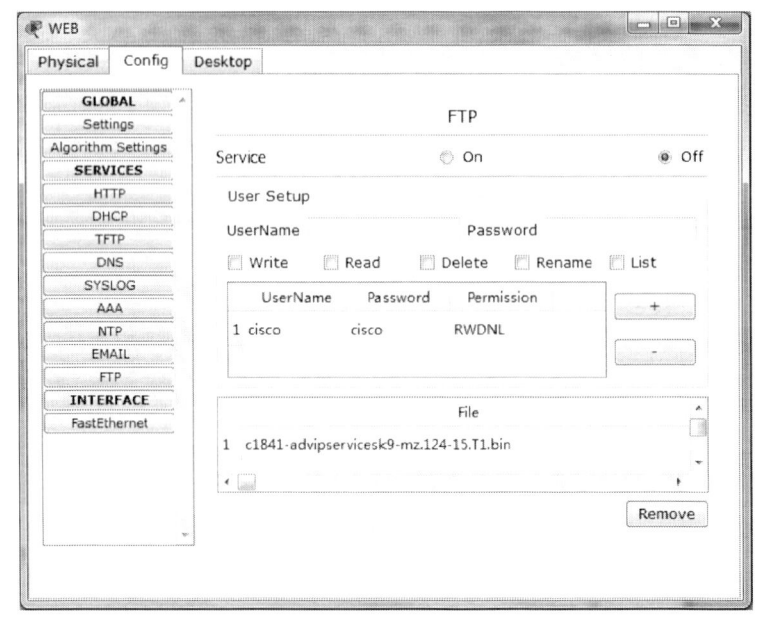

開發中國電商市場的電子商務基礎實驗

圖 8.17　關閉 FTP 服務器

8.3.8　客戶端動態分配 IP

單擊【客戶端】（PC1，PC2），單擊【Desktop】→單擊【IP Configuration】→單擊【DHCP】，如圖 8.18 和圖 8.19 所示。

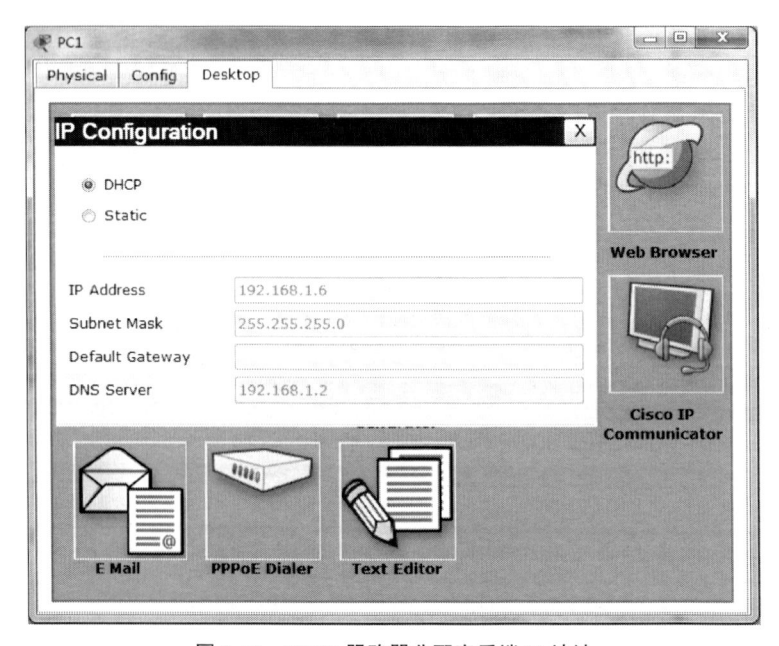

圖 8.18　DHCP 服務器分配客戶端 IP 地址

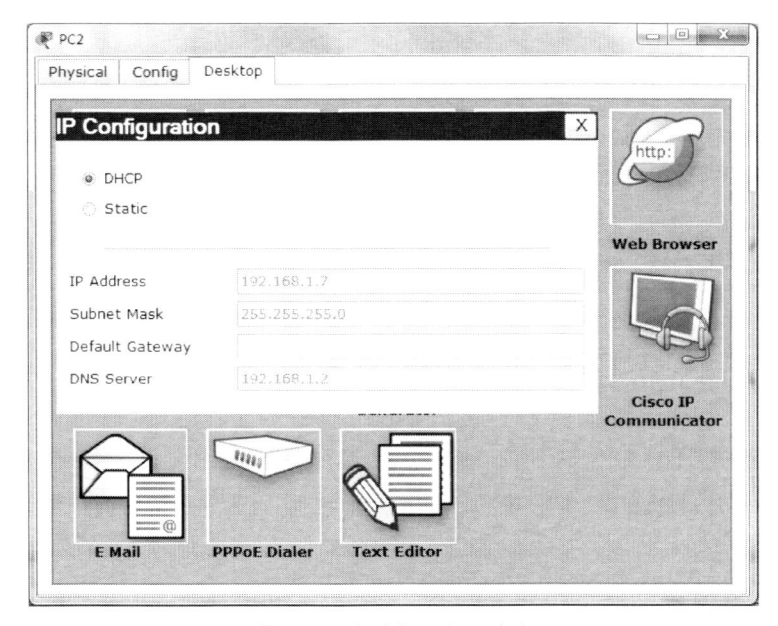

圖 8.19　查看客戶端 IP 地址

8.3.9　客戶端與其他設備 IP 連通檢測

單擊【客戶端】（PC1，PC2）→單擊【Desktop】→單擊【Command Prompt】，輸入「ping 192.168.1.0」測試聯通性。圖 8.20 和圖 8.21 顯示客戶端與其他設備 IP 連通正常。

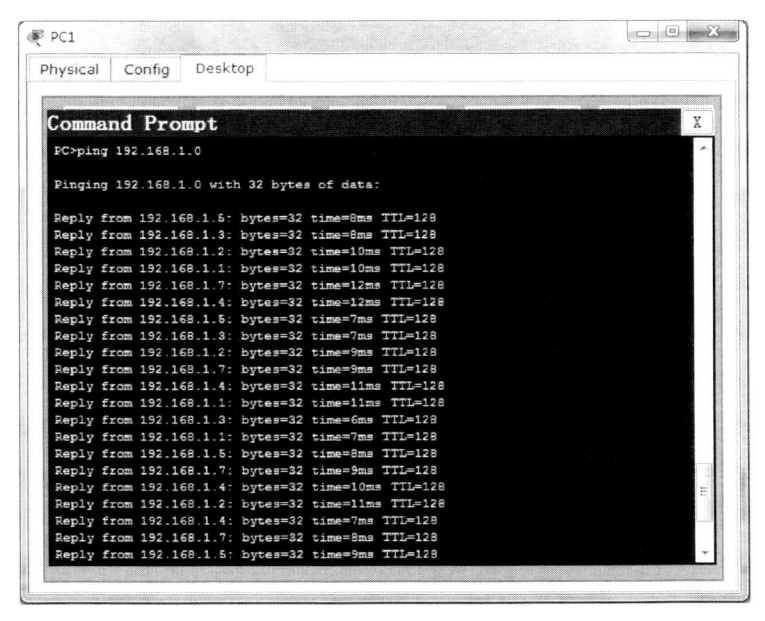

圖 8.20　測試客戶端 PC1 網絡連通性

開發中國電商市場的電子商務基礎實驗

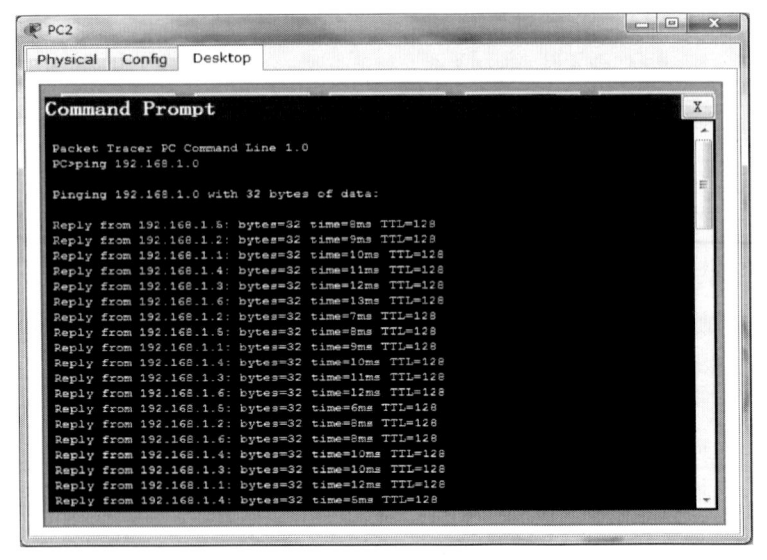

圖 8.21　測試客戶端 PC2 網絡連通性

8.3.10　登入 FTP 服務

分別單擊【客戶端】（PC1，PC2），單擊【Desktop】→單擊【Command Prompt】→輸入「ftp ftp. math. com」→按【enter】（回車鍵）→輸入用戶名「2008051323-2」→輸入密碼「111111」→輸入「dir」命令查看 FTP 服務文件→輸入「help」命令查看操作命令→輸入「quit」命令退出 FTP 服務。圖 8.22 和圖 8.23 顯示 FTP 服務器操作正常。

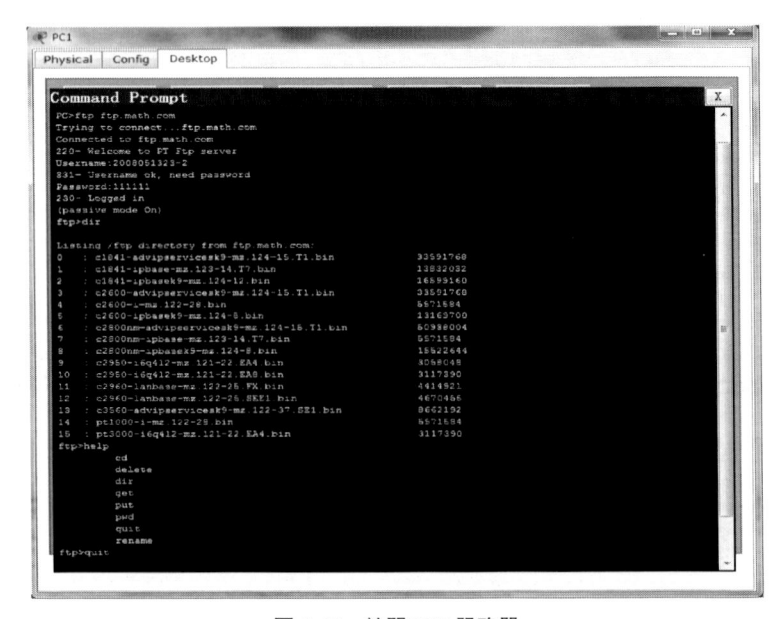

圖 8.22　訪問 FTP 服務器

圖 8.23 測試 FTP 服務器命令

8.3.11 客戶端訪問服務端

單擊【客戶端】（PC1，PC2），單擊【Desktop】→單擊【Web Browser】→分別輸入「ftp.math.com」「mail.math.com」「web.math.com」→單擊【Go】，如圖 8.24、圖 8.25、圖 8.26 所示。

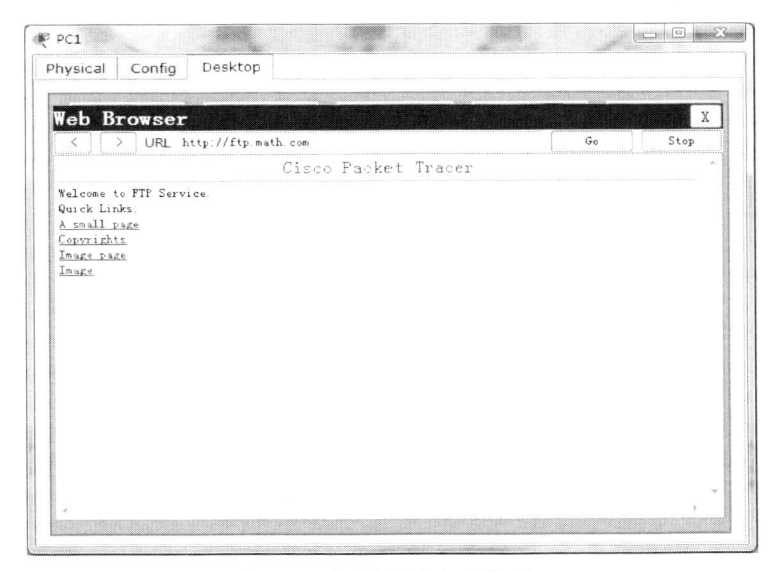

圖 8.24 個人網上銀行功能介紹

圖 8.25　測試 Email 服務器

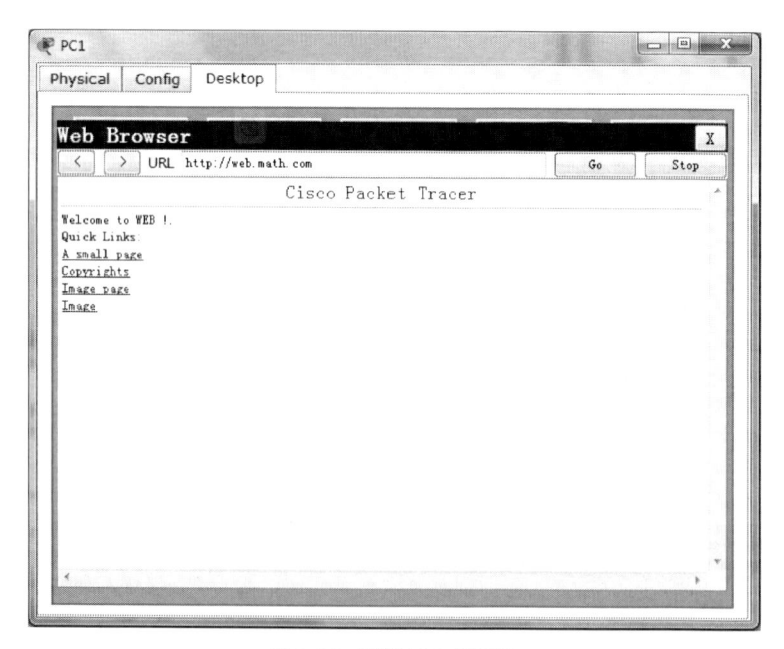

圖 8.26　測試 Web 服務器

圖 8.26 顯示 Web 服務器訪問成功，打開默認網頁內容。

8.3.12 客戶機與客戶機發送 E-mail

分別單擊【客戶端】（PC1，PC2），單擊【Desktop】→單擊【E-mail】→填寫【Configure Mail】，如圖 8.27 和圖 8.28 所示。

圖 8.27 配置 PC1 客戶端的 Email

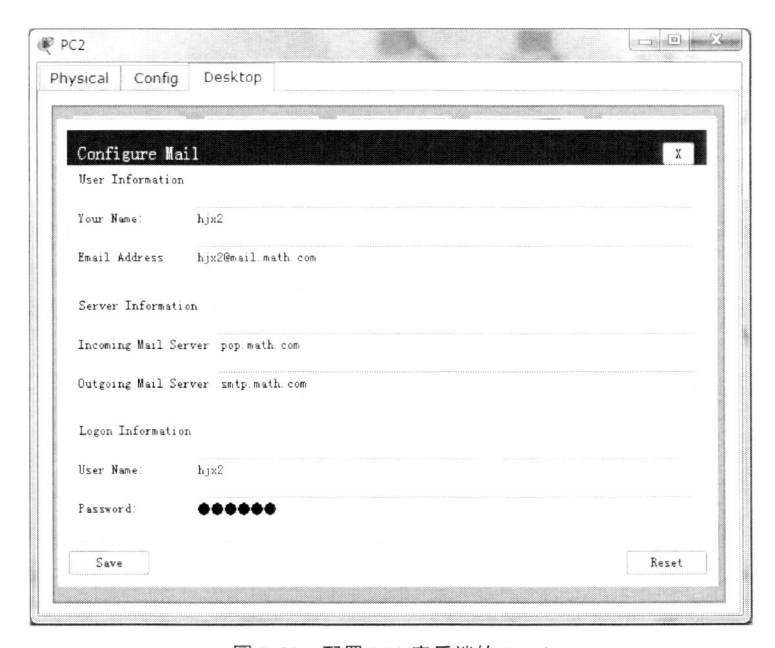

圖 8.28 配置 PC2 客戶端的 Email

註：Email Address（郵件地址）必須是自己的用戶名+@+MAIL（郵件）Domain Name（域名），Incomeing Mail Server（接收郵件服務器域名）必須是 pop.math.com，Outgoing Mail Server（發送郵件服務器域名）必須是 smtp.math.com。

填寫信息完後，單擊 Compose 發送郵件。PC1 向 PC2 郵件，如圖 8.29 所示。

註：To 是發送給對方，填寫對方郵件地址，Subject 是主題，下方區域為郵件內容。

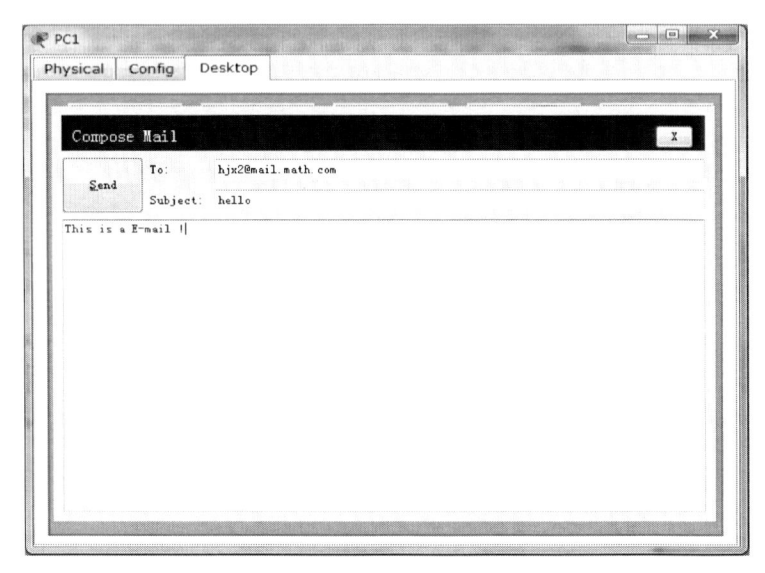

圖 8.29　PC1 向 PC2 發送郵件

對方可以在自己的郵件中單擊 Reveive 接收此郵件，如圖 8.30 所示。

圖 8.30　PC2 客戶端查看郵件內容

PC2 向 PC1 發送郵件，如圖 8.31 所示。

註：To 是發送給對方，填寫對方郵件地址，Subject 是主題，下方區域為郵件內容。

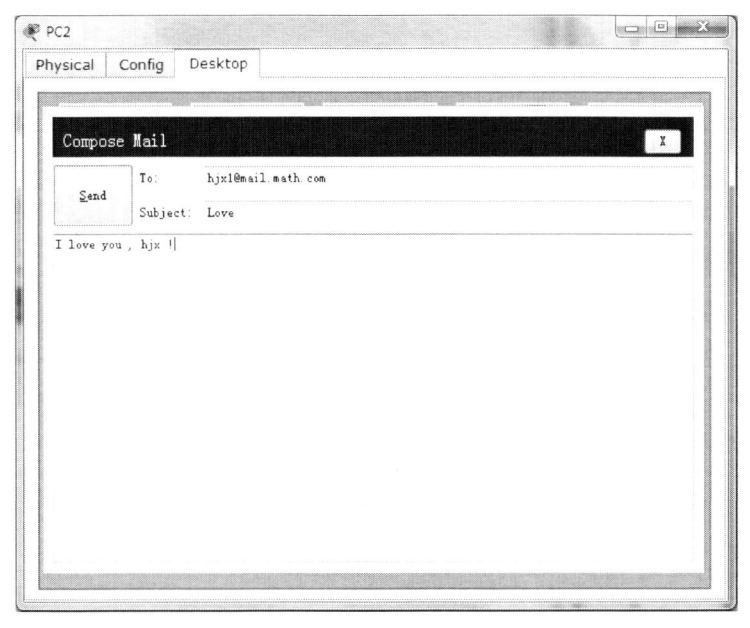

圖 8.31　PC1 向 PC2 發送郵件

對方可以在自己的郵件中單擊 Reveive 接收此郵件，如圖 8.32 所示。

圖 8.32　PC1 客戶端查看郵件內容

8.4 實踐練習

8.4.1 基礎練習

安裝 Packet Tracer，添加網絡服務器，瞭解各類服務器的基本功能，進行配置並測試。

8.4.2 拓展練習

針對某自定義網絡環境，分析網絡服務需求，規劃網絡拓撲圖，建立一個功能完整的小型局域網和網絡服務器集群，並進行網絡配置與測試。

第三篇　應用篇

開發中國電商市場的電子商務基礎實驗

第 9 章　第三方平臺建立網店

9.1　實驗目的與基本要求

1. 瞭解主流電商平臺。
2. 掌握第三方平臺建立和營運網店的方法。

9.2　基礎知識

9.2.1　第三方電商平臺的概念

電子商務第三方平臺可有效地整合商家資源和消費者資源，主要包括 B2B、C2C、B2BC 等模式。B2BC 模式實際上是 B2C 平臺引入第三方商家後形成的，主要有京東商城（http://www.jd.com）、天貓商城（http://www.tmall.com）、當當網（http://www.dangdang.com）、蘇寧易購（http://www.suning.com）等。B2B 平臺主要有阿里巴巴（http://www.alibaba.com）、慧聰網（http://www.hc360.com）、環球資源（http://www.globalsources.com）等。C2C 平臺主要有淘寶網（http://www.taobao.com）等。

9.2.2　國內主流電商平臺

中國連鎖經營協會發布的《2016 年中國網絡零售百強榜單》顯示，京東以 9,392 億元的商品交易總額排名榜單第一位，蘇寧以 618.7 億元的商品交易總額居第二位，唯品會以 565.9 億元的商品交易總額列第三位，如表 9.1 所示。

表 9.1　　國內主流網絡零售企業商品交易總額（2016 年）

序號	企業名稱	商品交易總額（萬元）
1	北京京東世紀貿易有限公司	93,920,000
2	蘇寧雲商集團股份有限公司	6,187,000
3	廣州唯品會信息科技有限公司	5,659,100
4	蘋果電子產品商貿（北京）有限公司	5,353,517
5	小米科技有限責任公司	2,830,300
6	國美電器有限公司	2,456,264

表9.1(續)

序號	企業名稱	商品交易總額（萬元）
7	美的集團股份有限公司	2,300,000
8	北京當當網信息技術有限公司	2,000,000
9	紐海電子商務（上海）有限公司（1號店）	1,800,000
10	亞馬遜卓越有限公司（亞馬遜中國）	1,600,000
11	安踏體育用品集團有限公司	1,334,800
12	大商股份有限公司（天狗網）	1,154,449
13	百聯全渠道電子商務有限公司（上海百聯集團股份有限公司）	812,334
14	北京創銳文化傳媒有限公司（聚美優品）	800,000
15	廣州網易計算機系統有限公司（考拉海購）	600,000
16	杭州時趣信息技術有限公司（蘑菇街）	600,000
17	耐克商業（中國）有限公司	574,563
18	天津楚楚網絡科技中心（有限合夥）	500,000
19	北京寺庫商貿有限公司	500,000
20	中糧集團有限公司（中糧我買網）	500,000
21	樂視電子商務（北京）有限公司	489,869
22	杭州貝購科技有限公司（貝貝網）	400,000
23	北京本來工坊科技有限公司（本來生活網）	400,000
24	上海易迅電子商務發展有限公司	400,000
25	行吟信息科技（上海）有限公司（小紅書）	400,000
26	美麗說（北京）網絡科技有限公司	400,000
27	北京眾鳴世紀科技有限公司（寶寶樹）	390,000
28	上海易果電子商務公司（易果生鮮）	365,000
29	浙江森馬服飾股份有限公司	320,000
30	上海洋碼頭網絡技術有限公司	300,000
31	北京花旺在線商貿有限公司（蜜芽寶貝）	250,000
32	宏圖三胞高科技術有限公司	220,500
33	高鑫零售有限公司	216,300
34	湖北良品鋪子食品有限公司	210,000
35	中國黃金集團黃金珠寶有限公司	200,000
36	順豐速運（集團）有限公司（順豐優選有限公司）	200,000
37	上海天天鮮果電子商務有限公司（天天果園）	160,000
38	太平鳥集團有限公司	159,800
39	酒仙網電子商務股份有限公司	152,200
40	北京普緹客科技有限公司（達令）CCFA	*150,000
41	廣東健客醫藥有限公司	150,000

表9.1(續)

序號	企業名稱	商品交易總額（萬元）
42	順豐速運（集團）有限公司（豐趣海淘）	150,000
43	北京樂語世紀科技集團有限公司	143,351
44	廣東康愛多連鎖藥店有限公司	133,043
45	北京迪信通商貿股份有限公司	131,775
46	廣州尚品宅配家居股份有限公司	127,714
47	上海跨境通國際貿易有限公司	120,000
48	北京每日優鮮電子商務有限公司	120,000
49	廣州市萬表科技股份有限公司	120,000
50	廣東壹號大藥房連鎖有限公司（壹藥網）	120,000

註：①《2016中國網絡零售百強單》由中國連鎖經營協會編著，排名依據網絡零售平臺2016年商品交易總額（GMV）。數據主要來源於中國連鎖經營協會調查問卷、上市公司年報（實際公布數據）、網絡公開信息等，部分數據是專家根據市場規模、市場份額、市場增速以及其他重要指標估算而成。②參與本次排名的B2C網絡零售企業以自營為主，因此平臺型網絡企業浙江天貓網絡有限公司，並不在此榜單中。③數字前面帶＊為估計值。

9.3 實驗步驟

本部分以國內電商交易市場份額最大的淘寶網（http://www.taobao.com）為例，介紹利用第三方平臺建立網絡店鋪的流程。

9.3.1 開店流程

訪問淘寶網幫助中心，瞭解在淘寶網開店的主要步驟、經驗技巧和注意事項等。在淘寶網上開店主要包括用戶註冊、用戶認證、開店、發貨、交易評價和提現等操作及步驟，如圖9.1所示。在淘寶網的幫助中心中有非常詳細的圖文教程。

圖9.1 淘寶網開店流程

9.3.2 用戶註冊

1. 填寫用戶註冊信息

訪問淘寶網首頁，單擊【免費註冊】按鈕，選擇【手機號碼註冊】或【郵箱註冊】，選擇「郵箱註冊」方式，單擊【點擊進入】按鈕，填寫用戶註冊信息，如圖9.2所示。

查看並瞭解了「淘寶網服務協議」和「支付寶服務協議」後，若確認能接受該協議，則按照說明信息和要求填寫完用戶信息，然後單擊【同意以下服務，提交註冊信息】按鈕。系統會發送激活郵件到用戶註冊時填寫的電子郵箱中。

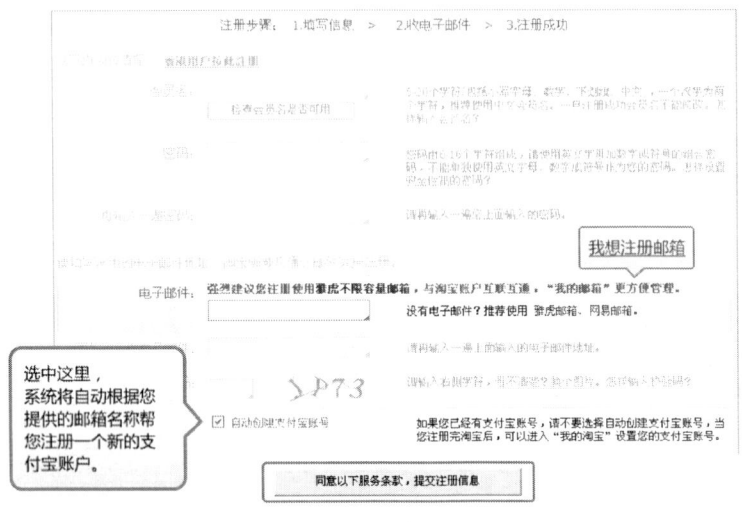

圖 9.2　淘寶網註冊

2. 電子郵件確認註冊

登錄電子郵箱，會有一封來自淘寶網的新郵件，打開郵件，會有註冊確認提示信息「重要！請點擊這裡完成您的註冊」，單擊後跳轉到【註冊成功】頁面。

9.3.3　用戶認證

1. 申請認證

使用註冊的帳號和密碼登錄淘寶網，在首頁單擊【我的淘寶】連結，進入淘寶網用戶後臺，會有提示信息「想賣寶貝先進行支付寶認證，請點擊這裡」，按照提示，單擊【請點擊這裡】連結，進入【我的支付寶】頁面，單擊【申請認證】連結，如圖 9.3 所示。

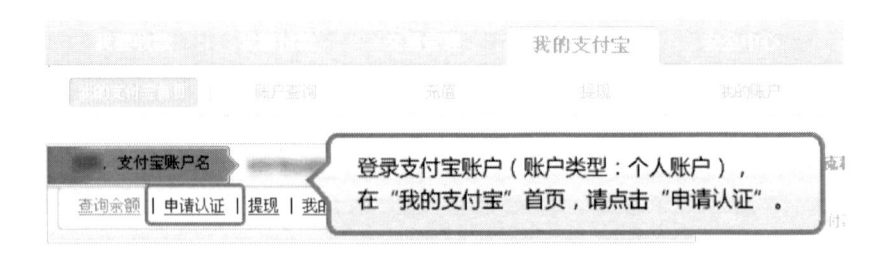

圖 9.3　申請認證

支付寶向不同區域的用戶提供了不同的實名認證方式，可以選擇【通過「支付寶卡通」來進行實名認證（推薦）】和【通過其他方式來進行實名認證】，此處以【通過其他方式來進行實名認證】為例。選擇【通過其他方式來進行實名認證】方式，然後單擊【立即申請】按鈕，如圖 9.4 所示。

圖 9.4　選擇實名認證方式

輸入身分證號碼和身分證真實姓名後，單擊【提交】按鈕。

按照相關說明，填寫個人信息和銀行帳戶信息，填寫完畢後單擊【提交】按鈕，如圖 9.5 所示。

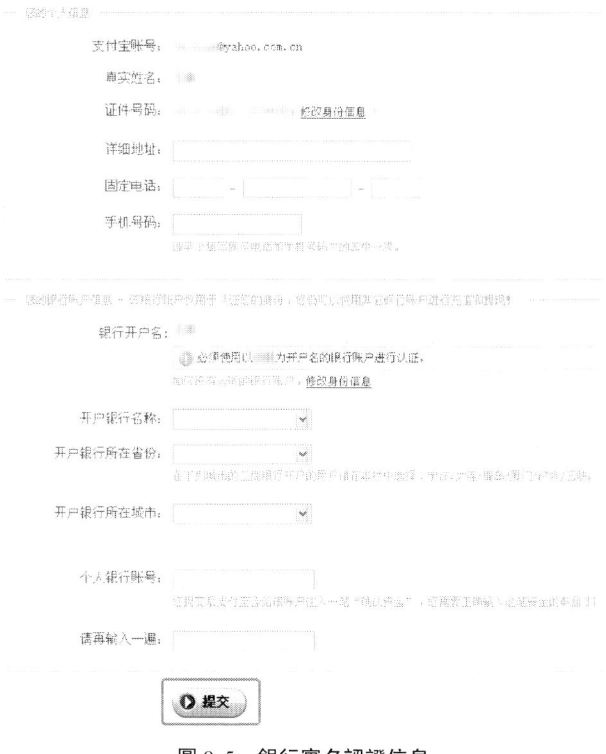

圖 9.5　銀行實名認證信息

認真核對所填寫的個人信息和銀行帳戶信息，檢查無誤後，單擊【確認提交】按鈕。

認證申請成功提交後，支付寶系統會在1~2個工作日內向實名認證登記的銀行帳戶中匯入一筆確認資金。

2. 通過認證

查詢到銀行帳戶匯入一筆資金後，再次登錄支付寶，單擊【申請認證】連結，單擊【輸入匯款金額】按鈕，輸入收到的準確金額，再單擊【確定】按鈕，如圖9.6所示。經過幾秒鐘的信息審核後，提示通過支付寶實名認證。

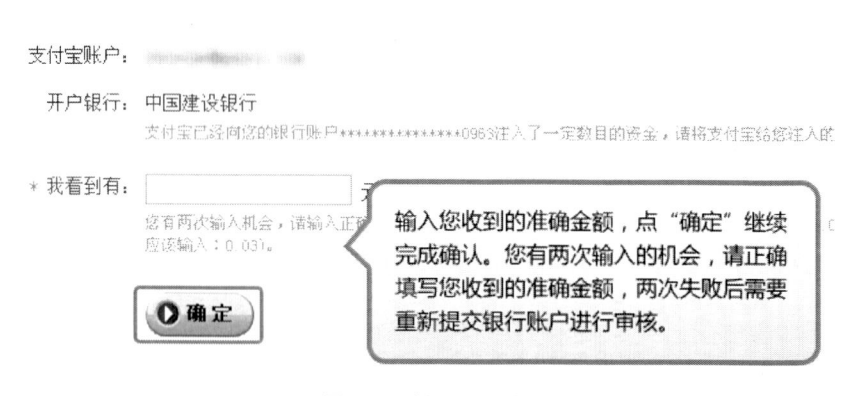

圖 9.6　確認匯款金額

9.3.4　網上開店

1. 選擇寶貝發布方式

打開淘寶網並登錄，單擊【我要賣】連結，選擇寶貝發布方式，淘寶網提供了「一口價發布」和「排名發布」兩種普通方式，信用度達到「三顆星」且好評率在97%以上的賣家還可以選擇【團購發布】方式。此處以「一口價發布」方式為例，單擊【一口價發布】連結。

2. 發布寶貝

依次選擇商品的大類和小類，確定寶貝所屬類別，單擊【已閱讀以下規則，繼續】按鈕。按照提示信息，輸入商品相關信息，包括寶貝信息、交易條件、支付寶信息和其他信息。信息輸入完畢後，單擊【確認無誤，提交】按鈕，如圖9.7、圖9.8、圖9.9、圖9.10所示。

對寶貝信息中的交易類型、類目、類別、屬性、標題、圖片、描述和總數等信息都需要認真對待，這些介紹信息是給買家的第一印象。

第 9 章　第三方平臺建立網店

圖 9.7　寶貝信息

圖 9.8　交易條件

圖 9.9　支付寶信息

121

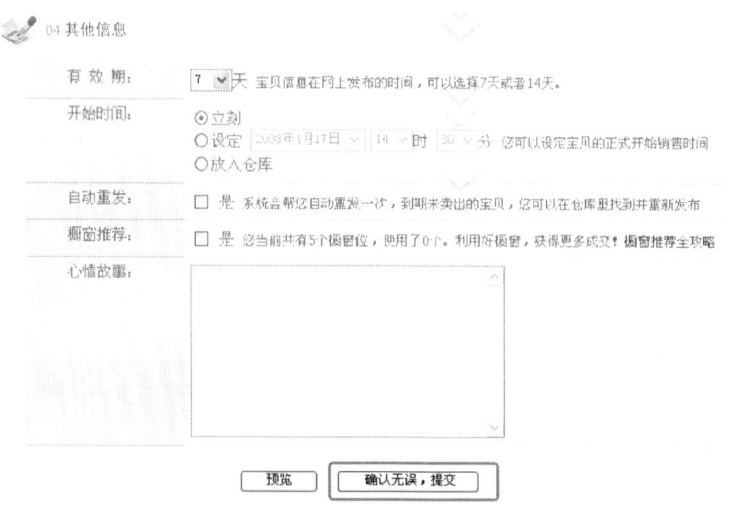

圖 9.10　其他信息

3. 免費開店

用相同的方法發布 10 件不同的寶貝後，就可以開店了。進入【我的淘寶】頁面，單擊【我是賣家】中的【免費開店】功能選項。根據系統提示，填寫相關信息，單擊【提交】按鈕後，店鋪就開設成功了，並自動分配一個二級域名的店鋪網址，如圖 9.11 所示。

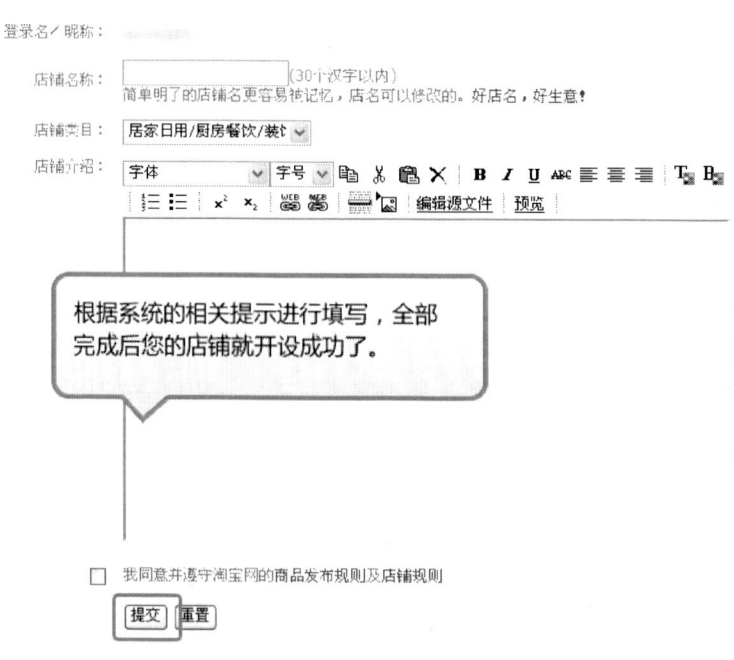

圖 9.11　店鋪信息

9.3.5 發貨操作

網上店鋪投入營業，當買家拍下寶貝並付款後，就需要進行發貨操作。依次單擊【我的淘寶】→【已賣出的寶貝】連結，查詢交易狀態為【買家已付款】後，就可以單擊【發貨】按鈕進行發貨，如圖 9.12 所示。

圖 9.12　設置發貨信息

　　淘寶網整合了多家快遞公司，能直接在淘寶中完成配送訂單的生成、查詢等工作。填寫發貨通知，包括確認收貨地址及交易信息，確認取貨時間及地址，以及選擇物流公司等步驟。信息填寫完畢並檢查無誤後，單擊【確定】按鈕，交易狀態就會變為「賣家已發貨，等待買家確認」。同時，生成物流訂單詳情，顯示發件人和收件人信息，以及物流訂單信息，如圖 9.13 所示。

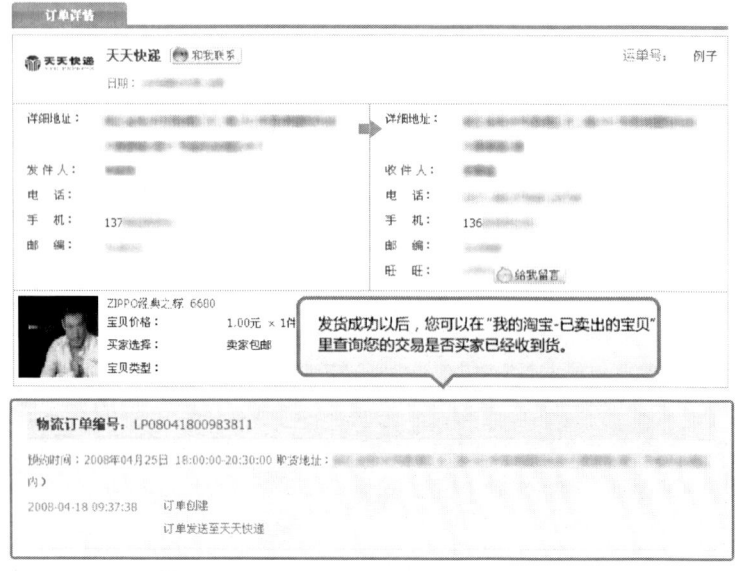

圖 9.13　訂單詳情

9.3.6　交易評價

當買家收到商品後，若滿意，則確認付款，同時對本次交易進行評價。賣家在收到付款後，也可以登錄【我的淘寶】頁面，選擇【我是賣家】中的【已賣出的寶貝】功能選項，單擊【評價】按鈕，對本次交易進行評價，如圖 9.14 所示。

圖 9.14　交易評價

交易信用評價機制是淘寶非常重要的一個環節，也是其特色之一，每個註冊用戶作為買家和賣家都分別有信用積分，每一筆交易分為「好評」「中評」和「差評」3 種評價，會對信用積分分別增加一分、不加分或扣一分。根據積分多少劃分為不同的信用等級，如幾顆星、幾顆鑽及幾顆皇冠等，並詳細列出歷史交易記錄和對歷史交易進行統計，信用等級（積分）和好評率是買家在選擇賣家時的最重要的參考指標之一。

為防止競爭對手或無理惡意差評，雙方互評後需要等待 30 分鐘才能看到對方給自己的評價。

9.3.7 帳戶提現

當支付寶帳戶中累積到足夠的資金時，就需要將支付寶帳戶內的資金提取出來，轉入銀行帳戶中，這樣才能隨時取出現金。

登錄支付寶，單擊【提現】連結，填寫提現申請中的金額和支付寶支付密碼後，單擊【下一步】按鈕，如圖 9.15 所示。

1~2 個工作日後，提現金額的款項會打到在支付寶登記的銀行帳戶中，同時從支付寶帳戶中扣除等額資金。

圖 9.15　申請提現

9.3.8 網銀操作

雖然不開通網上銀行也可以收到支付寶注入的資金以通過支付寶實名認證，並能進行提現操作，但若通過網絡進行支付則需要開通相應銀行卡的網上支付功能。開通網上銀行後，通過訪問銀行網站，可以直接查詢帳戶信息，進行轉帳、支付等操作。

在支付寶的幫助中心有各大銀行幫助中心的連結：

http://help.alipay.com/support/359-461-506/help-1394.htm。

9.4 實踐練習

9.4.1 基礎練習

選擇國內主流第三方交易平臺，建立一個網上店鋪，瞭解店鋪建立和營運的完整流程。

9.4.2 拓展練習

選擇國內主流跨境電商交易平臺或境外電商交易平臺，建立一個跨境電商網店，瞭解店鋪建立和營運完整流程。

第 10 章 利用虛擬主機建立網上商城

10.1 實驗目的與基本要求

1. 瞭解虛擬主機的主要參數。
2. 掌握域名的註冊與配置。
3. 掌握虛擬主機的申請與配置。

10.2 基礎知識

10.2.1 虛擬主機的基本概念

虛擬主機是指在網絡服務器上分出一定的磁盤空間，用戶可以租用此部分空間，以供用戶放置站點及應用組件，提供必要的數據存放和傳輸功能。

虛擬主機，這個見證了中國互聯網發展的重要產品，以其獨特的高性價比優勢，經過 10 餘年的發展，至今仍舊占據中國互聯網網站應用的絕大部分市場份額。國內主流虛擬主機服務商主要有阿里雲、新網、西部數碼、景安網絡、美橙互聯、商務中國、華夏名網、三五互聯、特網科技、新網互聯等。

10.2.2 虛擬主機的技術特點

虛擬主機產品具備成本較低、使用簡單、管理方便等諸多優勢，目前仍然是廣大中小企業及個人用戶的建站首選。具有以下技術特點：

（1）虛擬主機技術是互聯網服務器採用的節省服務器硬件成本的技術，虛擬主機技術主要應用於 HTTP（Hypertext Transfer Protocol，超文本傳輸協議）服務，將一臺服務器的某項或者全部服務內容邏輯劃分為多個服務單位，對外表現為多臺服務器，從而充分利用服務器硬件資源。

（2）虛擬主機使用特殊的軟硬件技術，把一臺真實的物理服務器主機分割成多個邏輯存儲單元。每個邏輯單元都沒有物理實體，但是每一個邏輯單元都能像真實的物理主機一樣在網絡上工作，具有單獨的 IP 地址（或共享的 IP 地址）、獨立的域名以及完整的 Internet 服務器（支持 WWW、FTP、E-mail 等）功能。

（3）虛擬主機的關鍵技術在於，即使在同一臺硬件、同一個操作系統上，運行著為多個用戶打開的不同的服務器程式,也互不干擾。各個用戶擁有自己的一部分系統資源(IP 地址、文檔存儲空間、內存、CPU 等)。各個虛擬主機之間完全獨立,在外界看來,每一臺虛擬主機和一臺單獨的主機的表現完全相同。

10.3 實驗步驟

10.3.1 域名註冊

1. 確定域名註冊服務商

域名註冊和虛擬主機購買可以選擇在同一服務商完成,也可以選擇不同的服務商。確定域名註冊服務商後,先註冊為該服務商的用戶,通過提供的付款方式,存入預付款。

2. 域名擬定

根據電子商務平臺的類型和主題,擬定合適的域名和後綴。以建立電子商務類網上書店為例,域名可以選擇 ecbook,ecbookshop 等,域名後綴可以選擇.com,.cn,.com.cn 等,如圖 10.1 所示。

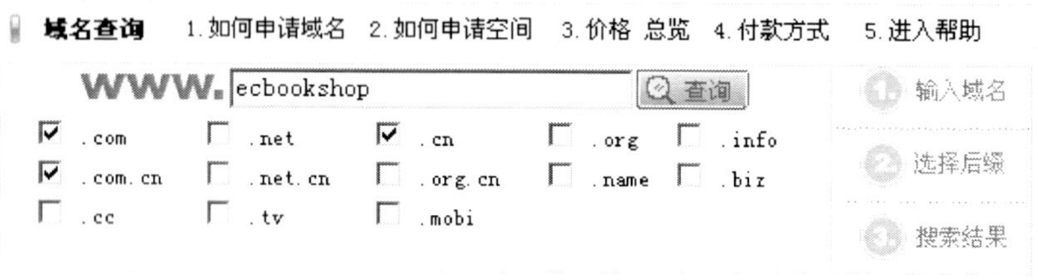

圖 10.1 域名查詢

登錄網站,經過查詢,ecbook.com、ecbook.cn、ecbook.com.cn 均已被註冊,只有 ecbookshop.com、ecbookshop.com.cn、ecbookshop.cn 還可以註冊,如圖 10.2 所示。

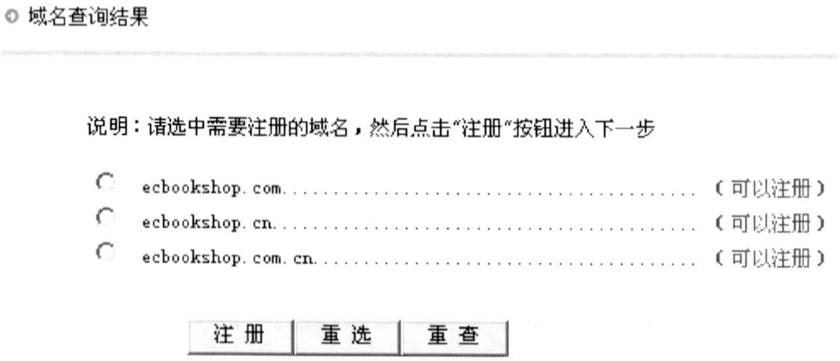

圖 10.2 域名查詢結果

3. 填寫域名註冊信息

域名管理信息中只填寫域名的管理密碼，其他設置保持不變。按要求填寫中文註冊信息和英文註冊信息，如圖 10.3、圖 10.4 和圖 10.5 所示。中英文註冊信息關係到域名所有權，請正確填寫。

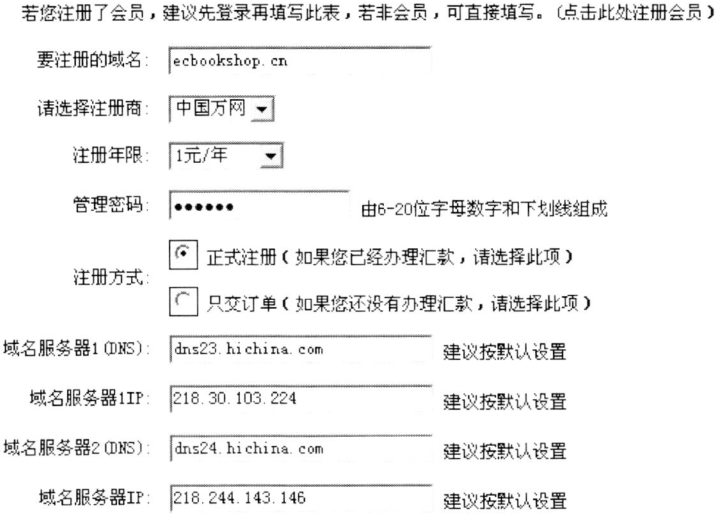

圖 10.3　域名註冊信息

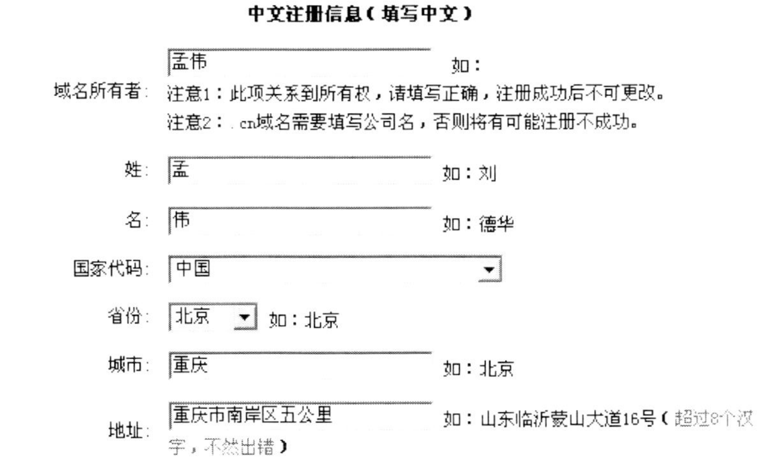

圖 10.4　中文註冊信息

英文註冊信息（填寫英文，可用拼音代替）

域名所有者：Meng Wei　　如：Liu Dehua.
注意1：此項關係到所有權，請填寫正確，註冊成功後不可更改。
注意2：.cn域名需要填寫公司名，否則將有可能註冊不成功。

姓：Meng　　如：Liu
名：Wei　　如：Dehua
國家代碼：China
省份：北京　　如：Beijing
城市：chongqing　　如：Beijing
地址：chongqing nanan　　如：Beijing City
郵編：400067　　如：276000
電話：+86.02362769347　　如：+86.05398797605
傳真：+86.02362769347　　如：+86.05397359805
電子郵件：mongvi@126.com　　如：your@domain.com

確認註冊　　重新填寫

圖 10.5　英文註冊信息

4. 域名註冊成功

確認無誤後，點擊【確認註冊】。若帳戶中有預付款則直接扣除相應費用，若帳戶中預付款不足則會提示支付費用。域名註冊成功信息如圖10.6所示。

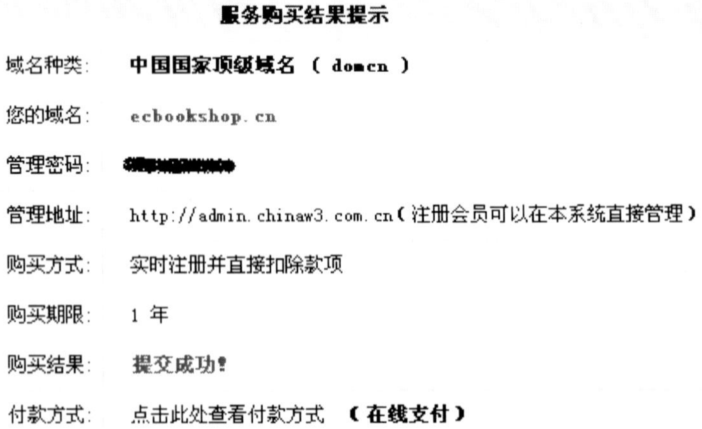

服務購買結果提示

域名種類：　中國國家頂級域名　（domcn）
您的域名：　ecbookshop.cn
管理密碼：　**********
管理地址：　http://admin.chinaw3.com.cn（註冊會員可以在本系統直接管理）
購買方式：　實時註冊並直接扣除款項
購買期限：　1 年
購買結果：　提交成功！
付款方式：　點擊此處查看付款方式　（在線支付）

圖 10.6　域名註冊成功信息

5. 域名備案

域名註冊後，可請接入商代為備案，或自行訪問備案系統管理網站（http://www.miibeian.gov.cn/）備案。若選擇自行備案，需在備案管理網站上註冊用戶，輸入備案相關信息，審核通過後分配備案號和備案證書，下載證書後上傳至網站根目錄 cert 文件夾中。

10.3.2 虛擬主機空間購買

在正式購買虛擬主機空間前，可以選擇虛擬主機空間試用。此處以西部數碼（http://www.west263.com/）為例介紹虛擬主機空間的購買流程，該公司對虛擬主機空間提供 7 天免費試用。也可通過百度等搜索引擎選用「虛擬主機免費試用」等關鍵詞查找提供免費試用的虛擬主機空間網站。

（1）註冊用戶

按照註冊提示信息，填寫會員用戶名、用戶類型、用戶密碼以及聯繫方式後，點擊【完成註冊】按鈕。

（2）選擇虛擬主機類型

進入虛擬主機欄目，根據需要，比較選購合適類型的虛擬主機。選擇 VIP 合租型虛擬主機，適合中型企業建立動態商務網站，每年費用從 3,000～9,000 元，主要區別在於可開子站點數、Web 空間容量、網站備份空間容量、贈送郵箱容量、郵箱數量、數據庫空間大小、每月流量等方面，如圖 10.7 所示。

基本性能	Vip合租型虚拟主机
产品名称:	共享1型	共享2型	共享3型	贵宾型主机	钻石型虚拟主机	独享主机
产品编号:	b017	b018	b015	b021	b035	b036
价格(元/年)	3000	2000	5000	3000	7000	9000
购买	购买	购买	购买	购买	购买	购买
主机配置:						
操作系统:	Win2003	Win2003	Win2003	Win2003	Win2003	Win2003
可开子站点数:	3个	2个	5个	3个	8个	15个
web空间:	3000M	2000M	5000M	2000M	7000M	50000M
网站备份空间:	3000M	2000M	5000M	2000M	7000M	50000M
赠送邮箱容量:	1000M	500M	1500M	1000M	2000M	10000M
邮箱数量:	100	50	150	100	200	不限
MSSQL数据库:	50M	50M	100M	100M	200M	1000M
Access数据库:	√	√	√	√	√	√
mysql数据库:	100M	100M	300M	300M	500M	1000M
IIS并发连接:	不限	不限	不限	不限	不限	不限
流量：Gbyte/月	150	100	300	180	不限	不限
可选机房(电信/网通):	◎◎	◎◎	◎◎	◎◎	◎◎	◎◎
免费赠送:	送CN域名	送CN域名	送CN域名	送CN域名	送CN域名	送CN域名
国际域名:	赠送	赠送	赠送	赠送	赠送	赠送

圖 10.7 虛擬主機介紹

(3) 購買虛擬主機空間

以共享 3 型 VIP 合租型虛擬主機為例，點擊購買，進入虛擬主機購買與在線開通界面。

選擇合適的機房、FTP 帳號、FTP 密碼、Mysql 數據庫版本、綁定的域名，信息填寫完畢後，選擇免費試用 7 天，點擊【進入下一步】按鈕。可以在開通虛擬主機時綁定域名，也可以在主機開設完畢後進入虛擬主機的控制面板綁定域名，如圖 10.8 所示。

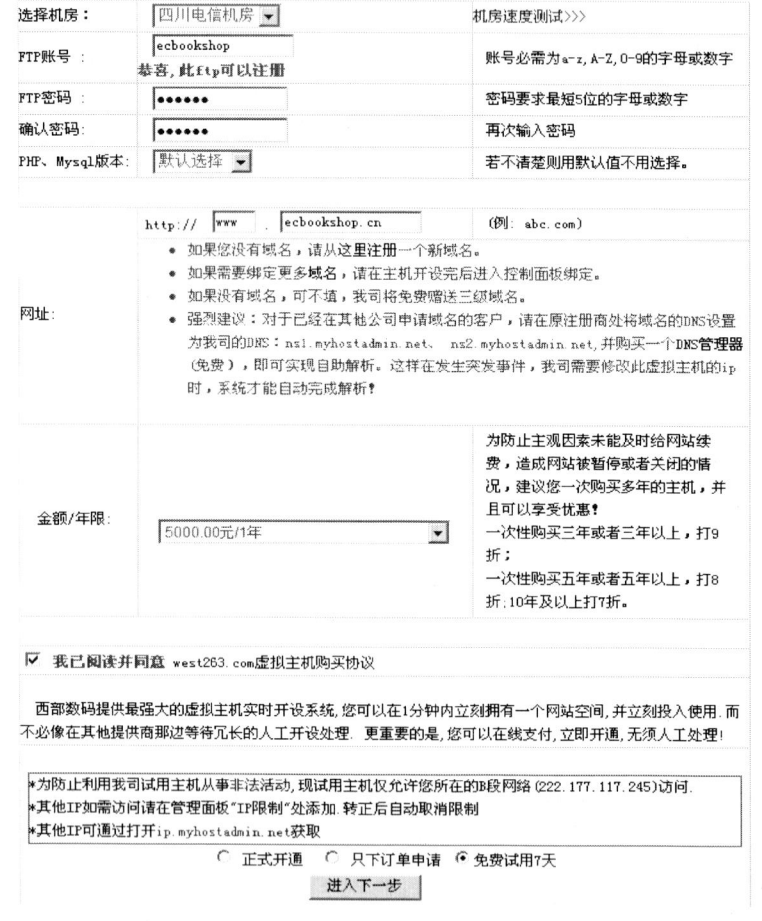

圖 10.8　虛擬主機購買界面

(4) 開通虛擬主機空間

進入購物欄，選擇【現在結算】，若上一步是選擇免費試用則直接開始成功；若正式開通則從帳戶中扣除相應金額，需提前向帳戶中打入足夠金額預付款；若選擇只下訂單申請，則保留訂單，供以後付款後再開通。開通成功後，顯示交易結果畫面，如圖 10.9 所示，特別要記下 FTP 地址、FTP 帳號和 FTP 密碼。虛擬主機空間通過 FTP 對網站文件進行更新維護。

產品型號：	b015	產品名：	共享3型
訂單號：	436530	價格：	5000元
狀態：		處理成功	
備注：	您申請的空間已經開設成功。同時系統分配您一個三級域名，您現在可以通過ecbookshop.w142.west263.cn立即投入使用。 FTP IP:61.139.126.42　　FTP賬號：ecbookshop 試用主機不能綁定自己的域名但可以通過我司提供的免費三級域名進行訪問，只有正式開通後可以綁定域名！ 好了，現在就進入您的虛擬主機的控制面板看看吧。 目前您已經下訂單預申請開通了虛擬主機，還沒有正式付款購買，該空間目前提供3天的web訪問權限，7天的ftp管理權限，在7天內，您可以隨時匯款給我們，正式購買該虛擬主機。		

圖 10.9　虛擬主機購買結果

（5）虛擬主機管理

登錄西部數碼網站的管理中心，選擇虛擬主機管理，點擊虛擬主機的【管理】選項連結，進入虛擬主機的管理中心。西部數碼提供了網站基本功能、網站輔助功能、網站文件管理、網站安全管理、網站情報系統、主機相關服務管理等眾多管理模塊，如圖 10.10 所示。

圖 10.10　虛擬主機管理界面

10.3.3 域名綁定

域名綁定就是將虛擬主機空間與國際域名綁定起來，通過註冊的國際域名訪問網站。需要分別在虛擬主機管理中綁定域名和在域名管理中綁定虛擬主機兩步操作。

（1）虛擬主機綁定域名

多數虛擬主機服務商要求域名經過備案後才能被綁定。免費試用虛擬主機一般不能綁定域名。虛擬主機中綁定域名，在綁定域名文本框中只輸入域名，如 ecbookshop.cn 或 www.ecbookshop.cn，點擊【確定】按鈕即可，注意不要輸入「http://」或「/」，如圖 10.11 所示。

圖 10.11　虛擬主機綁定域名

（2）域名綁定虛擬主機（域名解析）

登錄域名管理，點擊【DNS 記錄報告】，在 A（IPv4 主機）中輸入「www」和虛擬主機空間的 IP 地址（同 FTP 的 IP 地址）「61.139.126.42」，點擊【創建】即可，如圖 10.12 所示。

圖 10.12　域名綁定虛擬主機

經過虛擬主機和域名相互綁定後，在訪問 www.ecbookshop.cn 時，通過 DNS（域名服務器）解析出對應的 IP 地址是 61.139.126.42，由於 HTTP 協議訪問請求裡包含有主機名信息，當 Web 服務器收到訪問請求時，就可以根據不同的主機名來訪問相應的虛擬主機網站。

10.3.4 電子商務網站建立

1. 選擇網站程序

根據需要的功能和平臺，選擇合適的網站程序。按開發語言分 ASP、PHP、JSP、.NET 等；支持的數據庫分為 Access、SQL Server、MySQL 等；從功能上分為內容管理系統、社區論壇、網上商城等，能較好地滿足中小企業建站。

論壇（BBS）程序有 ASP 平臺下的 DVbbs、BBSxp、LeadBBS 等，PHP 平臺下的 Discuz!、PHPWind、PHPBB 等。內容管理系統（CMS）有 ASP 平臺下的動易、風訊、喬客、科訊、新雲，PHP 平臺下的帝國、織夢、PHPCMS、曼波、CMSware 等，各種程序都可免費下載試用，多數可以免費使用。

訪問中國站長站（http://www.chinaz.com）等網站，進入源碼下載欄目，選擇編程語言類型，為簡單起見，選擇開發語言為 .NET、數據庫為 Access 的電子商務網站源碼。

2. 連接虛擬主機 FTP 空間

使用 FlashFXP 或 CuteFTP 等 FTP 客戶端軟件，使用虛擬主機空間的 IP 地址、帳號、密碼，連接到虛擬主機的 FTP 空間，對網站程序文件進行上傳或下載等維護操作，如圖 10.13 所示。

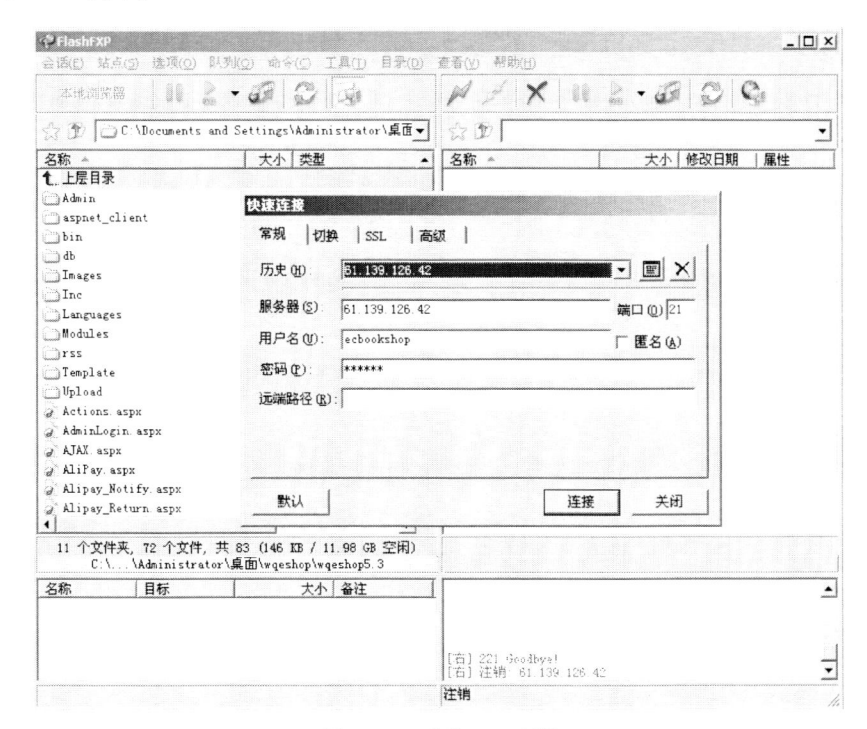

圖 10.13　登錄 FTP 空間

3. 上傳網站程序

登錄虛擬主機的 FTP 空間後，FlashFXP 左側窗口是本地文件夾，右側是遠程 FTP 空間的文件夾，會看到有 database，logfiles，others，wwwroot 四個文件夾，不同的虛擬主機商因設置會略有差異。database 文件夾可為用戶存放數據庫文件，為數據庫提供了更多的安全性，如防止下載等。wwwroot 是網站根目錄，網頁文件都上傳到該目錄。在 FlashFXP 右側窗口雙擊打開 wwwroot 文件夾，在左側本地文件窗口中打開網站程序文件夾，選擇全部文件和文件夾，點擊鼠標右鍵，在彈出菜單中選擇【上傳】，即開始將本地程序文件上傳至遠程虛擬主機空間中，如圖 10.14 所示。

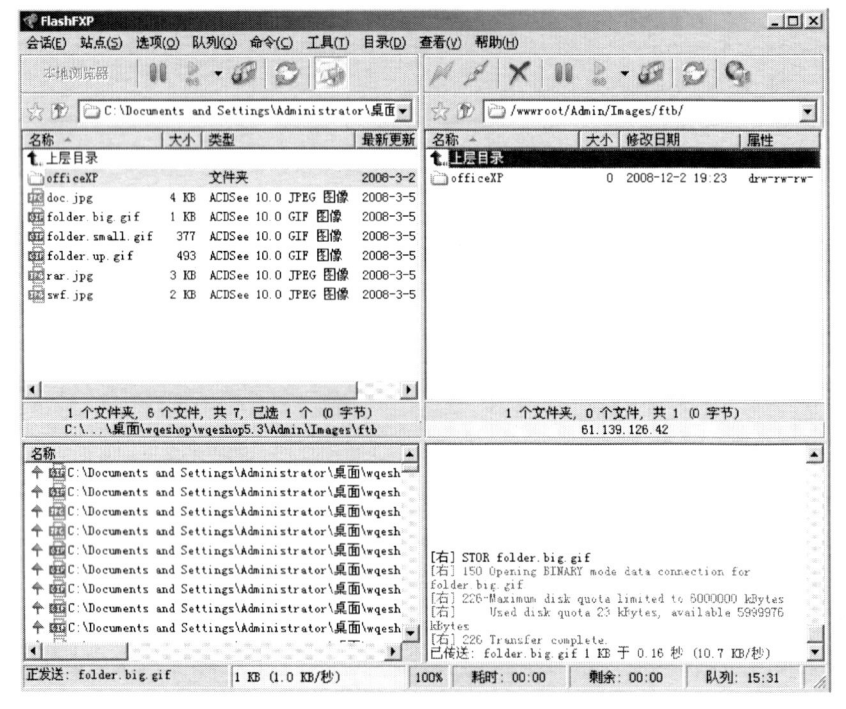

圖 10.14　上傳文件

4. 網站安裝配置

為簡單起見，下載基於 Access 數據庫的.NET 程序，無須配置，程序文件上傳完畢後即可正常訪問。若使用的是 MySQL 或 SQL Server 數據庫，或者網站程序本身需要安裝，則根據網站程序文件夾內的安裝說明進行安裝和配置。

5. 網站訪問

通過虛擬主機上提供的免費網址 http://ecbookshop.w142.west263.cn 或使用通過備案的域名 http://www.ecbookshop.cn 進行訪問，訪問畫面如圖 10.15 所示。

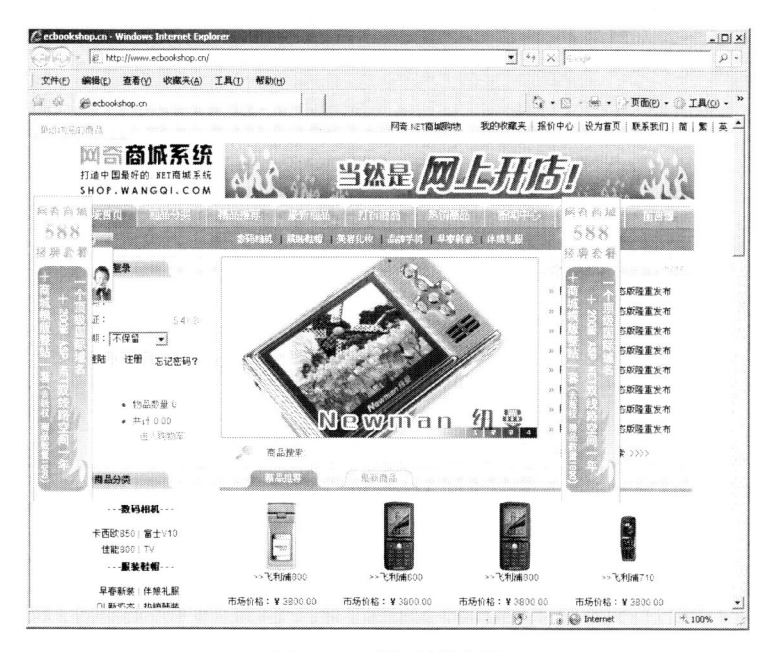

圖 10.15　網站訪問畫面

6. 網站設置

查看網站程序文件夾的安裝說明，登錄網站後臺管理，根據需要對網站的商品類別、商品、聯繫信息等進行設置和修改，如圖 10.16 所示。

圖 10.16　網站後臺管理中心

10.4　實踐練習

10.4.1　基礎練習

選擇一個虛擬主機服務商，註冊用戶，申請並開通虛擬主機，通過免費網址訪問自己上傳的網頁。

10.4.2　拓展練習

請以某單位為背景，完成域名擬定與查詢，網站虛擬主機空間選擇與開通免費試用，網站程序選擇與上傳，最終建立一個可供正常訪問的網站。

第 11 章　網上商城綜合營運

11.1　實驗目的與基本要求

1. 瞭解網上商城的基本營運模式。
2. 瞭解網上商城的後臺管理。

11.2　基礎知識

11.2.1　項目分組

學生自由組合分組，每組 5 人，按網上商城營運崗位分為 1 名系統管理員、2 名信息管理員、1 名訂單管理員以及 1 名商城客戶。

注意：①各組訪問本組網上商城地址；②系統管理員默認帳號為 admin，密碼為 admin。

11.2.2　團隊崗位分工

在商城正式營運前，項目小組需選出團隊負責人和確定團隊成員分工。共同確定本商城的經營主題、商城名稱、主要商品類別、支付信息和物流配送信息等。整個網站營運團隊必須在對網站內容進行充分檢查後，方可對外發布，接受客戶的訪問。

系統管理員：團隊負責人，組織和協調團隊成員順利完成實訓項目。具體工作內容包括管理員管理，網站基本信息、聯繫信息、支付方式、配送方式等設置，數據庫備份和恢復。

信息管理員甲：團隊核心成員，主要負責商品分類管理和商品管理。

信息管理員乙：團隊核心成員，負責新聞內容管理等。

訂單管理員：團隊核心成員，負責網站會員管理和訂單管理，對訂單狀態進行跟蹤。

商城客戶：團隊戰略顧問，對商城購物功能進行體驗，包括商品瀏覽、下訂單、支付、查看訂單狀態、商品評價等，並提出修改建議。邀請其他組成員友情客串訪問本組商城。

11.3 實驗步驟

11.3.1 網上商城安裝配置

1. 下載網上商城程序

以 Shop7z 網上商城購物系統為例介紹，該系統為 B/S 構架的 B2C 網上商城購物系統。

下載地址：http://www.shop7z.com/。

2. 配置網上商城

在本地計算機安裝 Web 服務器或申請虛擬主機，配置網上商城，確保其可正常訪問。前臺購物頁面如圖 11.1 所示，後臺管理頁面如圖 11.2 所示。

圖 11.1　前臺購物頁面

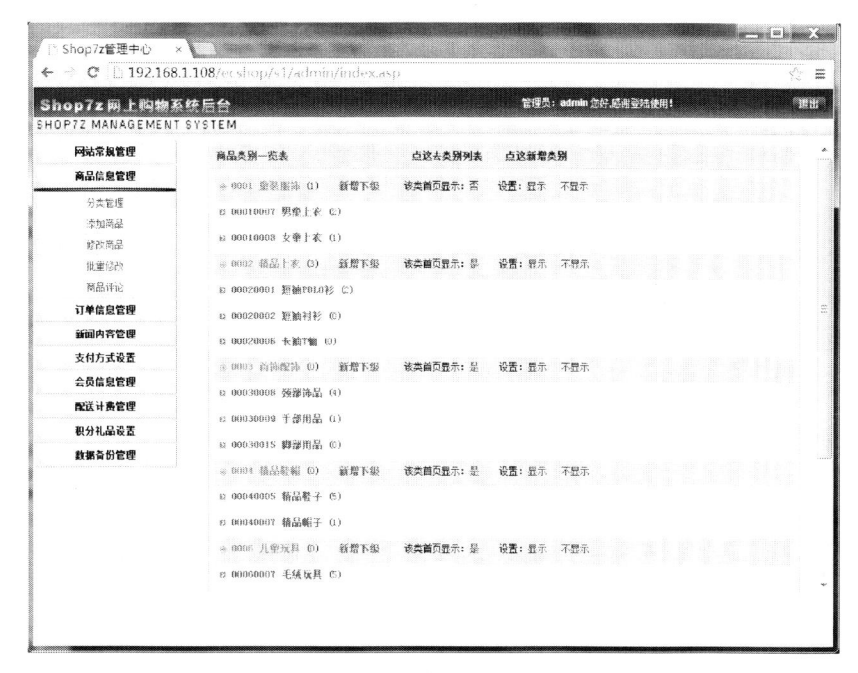

圖 11.2　後臺管理頁面

11.3.2　系統管理員的業務內容

訪問商城後臺管理地址，登錄界面如圖 11.3 所示。

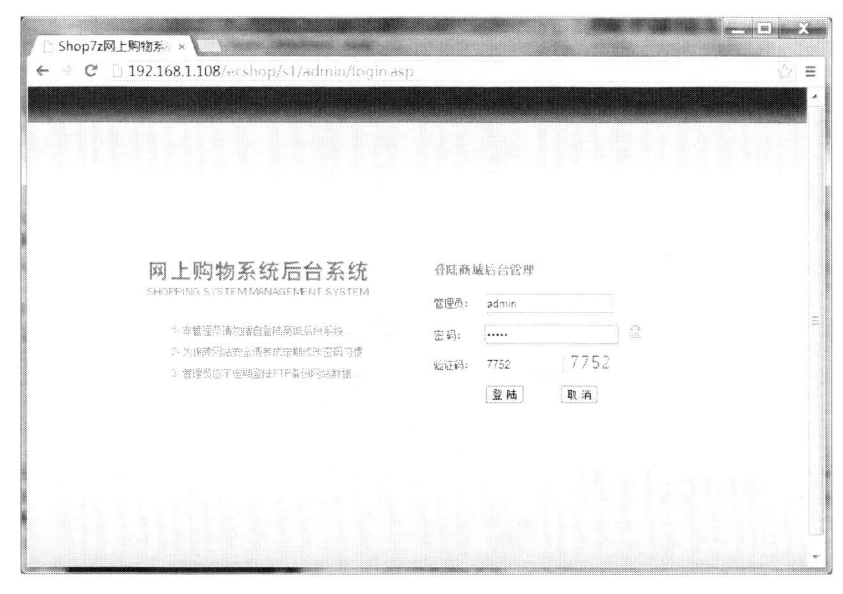

圖 11.3　後臺管理登錄頁面

1. 網站管理員管理

在【會員信息管理】欄目，點擊【管理員管理】，添加信息管理員和訂單管理員用戶，並將用戶名和密碼分配給信息管理員和訂單管理員，如圖 11.4 所示。

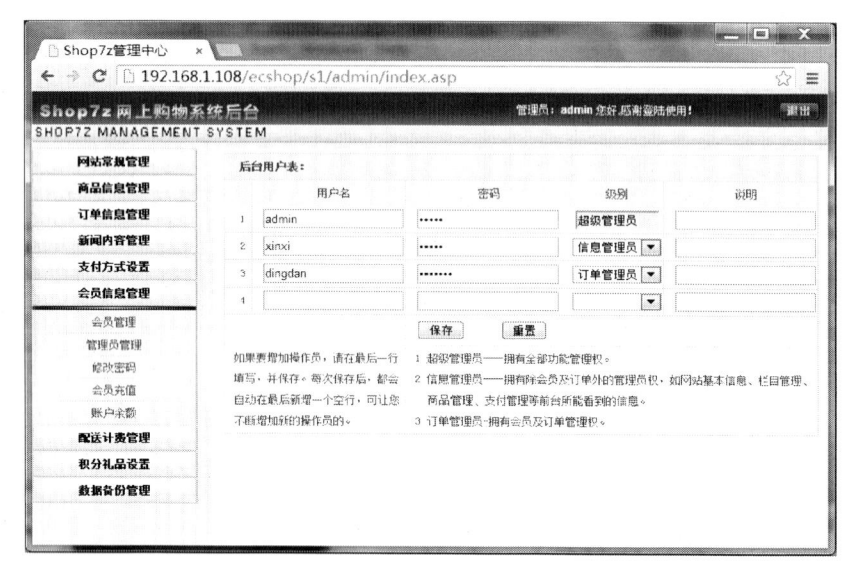

圖 11.4　後臺添加商城管理員

2. 網站常規管理

在【網站常規管理】欄目，點擊【基本設置】，根據商城經營主題和具體信息設置網站基本信息，如圖 11.5 所示。

圖 11.5　後臺管理網站基本信息

在【網站常規管理】欄目，分別設置【頁頭信息】和【頁尾信息】，設置完畢，訪問商城首頁面查看顯示效果，如圖 11.6 和圖 11.7 所示。

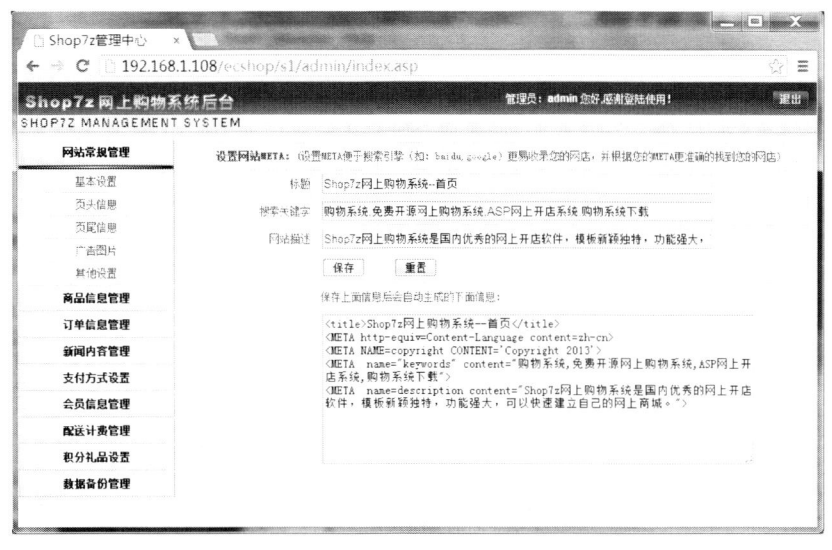

圖 11.6　後臺管理網站介紹信息

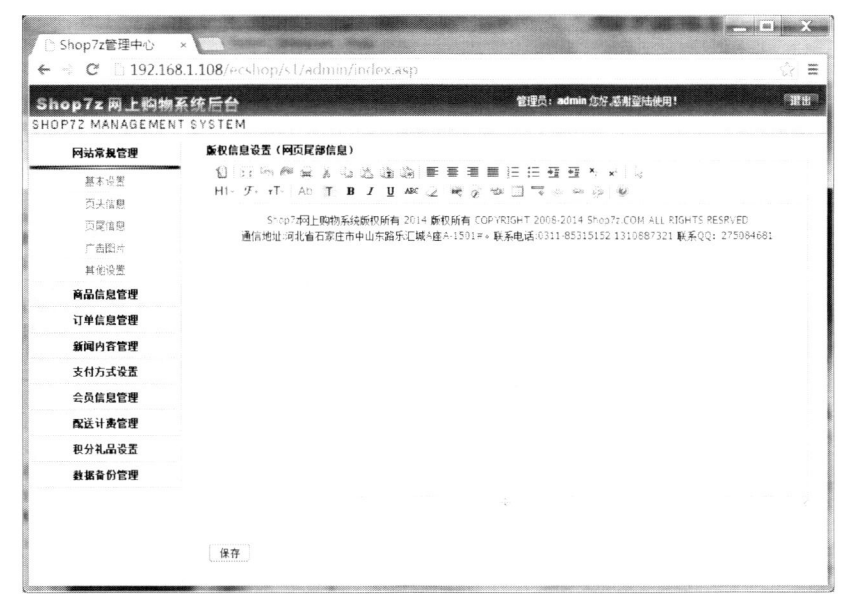

圖 11.7　後臺管理網站版權信息

3. 設置支付方式

根據網站營運需要，選擇支付方式，比如支付寶、財付通等第三方支付，或銀行轉帳、貨到付款、郵件匯款、預充值等支付方式，如圖 11.8 所示。

如果選擇第三方支付，則需要輸入第三方支付帳號。本商城系統為免費版，僅支持支付寶帳戶。

圖 11.8　後臺管理商城支付信息

銀行轉帳設置，根據需要填寫自己的銀行卡信息，如圖 11.9 所示。

圖 11.9　後臺管理銀行帳戶信息

同理，設置貨到付款、郵局匯款和帳戶餘額付款信息，貨到付款設置如圖 11.10 所示，郵局設置如圖 11.11 所示，帳戶餘額付款設置如圖 11.12 所示。

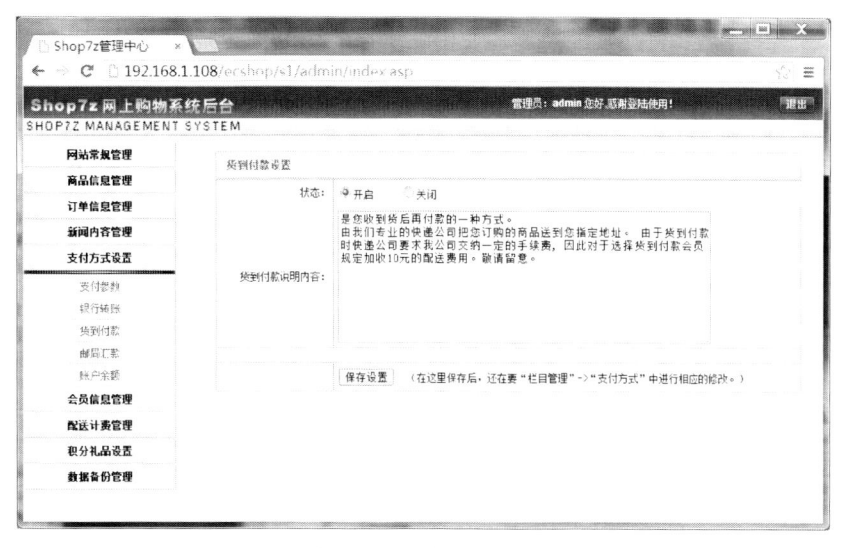

圖 11.10　後臺貨到付款信息

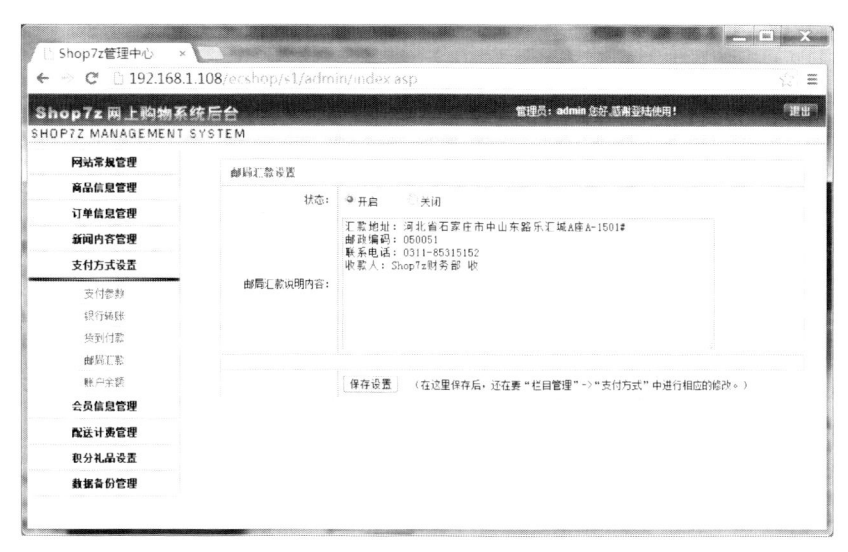

圖 11.11　後臺管理郵件匯款信息

圖 11.12　後臺管理帳戶餘額支付信息

4. 設置配送計費信息

在【配送計費管理】欄目，點擊【配送方式】進行設置。免費版只支持普通計件方式，如圖 11.13 所示。

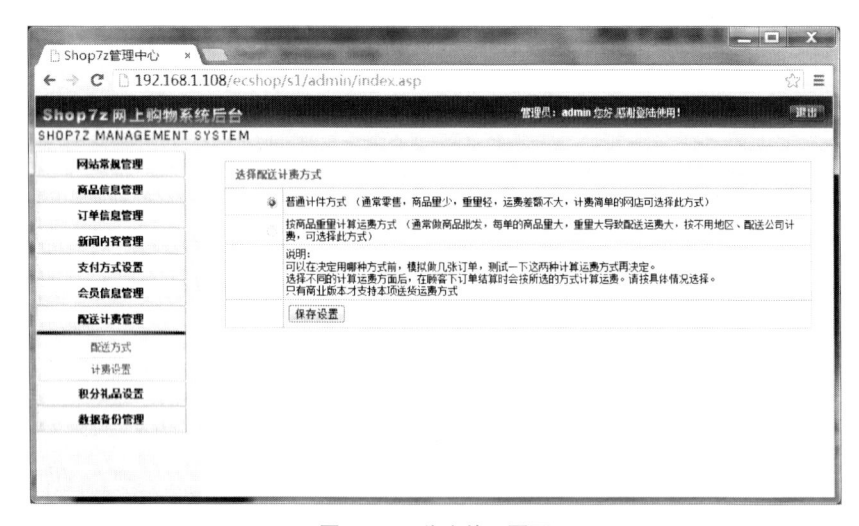

圖 11.13　後臺管理頁面

點擊【計費設置】，可根據不同的快遞公司收費標準設置計費方式，自動計算快遞費用，如圖 11.14 所示。

圖 11.14　後臺管理配送計費方式

5. 積分禮品設置

根據需要，是否需要設置積分比率，以及積分禮品和兌換方式。

6. 數據備份管理

對於正式營運的商業網站，數據安全非常重要，需定期對數據進行備份。

在【數據備份管理】管理欄，點擊【數據庫備份】，即可對數據庫進行備份，如圖 11.15 所示。

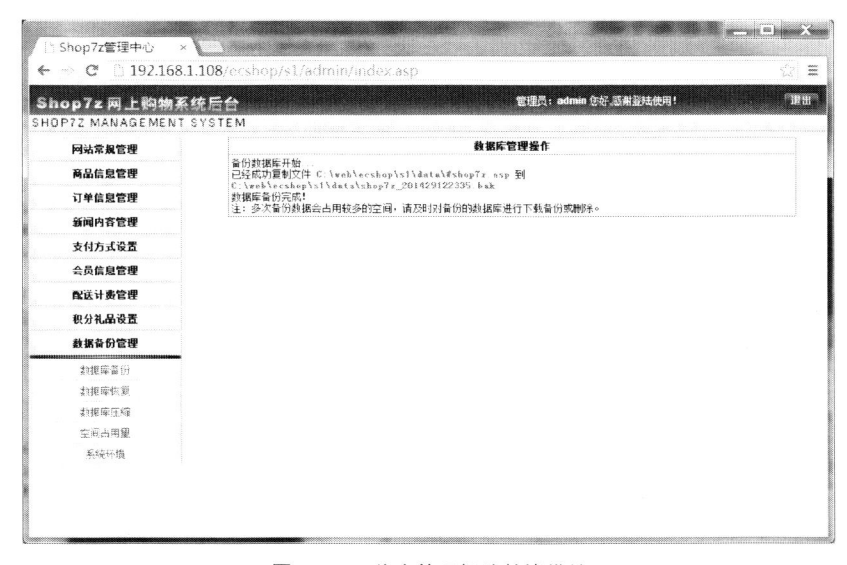

圖 11.15　後臺管理網站數據備份

根據需要對數據庫進行恢復或壓縮，還可以查看系統空間佔用量和系統環境參數。

11.3.3 信息管理員甲的業務內容

信息管理員主要負責商品信息管理和新聞內容管理，工作量較大，由信息管理員甲專門負責商品信息管理，需登錄後臺進行管理。

1. 商品分類管理

在【商品信息管理】欄目，點擊【分類管理】，可根據網站經營主題，對商品欄目進行重新設置，如圖 11.16 所示。

圖 11.16　後臺管理商品類別

2. 商品管理

商品分類建立好後，就可以對商品進行管理，主要包括添加商品，如圖 11.17 所示。

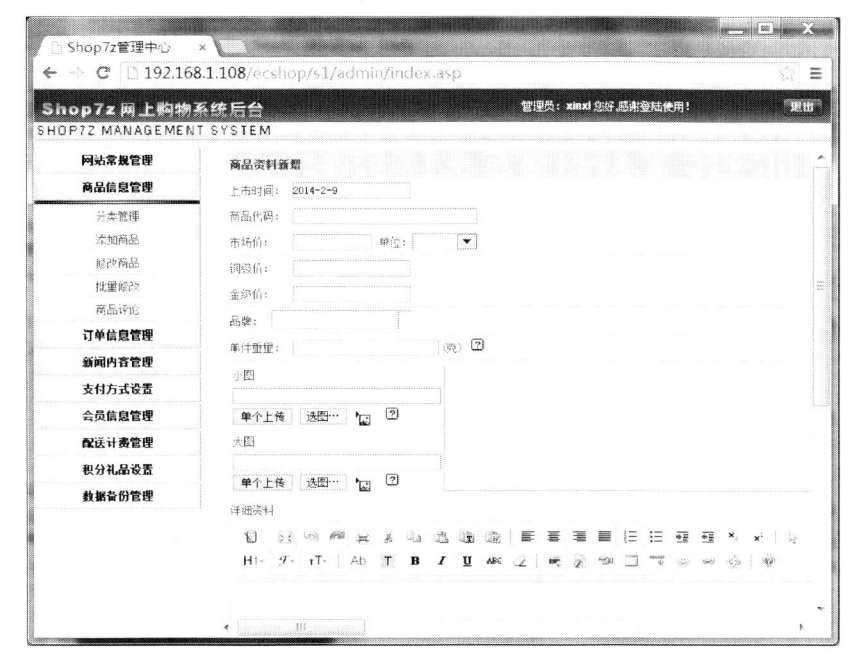

圖 11.17　後臺新增商品資料

單個或批量修改、刪除商品，如圖 11.18 和圖 11.19 所示。

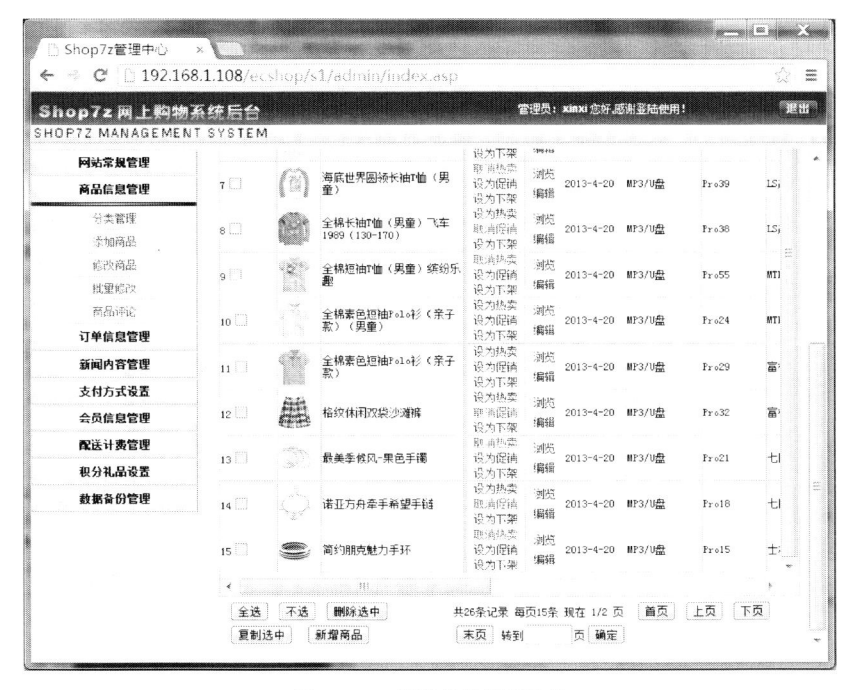

圖 11.18　後臺批量管理商品

圖 11.19　後臺批量修改商品信息

3. 商品評論回覆管理

用戶購物完畢，可對商品進行評價，商城管理員可對用戶評價進行回覆，並對用戶評價進行管理，如圖 11.20 所示。

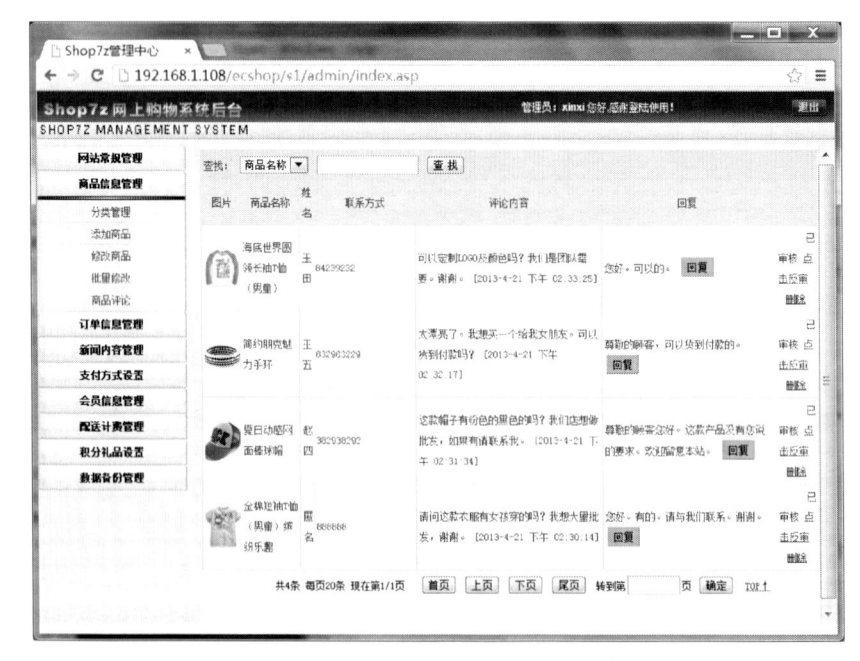

圖 11.20　後臺管理用戶評價

11.3.4　信息管理員乙的業務內容

信息管理員主要負責商品信息管理和新聞內容管理，工作量較大，信息管理員乙專門負責新聞內容管理，需登錄後臺進行管理。

1. 網站新聞管理

在【新聞內容管理】欄目，點擊【添加網站新聞】，選擇欄目名稱，輸入新聞內容，如圖 11.21 所示。

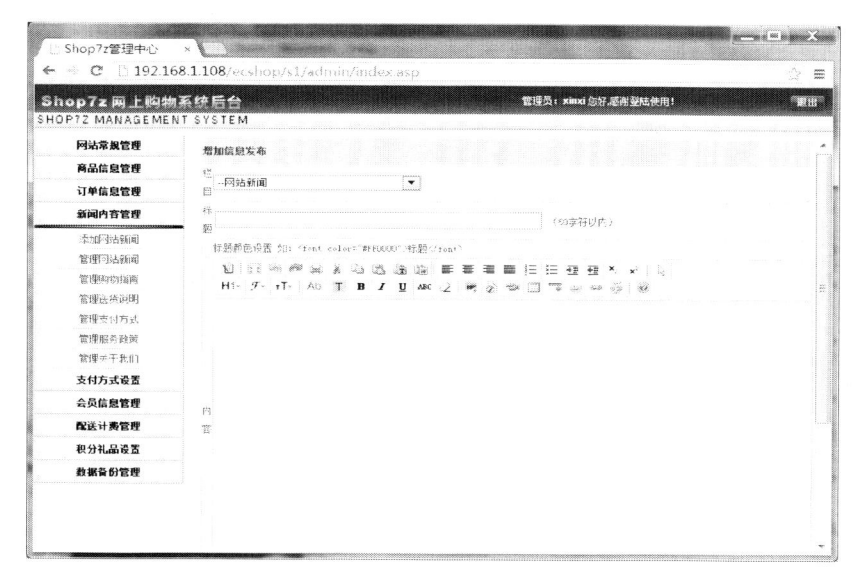

圖 11.21　後臺管理添加新聞

商城管理員可管理「網站新聞」，如圖 11.22 所示。

圖 11.22　後臺管理「網站新聞」

2. 管理購物指南

商城管理員可更新維護「購物指南」內容，如圖 11.23 所示。

圖 11.23　後臺管理商城「購物指南」

3. 管理送貨說明

商城管理員可更新維護「送貨說明」內容，如圖 11.24 所示。

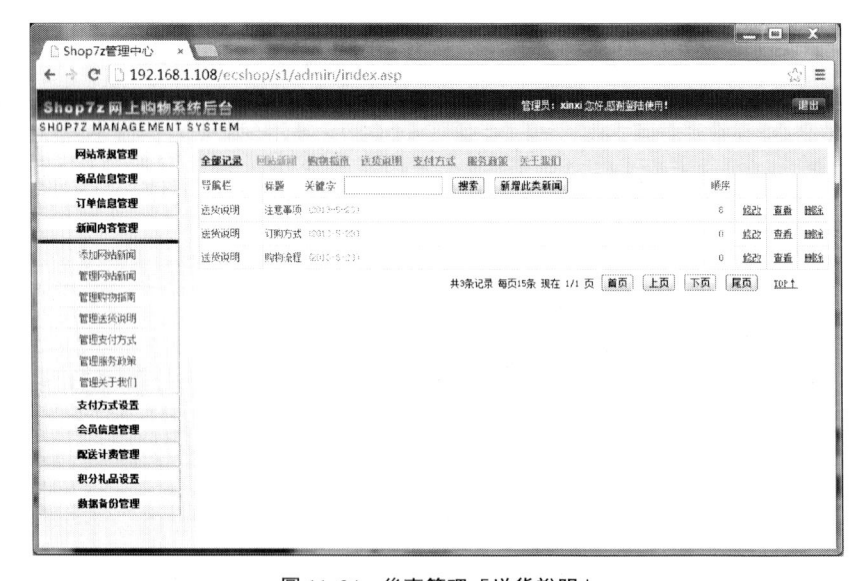

圖 11.24　後臺管理「送貨說明」

4. 管理支付方式

商城管理員可更新維護「支付方式」，如圖 11.25 所示。

圖 11.25　後臺管理「支付方式」內容

5. 管理服務政策

商城管理員可更新維護「服務政策」內容，如圖 11.26 所示。

圖 11.26　後臺管理「服務政策」內容

6. 管理關於我們

商城管理員可更新維護「關於我們」內容，如圖 11.27 所示。

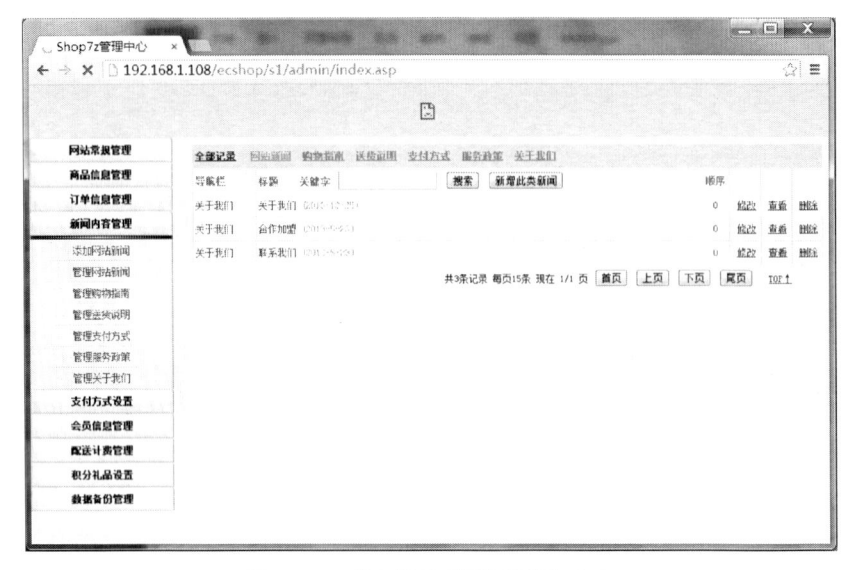

圖 11.27　後臺管理「關於我們」內容

11.3.5　訂單管理員的業務內容

訂單管理員主要負責會員管理和訂單信息管理，對訂單狀態進行跟蹤，需登錄後臺進行管理。

1. 會員管理

在【會員信息管理】欄目，點擊【會員管理】，可對會員信息進行修改或刪除。會員列表與刪除，如圖 11.28 所示。

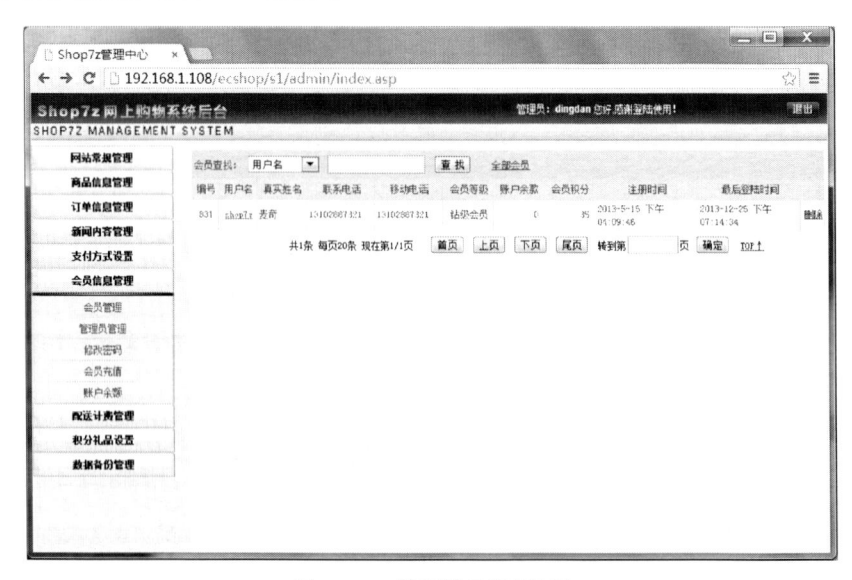

圖 11.28　後臺管理商城用戶

會員信息查看與修改，如圖 11.29 所示。

圖 11.29　後臺管理商城用戶資料

在【會員信息管理】欄目，點擊【會員充值】，可對會員充值進行管理，如圖 11.30 和圖 11.31 所示。

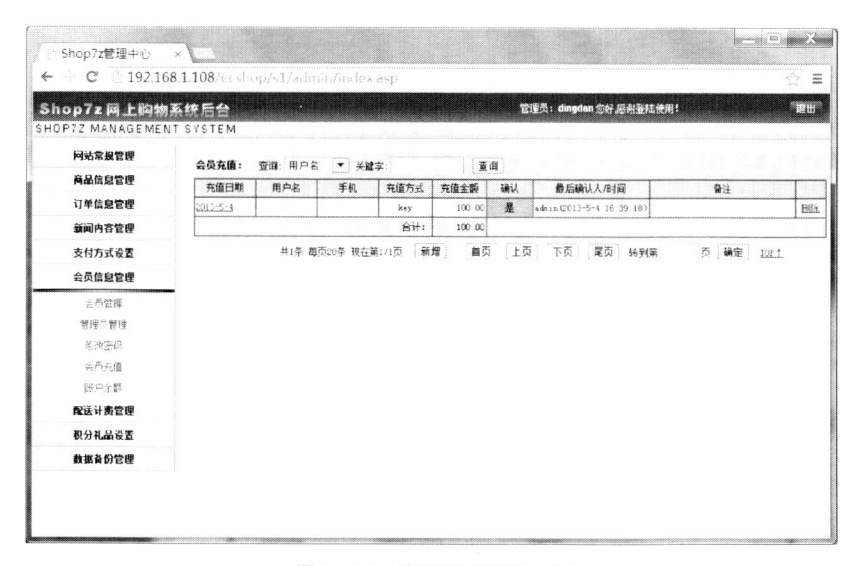

圖 11.30　後臺管理用戶充值

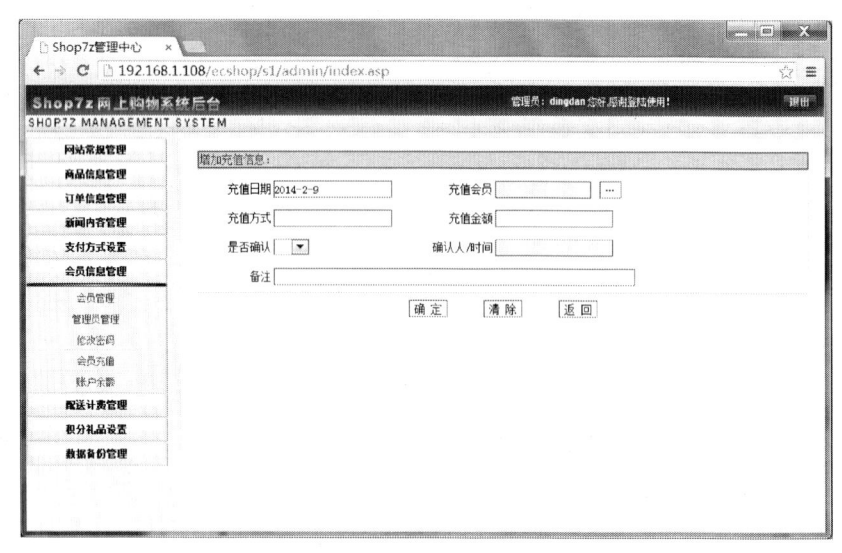

■ 開發中國電商市場的電子商務基礎實驗

圖 11.31　後臺管理對用戶增加充值

2. 訂單信息管理

在【訂單信息管理】欄目，點擊【訂單管理】，可查看所有訂單狀態，如圖 11.32 所示。

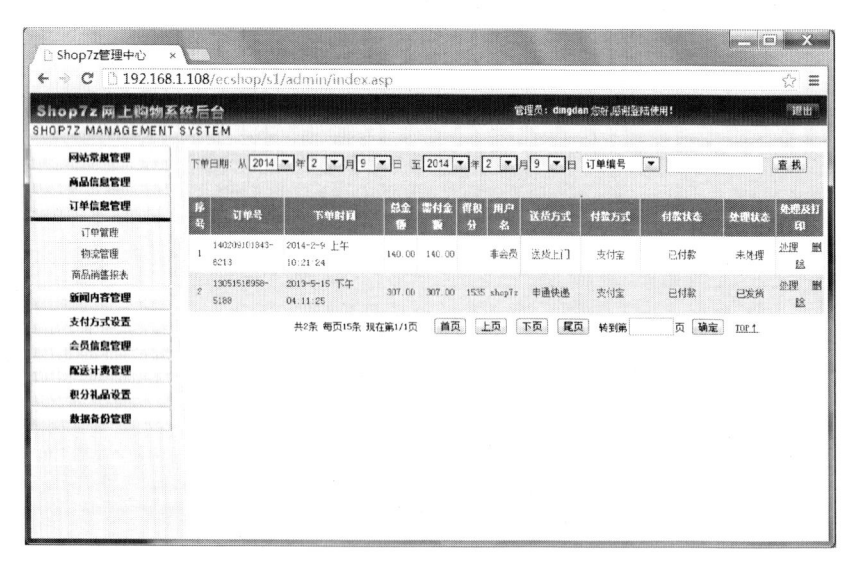

圖 11.32　後臺管理用戶訂單信息

還可對單個訂單信息及付款狀態和訂單狀態進行查看和修改，如圖 11.33 所示。

圖 11.33　後臺管理用戶訂單狀態

可在【訂單信息管理】欄目，點擊【商品銷售報表】，查看銷售統計數據，如圖 11.34 所示。

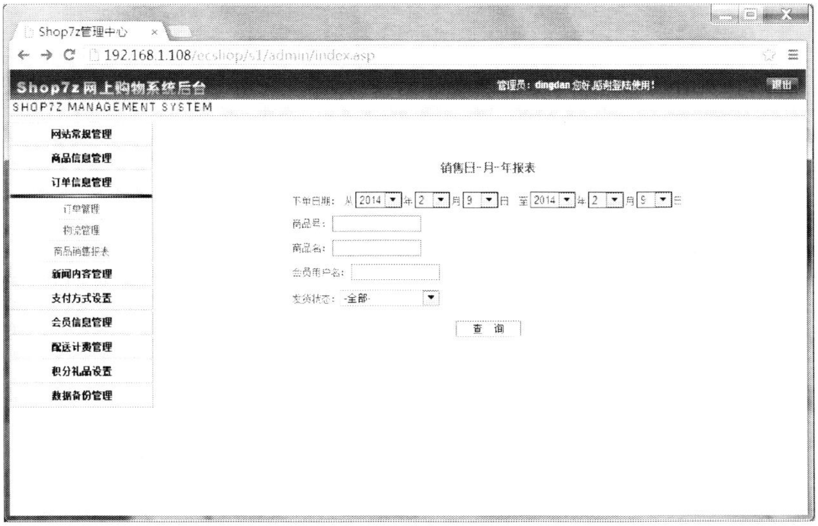

圖 11.34　後臺管理銷售報表

3. 商品評論管理

在【商品信息管理】欄目，點擊【商品評論】，可查看客戶反饋信息，很多客戶對訂單的反饋信息和商品需求信息都通過商品評論的方式表達，如圖 11.35 所示。

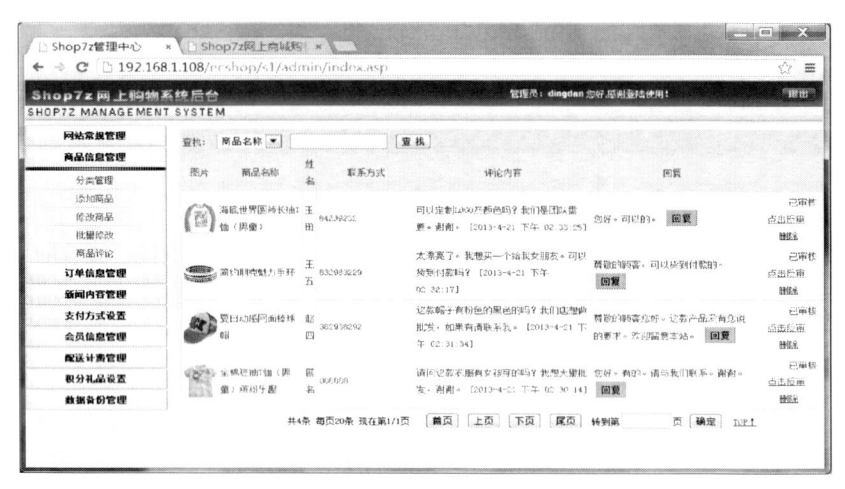

圖 11.35　後臺管理用戶評論信息

11.3.6　商城客戶的業務內容

網上購物時，訪問商城首頁，要註冊用戶、比較選擇商品、下訂單、選擇支付方式和配送方式，就可等待商品送達，收到商品後還可以對商品進行評論。

1. 註冊用戶

訪問商城首頁，點擊右上角【註冊】，填寫註冊信息，如圖 11.36 所示。

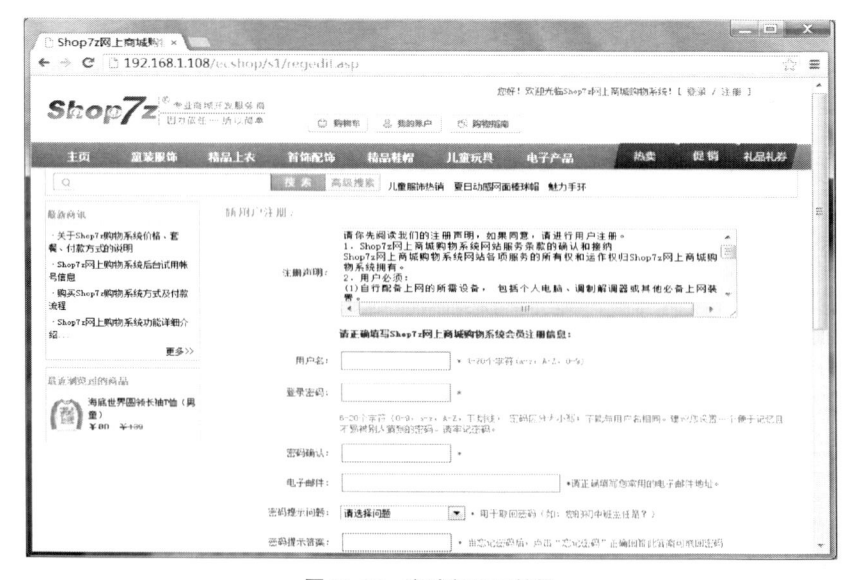

圖 11.36　商城新用戶註冊

2. 下訂單

用戶註冊成功後，登錄商城，瀏覽並選擇商品，點擊【購買】，如圖 11.37 所示。

圖 11.37　用戶瀏覽商品

在購物車中，對商品種類和數量進行檢查，如圖 11.38 所示。

圖 11.38　用戶將商品放入購物車

用戶確認無誤後，進入【結算中心】，填寫收貨人信息、檢查並在此確認商品及數量、選擇送貨方式、檢查支付金額並選擇支付信息，根據需要填寫訂單留言，如圖 11.39 和圖 11.40 所示。

注意：送貨方式和支付信息需由系統管理員提前設置好。

圖 11.39　用戶下訂單

圖 11.40　用戶填寫訂單信息

再次檢查確認以上信息後，提交訂單，如圖 11.41 所示。

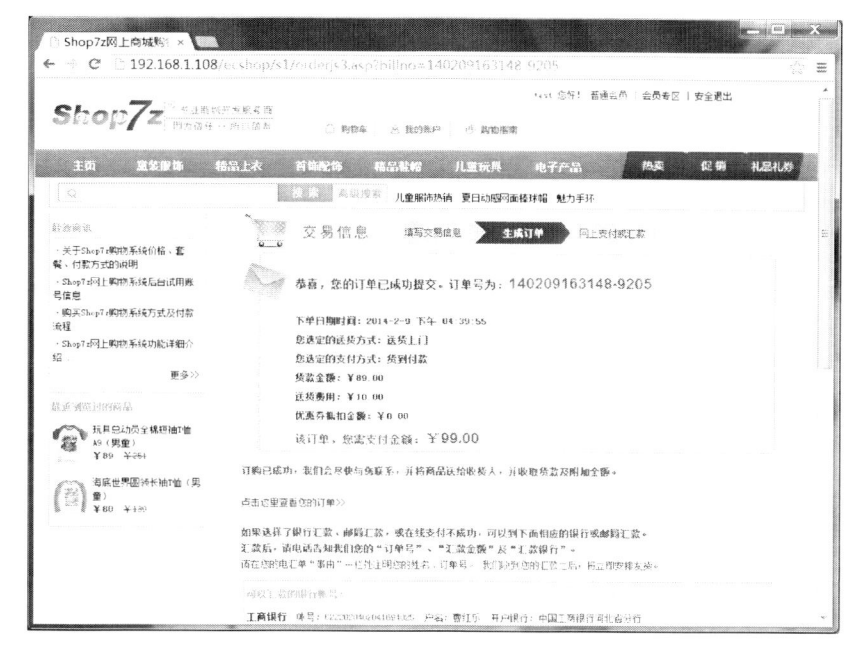

圖 11.41　用戶提交訂單

3. 查看訂單狀態

等待商城訂單管理員核實支付信息，執行相關業務流程，客戶也可自行查看訂單狀態，如圖 11.42 所示。

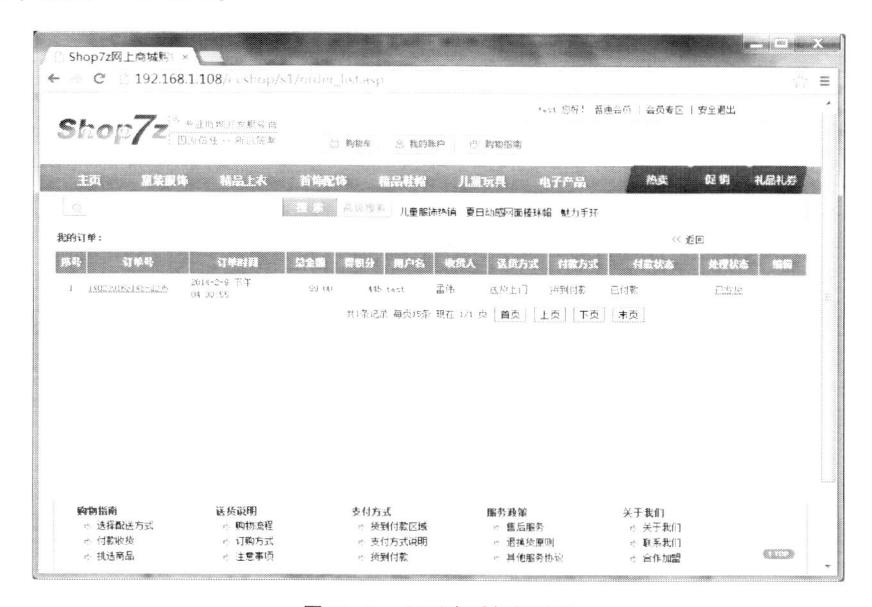

圖 11.42　用戶查看訂單狀態

4. 會員專區

客戶點擊網站右上角【會員專區】，還可以對個人資料、購物車、訂單、禮品、積分對帳、優惠券對帳、充值-消費對帳、會員留言、修改密碼等功能進行操作，如圖11.43所示。

圖 11.43　用戶查看會員專區

11.4　實踐練習

11.4.1　基礎練習

分組練習，瞭解網上商城的各項功能和業務流程。針對該簡易版本網上商城，提出改進意見。

11.4.2　拓展練習

建立一個網上商城並開展營運，提供網絡銷售業務。

第 12 章　自媒體營運

12.1　實驗目的與基本要求

1. 瞭解主流自媒體平臺。
2. 掌握自媒體的營運方法。

12.2　基礎知識

12.2.1　自媒體基本概念

自媒體（We Media）又稱「公民媒體」或「個人媒體」，是指私人化、平民化、普泛化、自主化的傳播者，以現代化、電子化的手段，向不特定的大多數或者特定的單個人傳遞規範性及非規範性信息的新媒體的總稱。簡言之，即公民用以發布自己親眼所見、親耳所聞事件的載體，如博客、微博、微信、百度貼吧、論壇/BBS 等網絡社區。

12.2.2　主流自媒體平臺

國內主流自媒體平臺有今日頭條、微信公眾平臺、新浪微博、百度貼吧、QQ 空間、知乎專欄等，如表 12.1 所示。

表 12.1　　　　　　　　　　　國內主流自媒體平臺

序號	平臺名稱	平臺網址
1	今日頭條	http://toutiao.com/
2	微信公眾平臺	https://mp.weixin.qq.com/
3	北京時間號	http://record.btime.com/
4	百度百家	http://baijia.baidu.com/
5	搜狐媒體平臺	http://mp.sohu.com/
6	搜狐博客	http://blog.sohu.com/
7	QQ 空間	http://qzone.qq.com/
8	騰訊媒體開放平臺	http://om.qq.com/
9	網易媒體開放平臺	http://dy.163.com/wemedia/login.html
10	網易雲閱讀	http://open.yuedu.163.com/

表12.1(續)

序號	平臺名稱	平臺網址
11	網易博客	http://blog.163.com/
12	新浪微博	http://weibo.com/
13	新浪看點	http://mp.sina.com.cn/
14	新浪博客	http://blog.sina.com.cn/
15	鳳凰自媒體	http://zmt.ifeng.com/
16	鳳凰博客	http://blog.ifeng.com/
17	億歐專欄	http://www.iyiou.com/author/all
18	一點資訊	http://mp.yidianzixun.com/
19	鈦媒體	http://www.tmtpost.com/
20	虎嗅網	http://www.huxiu.com/
21	I 黑馬專欄	http://www.iheima.com/space/
22	新芽專欄	http://newseed.pedaily.cn/u/
23	速途專欄	http://zl.sootoo.com/
24	砍柴網專欄	http://space.ikanchai.com/
25	A5 專欄	http://www.admin5.com/space/
26	站長專欄	http://space.chinaz.com/
27	艾瑞專欄	http://column.iresearch.cn/
28	億邦動力專欄	http://www.ebrun.com/blog/
29	價值中國專欄	http://www.chinavalue.net/
30	知乎專欄	https://zhuanlan.zhihu.com/
31	阿里巴巴專欄	https://club.1688.com/zhuanlan.htm
32	財富中文網專欄	http://www.fortunechina.com/column/index.htm
33	創業邦專欄	http://www.cyzone.cn/
34	天涯博客	http://blog.tianya.cn/
35	和訊博客	http://blog.hexun.com/
36	TechWeb 博客	http://blog.techweb.com.cn/
37	中金博客	http://blog.cnfol.com/
38	博客中國	http://www.blogchina.com/
39	企博網	http://www.bokee.net/
40	飛象博客	http://blog.cctime.com/
41	光明網博客	http://blog.gmw.cn/
42	派代網	http://www.paidai.com/
43	豆瓣網	http://www.douban.com/
44	人人小站	http://zhan.renren.com/
45	UC 訂閱號	http://mp.uc.cn/
46	简書	http://www.jianshu.com/
47	lofter	http://www.lofter.com/
48	界面	http://www.jiemian.com/
49	東方財富博客	http://blog.eastmoney.com/
50	知乎	http://www.zhihu.com/

12.3　實驗步驟

12.3.1　微信公眾平臺介紹

微信公眾平臺是營運者通過公眾號為微信用戶提供資訊和服務的平臺，包括服務號、訂閱號、小程序三類帳號。

微信服務號：給企業和組織提供強大的業務服務與用戶管理能力，幫助企業快速實現全新的公眾號服務平臺。主要偏向服務類交互，功能類似12315、114、銀行等提供綁定信息和服務交互，適用人群為媒體、企業、政府或其他組織，服務號1個月（按自然月）內可發送4條群發消息。

微信訂閱號：為媒體和個人提供一種新的信息傳播方式，構建與讀者之間更好的溝通與管理模式。主要功能是在微信側給用戶傳達資訊，類似報紙雜誌提供新聞信息或娛樂趣事，適用人群為個人、媒體、企業、政府或其他組織等，訂閱號（認證用戶、非認證用戶）1天內可群發1條消息。

微信小程序：小程序是一種新的開放能力，開發者可以快速地開發一個小程序。小程序可以在微信內被便捷地獲取和傳播，同時具有出色的使用體驗。

12.3.2　註冊微信公眾平臺

以個人註冊和使用微信公眾平臺訂閱號為例，介紹自媒體申請和使用的方法。

1. 打開微信公眾平臺官網（https://mp.weixin.qq.com/）右上角點擊【立即註冊】，如圖12.1所示。

圖12.1　註冊用戶

選擇帳號類型，如圖12.2所示。

账号分类

圖 12.2　選擇帳號類型

填寫郵箱及密碼，如圖 12.3 所示。

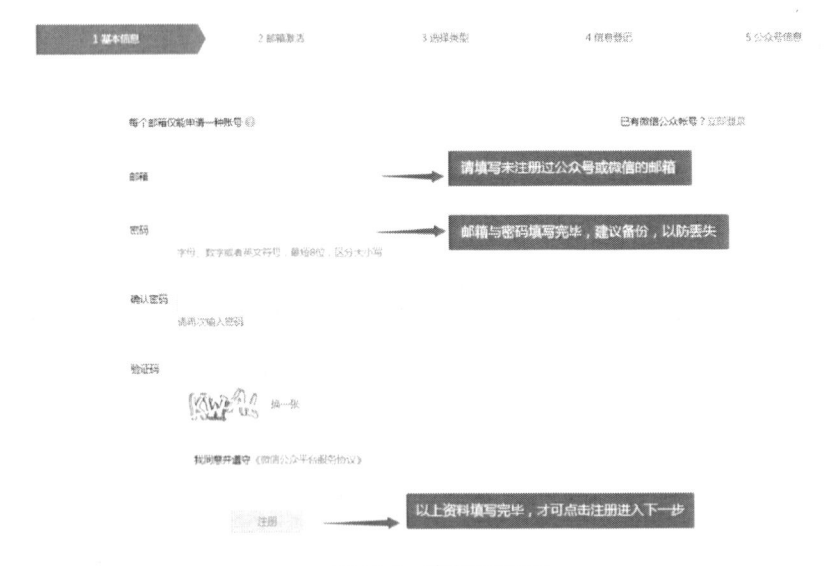

圖 12.3　填寫註冊信息

2. 登錄郵箱，查看激活郵件，點擊郵箱裡面的連結來激活公眾號，如圖 12.4 所示。

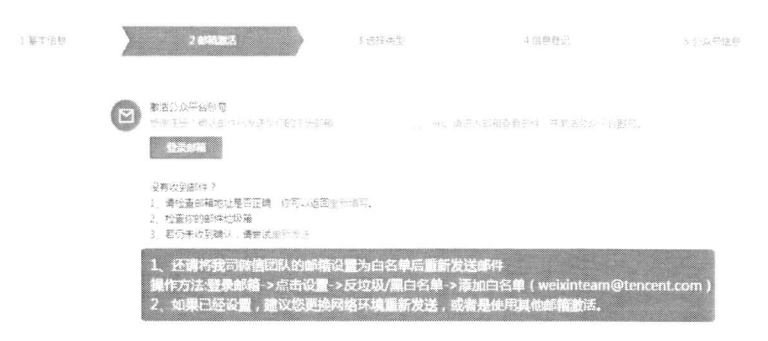

圖 12.4　激活帳號

3. 瞭解訂閱號、服務號和企業微信的區別後，選擇想要的帳號類型，如圖 12.5 所示。

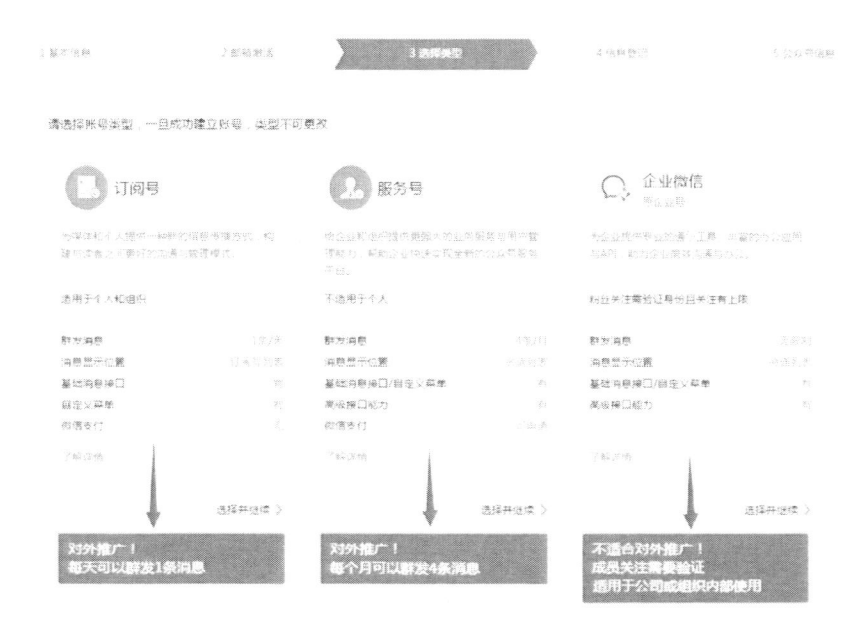

圖 12.5　瞭解帳號類型

圖 12.6 為訂閱號、服務號和企業微信在手機端的展示效果。

開發中國電商市場的電子商務基礎實驗

圖 12.6　不同類型帳號的展示效果

4. 信息登記，選擇個人類型之後，填寫身分證信息，如圖 12.7 所示。

圖 12.7　填寫身分信息

5. 填寫帳號信息，包括公眾號名稱、功能介紹、選擇營運地區，如圖 12.8 所示。

圖 12.8　填寫帳號信息

恭喜註冊成功！可以開始使用公眾號了。如圖 12.9 所示。

圖 12.9　註冊成功

12.3.3　開啓公眾號開發者模式

1. 申請服務器

以騰訊雲服務器為示例，介紹公眾號的開發流程。

提示：騰訊公司為在讀高校生提供了「雲+校園」計劃，1 元/月即可使用騰訊雲。

2. 搭建服務

以 web.py 框架、python、騰訊雲服務器為例介紹微信公眾號的開發流程。

（1）安裝軟件

安裝 python2.7 版本以上；安裝 web.py；安裝 libxml2、libxslt、lxml python。

（2）編輯代碼

若不熟悉 python 語法，請到 python 官方文檔查詢說明。

main.py 代碼：

```python
# -*- coding: utf-8 -*-
# filename: main.py
import web
urls = ('/wx', 'Handle',)
class Handle(object):
    def GET(self):
        return "hello, this is a test"
if __name__ == '__main__':
    app = web.application(urls, globals())
    app.run()
```

（3）測試端口

執行命令：sudo python main.py 80。

若出現顯示為「socket.error：No socket could be created」的錯誤信息，可能是 80 端口號被占用，或沒有權限，請自行查詢解決辦法。如果遇見其他錯誤信息，請到 web.py 官方文檔解決。

（4）測試 Web 應用

在瀏覽器輸入 http://外網 IP:80/wx，若顯示為圖 12.10 所示畫面，表明一個簡單的 web 應用已搭建。

註：外網 IP 請到騰訊雲購買成功處查詢。

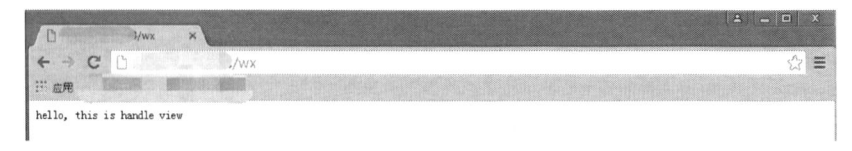

圖 12.10　瀏覽 Web 應用

3. 開發者基本配置

（1）登錄微信公眾平臺官網之後，找到【基本配置】菜單欄，如圖 12.11 所示。

第 12 章　自媒體營運

圖 12.11　查看開發者基本配置

（2）填寫配置

url 填寫：http://外網 IP：端口號/wx。如圖 12.12 所示。

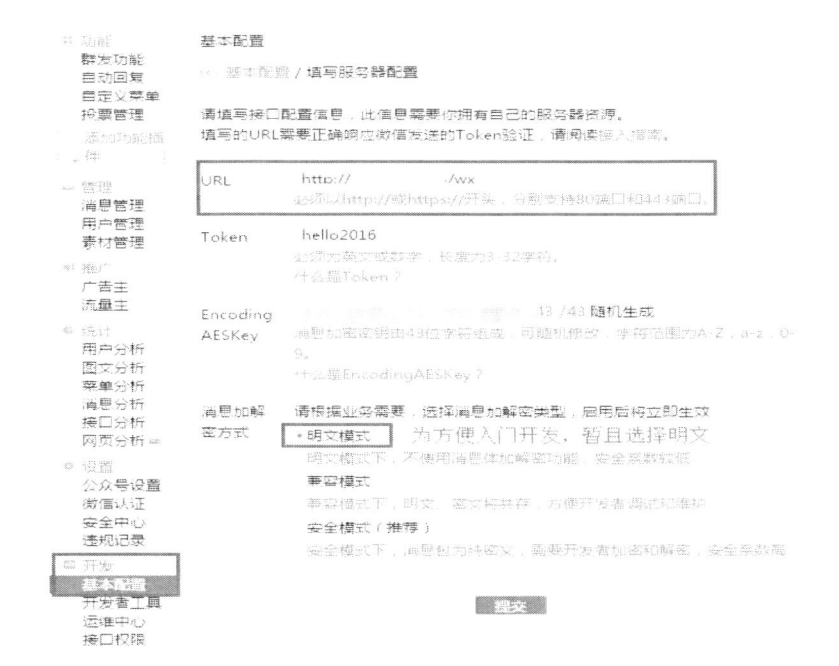

圖 12.12　修改開發者基本配置

171

注意：外網 IP 請到騰訊雲購買成功處查詢，http 的端口號固定使用 80，不可填寫其他。

token：自主設置。

注意：這個 token 只用於驗證開發者服務器。

（3）修改完善代碼

完成代碼邏輯，改動 main.py 文件，新增 handle.py。

handle.py 邏輯流程如圖 12.13 所示。

main.py 代碼：

```
# -*- coding: utf-8 -*-
# filename: main.py
import web
from handle import Handle
urls = ('/wx', 'Handle',)
if __name__ == '__main__':
    app = web.application(urls, globals())
    app.run()
```

handle.py 代碼：

```
# -*- coding: utf-8 -*-
# filename: handle.py
import hashlib
import web
class Handle(object):
    def GET(self):
        try:
            data = web.input()
            if len(data) == 0:
                return "hello, this is handle view"
            signature = data.signature
            timestamp = data.timestamp
            nonce = data.nonce
            echostr = data.echostr
            token = "xxxx" #請按照公眾平臺官網\基本配置中信息填寫
            list = [token, timestamp, nonce]
            list.sort()
            sha1 = hashlib.sha1()
            map(sha1.update, list)
            hashcode = sha1.hexdigest()
            print "handle/GET func: hashcode, signature: ", hashcode, signature
            if hashcode == signature:
                return echostr
            else:
                return ""
        except Exception, Argument:
            return Argument
```

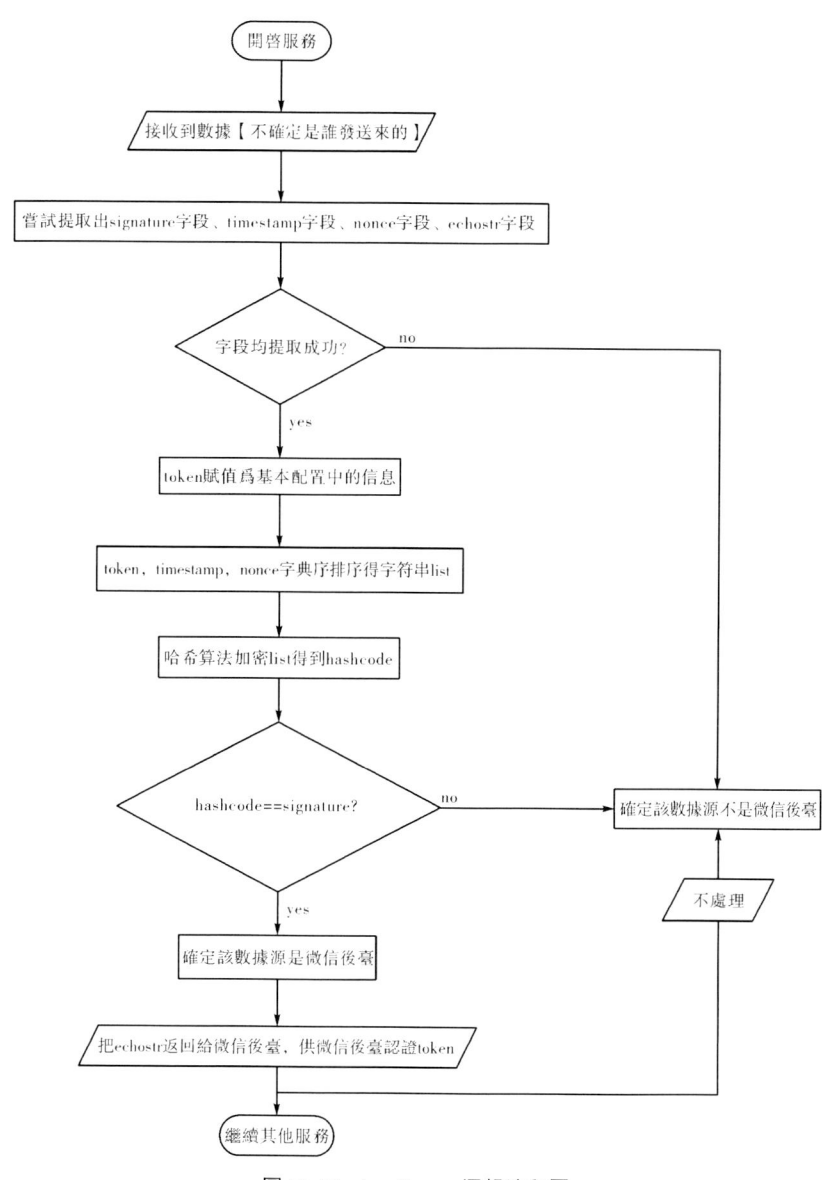

圖 12.13　handle.py 邏輯流程圖

（4）驗證 token

重新啟動成功後（python main.py 80），點擊【提交】按鈕。若提示「token 驗證失敗」，請認真檢查代碼或網絡連結等。若 token 驗證成功，會自動返回基本配置的主頁面，點擊【啟動】按鈕。

12.3.4　實例「你問我答」

實例目的：①理解被動消息的含義；②理解收＼發消息機制。

預實現功能：粉絲給公眾號一條文本消息，公眾號立馬回覆一條文本消息給粉絲，不需要通過公眾平臺網頁操作。

1. 接收文本消息

接收文本消息即粉絲給公眾號發送的文本消息。粉絲給公眾號發送文本消息：「歡迎開啓公眾號開發者模式」，在開發者後臺，收到公眾平臺發送的 xml 如下：（下文均隱藏了 ToUserName 及 FromUserName 信息）。

```
<xml>
<ToUserName><![CDATA[公眾號]]></ToUserName>
<FromUserName><![CDATA[粉絲號]]></FromUserName>
<CreateTime>1460537339</CreateTime>
<MsgType><![CDATA[text]]></MsgType>
<Content><![CDATA[歡迎開啓公眾號開發者模式]]></Content>
<MsgId>6272960105994287618</MsgId>
</xml>
```

代碼說明：

createTime：微信公眾平臺記錄粉絲發送該消息的具體時間。

text：用於標記該 xml 是文本消息，一般用於區別判斷。

歡迎開啓公眾號開發者模式：說明該粉絲發給公眾號的具體內容是歡迎開啓公眾號開發者模式。

MsgId：公眾平臺為記錄識別該消息的一個標記數值，微信後臺系統自動產生。

2. 被動回覆文本消息

被動回覆文本消息即公眾號給粉絲發送的文本消息。特別強調：

（1）被動回覆消息，即發送被動回應消息，不同於客服消息接口。

（2）它其實並不是一種接口，而是對微信服務器發過來消息的一次回覆。

（3）收到粉絲消息後不想或者不能 5 秒內回覆時，需回覆「success」字符串（下文詳細介紹）。

（4）客服接口在滿足一定條件下隨時調用。

公眾號想回覆給粉絲一條文本消息，內容為「test」，那麼開發者發送給公眾平臺後臺的 xml 內容如下：

```
<xml>
<ToUserName><![CDATA[粉絲號]]></ToUserName>
<FromUserName><![CDATA[公眾號]]></FromUserName>
<CreateTime>1460541339</CreateTime>
<MsgType><![CDATA[text]]></MsgType>
<Content><![CDATA[test]]></Content>
</xml>
```

特別備註：

（1）ToUserName（接受者）、FromUserName（發送者）字段請實際填寫。

（2）createtime 只用於標記開發者回覆消息的時間，微信後臺發送此消息都不受這

（3）text：用於標記此次行為是發送文本消息（可以是 image/voice 等類型）。

（4）文本換行『\n』。

3. 回覆 success 問題

假如服務器無法保證在五秒內處理回覆，則必須回覆「success」或者「」（空串），否則微信後臺會發起三次重試。

說明：發起重試是微信後臺為了盡可能保證粉絲發送的內容開發者均可以收到。如果開發者不進行回覆，微信後臺沒辦法確認開發者已收到消息，只好重試。

嘗試一下收到消息後，不做任何回覆。在日志中查看到微信後臺發起了三次重試操作，日志截圖如圖 12.14 所示。

圖 12.14　日志截圖

三次重試後，依舊沒有及時回覆任何內容，系統將自動在粉絲會話界面出現錯誤提示「該公眾號暫時無法提供服務，請稍後再試」，如圖 12.15 所示。

圖 12.15　測試回覆

如果回覆 success，微信後臺可以確定開發者收到了粉絲消息，沒有任何異常提示。因此請大家注意回覆 success 的問題。

4. 代碼

main.py 文件不改變，handle.py 需要增加一下代碼，增加新的文件 receive.py、reply.py。邏輯流程如圖 12.16 所示。

handle.py 代碼：

```
# -*- coding: utf-8 -*-# filename: handle.py
import hashlib
import reply
import receive
import web
class Handle(object):
    def POST(self):
```

```
try:
    webData = web.data()
    print "Handle Post webdata is ", webData
    #後臺打日志
    recMsg = receive.parse_xml(webData)
    if isinstance(recMsg, receive.Msg) and recMsg.MsgType == 'text':
        toUser = recMsg.FromUserName
        fromUser = recMsg.ToUserName
        content = "test"
        replyMsg = reply.TextMsg(toUser, fromUser, content)
        return replyMsg.send()
    else:
        print "暫且不處理"
        return "success"
except Exception, Argment:
    return Argment
```

receive.py 代碼:

```
# -*- coding: utf-8 -*-
# filename: receive.py
import xml.etree.ElementTree as ET

def parse_xml(web_data):
    if len(web_data) == 0:
        return None
    xmlData = ET.fromstring(web_data)
    msg_type = xmlData.find('MsgType').text
    if msg_type == 'text':
        return TextMsg(xmlData)
    elif msg_type == 'image':
        return ImageMsg(xmlData)

class Msg(object):
    def __init__(self, xmlData):
        self.ToUserName = xmlData.find('ToUserName').text
        self.FromUserName = xmlData.find('FromUserName').text
        self.CreateTime = xmlData.find('CreateTime').text
        self.MsgType = xmlData.find('MsgType').text
        self.MsgId = xmlData.find('MsgId').text

class TextMsg(Msg):
    def __init__(self, xmlData):
        Msg.__init__(self, xmlData)
        self.Content = xmlData.find('Content').text.encode("utf-8")

class ImageMsg(Msg):
    def __init__(self, xmlData):
        Msg.__init__(self, xmlData)
        self.PicUrl = xmlData.find('PicUrl').text
        self.MediaId = xmlData.find('MediaId').text
```

reply.py 代碼：

```python
# -*- coding: utf-8 -*-
# filename: reply.py
import time
class Msg(object):
    def __init__(self):
        pass
    def send(self):
        return "success"
class TextMsg(Msg):
    def __init__(self, toUserName, fromUserName, content):
        self.__dict = dict()
        self.__dict['ToUserName'] = toUserName
        self.__dict['FromUserName'] = fromUserName
        self.__dict['CreateTime'] = int(time.time())
        self.__dict['Content'] = content
    def send(self):
        XmlForm = """
        <xml>
        <ToUserName><![CDATA[{ToUserName}]]></ToUserName>
        <FromUserName><![CDATA[{FromUserName}]]></FromUserName>
        <CreateTime>{CreateTime}</CreateTime>
        <MsgType><![CDATA[text]]></MsgType>
        <Content><![CDATA[{Content}]]></Content>
        </xml>
        """
        return XmlForm.format(**self.__dict)
class ImageMsg(Msg):
    def __init__(self, toUserName, fromUserName, mediaId):
        self.__dict = dict()
        self.__dict['ToUserName'] = toUserName
        self.__dict['FromUserName'] = fromUserName
        self.__dict['CreateTime'] = int(time.time())
        self.__dict['MediaId'] = mediaId
    def send(self):
        XmlForm = """
        <xml>
        <ToUserName><![CDATA[{ToUserName}]]></ToUserName>
        <FromUserName><![CDATA[{FromUserName}]]></FromUserName>
        <CreateTime>{CreateTime}</CreateTime>
        <MsgType><![CDATA[image]]></MsgType>
        <Image>
        <MediaId><![CDATA[{MediaId}]]></MediaId>
        </Image>
        </xml>
        """
        return XmlForm.format(**self.__dict)
```

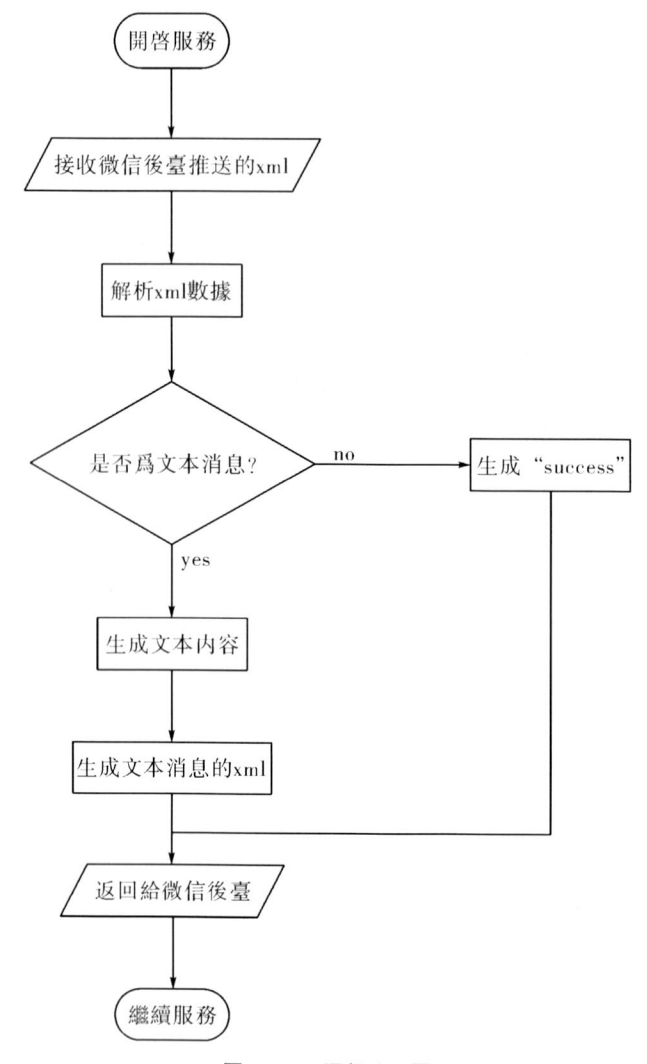

開發中國電商市場的電子商務基礎實驗

圖 12.16　邏輯流程圖

寫好代碼之後，重新啓動程序，sudo python main. py 80。

6. 在線測試

微信公眾平臺提供了一個在線測試的平臺，方便開發者模擬場景測試代碼邏輯，如圖 12.17 所示。在線測試的目的在於測試開發者代碼邏輯是否有誤、是否符合預期。即便測試成功也不會發送內容給粉絲，因此可隨意測試。

圖 12.17　在線測試

（1）「請求失敗」說明代碼有問題，請檢查代碼邏輯，如圖 12.18 所示。

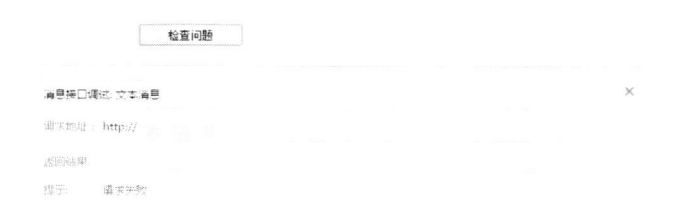

圖 12.18　在線測試「請求失敗」結果

（2）「請求成功」，然後根據返回結果查看是否符合預期，如圖 12.19 所示。

圖 12.19　在線測試「請求成功」結果

7. 體驗測試

點擊左側【公眾號設置】，使用手機微信 App 掃描公眾號二維碼，成為自己公眾號的第一個粉絲，如圖 12.20 所示。

圖 12.20　公眾號二維碼

12.3.5　實例「圖」尚往來

實例目的：①引入素材管理；②以文本消息、圖片消息為基礎，可自行理解剩餘的語音消息、視頻消息、地理消息等。

預實現功能：接受粉絲發送的圖片消息，並立刻回覆相同的圖片給粉絲，如圖 12.21 所示。

圖 12.21　自動回覆相同圖片

1. 接收圖片消息

粉絲給公眾號發送一張圖片消息，在公眾號開發者後臺接收到的 xml 如下：

```
<xml>
<ToUserName><![CDATA[公眾號]]></ToUserName>
<FromUserName><![CDATA[粉絲號]]></FromUserName>
<CreateTime>1460536575</CreateTime>
<MsgType><![CDATA[image]]></MsgType>
<PicUrl><![CDATA[http://mmbiz.qpic.cn/xxxxxx/0]]></PicUrl>
<MsgId>6272956824639273066</MsgId>
<MediaId><![CDATA[gyci5a-xxxxx-OL]]></MediaId>
</xml>
```

特別說明：

PicUrl：這個參數是微信系統把「粉絲」發送的圖片消息自動轉化成 url。這個 url 可用瀏覽器打開查看到圖片。

MediaId：是微信系統產生的 ID，用於標記該圖片。

2. 被動回覆圖片消息

被動回覆圖片消息即公眾號給粉絲發送的圖片消息。特別說明：

（1）被動回覆消息，即發送被動回應消息，不同於客服消息接口。

（2）它其實並不是一種接口，而是對微信服務器發過來消息的一次回覆。

（3）收到粉絲消息後不想或者不能 5 秒內回覆時，需回覆「success」字符串。

（4）客服接口在滿足一定條件下隨時調用開發者發送給微信後臺的 xml 如下：

```
<xml>
<ToUserName><![CDATA[粉絲號]]></ToUserName>
<FromUserName><![CDATA[公眾號]]></FromUserName>
<CreateTime>1460536576</CreateTime>
<MsgType><![CDATA[image]]></MsgType>
<Image>
<MediaId><![CDATA[gyci5oxxxxxxv3cOL]]></MediaId>
</Image>
</xml>
```

這裡填寫的 MediaId 的內容，就是粉絲發送圖片的原 MediaId，所以粉絲收到了一張一模一樣的原圖。如果想回覆粉絲其他圖片，可以新增素材或獲取其他素材的 MediaId。

4. 編寫代碼

只顯示更改的代碼部分，其餘部分參考前文內容。在線測試、真實體驗、回覆空串，請參考實例「你問我答」。邏輯流程如圖 12.22 所示。

handle.py 代碼：

```
# -*- coding: utf-8 -*-
# filename: handle.py
import hashlib
import reply
import receive
import web
```

```python
class Handle(object):
    def POST(self):
        try:
            webData = web.data()
            print "Handle Post webdata is ", webData #後臺打日志
            recMsg = receive.parse_xml(webData)
            if isinstance(recMsg, receive.Msg):
                toUser = recMsg.FromUserName
                fromUser = recMsg.ToUserName
                if recMsg.MsgType == 'text':
                    content = "test"
                    replyMsg = reply.TextMsg(toUser, fromUser, content)
                    return replyMsg.send()
                if recMsg.MsgType == 'image':
                    mediaId = recMsg.MediaId
                    replyMsg = reply.ImageMsg(toUser, fromUser, mediaId)
                    return replyMsg.send()
                else:
                    return reply.Msg().send()
            else:
                print "暫且不處理"
                return reply.Msg().send()
        except Exception, Argment:
            return Argment
```

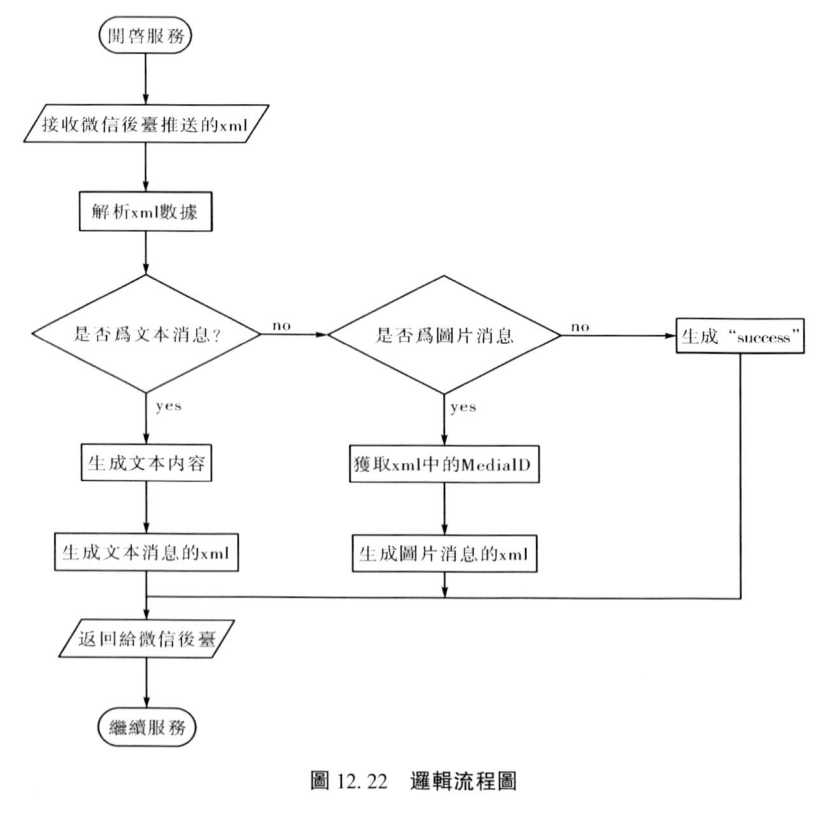

圖 12.22　邏輯流程圖

12.3.6　AccessToken

1. 查看 AppID 及 AppSecret

查看微信公眾平臺官網相關介紹，其中對 AppSecret 不點擊重置時，則一直保持不變，如圖 12.23 所示。

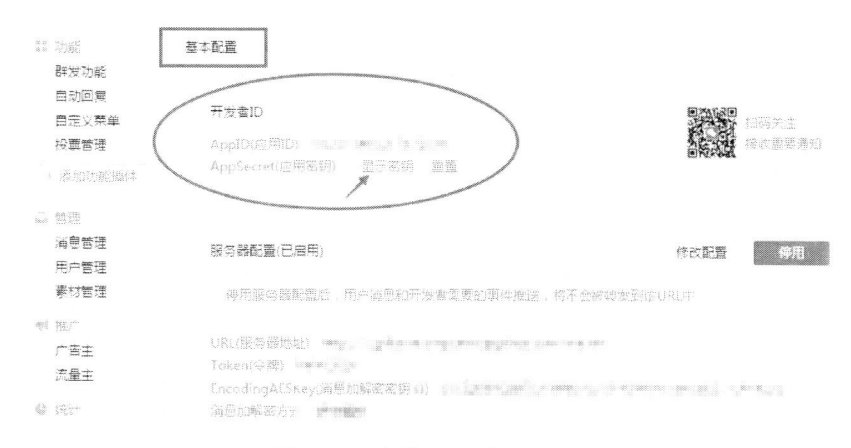

圖 12.23　查看 AppID 及 AppSecret

2. 獲取 access_token

（1）臨時方法獲取

為方便先體驗其他接口，可以臨時通過在線測試或者瀏覽器獲取 access_token，如圖 12.24 所示。

圖 12.24　獲取 access_token

（2）接口獲取

特別強調：

①第三方需要一個 access_token 獲取和刷新的中控服務器。

②並發獲取 access_token 會導致 access_token 互相覆蓋，影響具體的業務功能。

3. 編寫代碼

再次重複說明，下面代碼只是為了簡單說明接口獲取方式，在實際操作中並不推薦。尤其是業務繁重的公眾號更需要中控服務器，統一獲取 access_token。

basic.py 代碼：

```python
# -*- coding: utf-8 -*-# filename: basic.py
import urllib
import time
import json
class Basic:
    def __init__(self):
        self.__accessToken = ''
        self.__leftTime = 0
    def __real_get_access_token(self):
        appId = "xxxxx"
        appSecret = "xxxxx"
        postUrl = (https://api.weixin.qq.com/cgi-bin/token?grant_type=
                "client_credential&appid=%s&secret=%s" % (appId, appSecret))
        urlResp = urllib.urlopen(postUrl)
        urlResp = json.loads(urlResp.read())
        self.__accessToken = urlResp['access_token']
        self.__leftTime = urlResp['expires_in']
    def get_access_token(self):
        if self.__leftTime < 10:
            self.__real_get_access_token()
        return self.__accessToken
    def run(self):
        while(True):
            if self.__leftTime > 10:
                time.sleep(2)
                self.__leftTime -= 2
            else:
                self.__real_get_access_token()
```

12.3.7 臨時素材

公眾號經常需要用到一些臨時性的多媒體素材，例如在使用接口特別是發送消息時，對多媒體文件、多媒體消息的獲取和調用等操作，是通過 MediaID 來進行的，如實現「圖尚往來中」，粉絲給公眾號發送圖片消息，會產生臨時素材。

因為永久素材有數量的限制，但公眾號又需要臨時性使用一些素材，因而產生了臨時素材。臨時素材不在微信公眾平臺後臺長期存儲，在公眾平臺官網的素材管理中查詢不到，但是可以通過接口對其操作。

1. 新建臨時素材

以下代碼演示上傳素材作為臨時素材，供其他接口使用。

media.py 代碼：

```python
# -*- coding: utf-8 -*-
# filename: media.py
from basic import Basic
import urllib2
import poster.encode
from poster.streaminghttp import register_openers
class Media(object):
    def __init__(self):
        register_openers()
    #上傳圖片
    def uplaod(self, accessToken, filePath, mediaType):
        openFile = open(filePath, "rb")
        param = {'media': openFile}
        postData, postHeaders = poster.encode.multipart_encode(param)
        postUrl = "https://api.weixin.qq.com/cgi-bin/media/upload?access_token=%s&type=%s" % (accessToken, mediaType)
        request = urllib2.Request(postUrl, postData, postHeaders)
        urlResp = urllib2.urlopen(request)
        print urlResp.read()
if __name__ == '__main__':
    myMedia = Media()
    accessToken = Basic().get_access_token()
    filePath = "D:/code/mpGuide/media/test.jpg" #請安實際填寫
    mediaType = "image"
    myMedia.uplaod(accessToken, filePath, mediaType)
```

2. 獲取臨時素材 MediaID

臨時素材的 MediaID 沒有提供特定的接口進行統一查詢，有兩種方式：①通過接口上次的臨時素材，在調用成功的情況下，從返回 JSON 數據中提取 MediaID，可臨時使用。②粉絲互動中的臨時素材，可從 xml 數據提取 MediaID，以便臨時使用。

3. 下載臨時素材

（1）手工體驗

開發者為保存粉絲發送的圖片，可從最簡單的瀏覽器獲取素材的方法入手，根據實際情況，在瀏覽器輸入網址，則會下載圖片到本地，如圖 12.25 所示。

https://api.weixin.qq.com/cgi-bin/media/get?access_token=ACCESS_TOKEN&media_id=MEDIA_ID（自行替換數據）

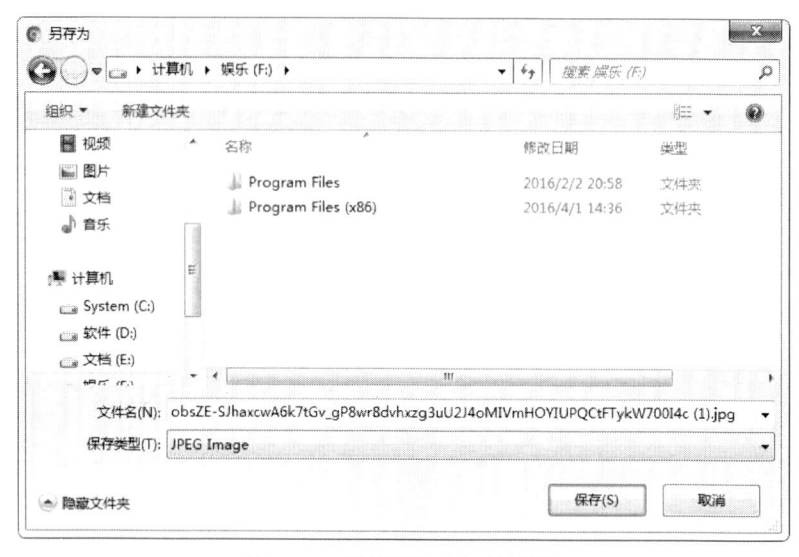

圖 12.25　下載圖片到本地計算機

(2) 接口獲取

media.py 代碼：

```python
# -*- coding: utf-8 -*-
# filename: media.py
import urllib2
import json
from basic import Basic
class Media(object):
    def get(self, accessToken, mediaId):
        postUrl = "https://api.weixin.qq.com/cgi-bin/media/get?access_token=%s&media_id=%s" % (accessToken, mediaId)
        urlResp = urllib2.urlopen(postUrl)
        headers = urlResp.info().__dict__['headers']
        if ('Content-Type: application/json\r\n' in headers) or ('Content-Type: text/plain\r\n' in headers):
            jsonDict = json.loads(urlResp.read())
            print jsonDict
        else:
            buffer = urlResp.read() #素材的二進制
            mediaFile = file("test_media.jpg", "wb")
            mediaFile.write(buffer)
            print "get successful"
if __name__ == '__main__':
    myMedia = Media()
    accessToken = Basic().get_access_token()
    mediaId = "2ZsPnDj9XIQlGfws31MUfR5Iuz-rcn7F6LkX3NRCsw7nDpg2268e-dbGB67WWM-N"
    myMedia.get(accessToken, mediaId)
```

直接運行 media.py 即可把想要的素材下載下來，其中屬於圖文消息類型的，會直接在屏幕輸出 json 數據段。

12.3.8　永久素材

1. 新建永久素材方式

（1）手工體驗

在公眾號官網的【素材管理】中可新增素材，公眾平臺官網看到的是素材的文件名，如圖 12.26 所示。公眾平臺以 MediaID 區分素材，MediaID 只能通過接口查詢。

圖 12.26　管理素材

（2）接口刪除

新增永久素材接口類似新增臨時素材的操作，只是使用 url 不一樣。

material.py 代碼：

```
# -*- coding: utf-8 -*-
# filename: material.py
import urllib2
import json
from basic import Basic
class Material(object):
    #上傳圖文
    def add_news(self, accessToken, news):
        postUrl = "https://api.weixin.qq.com/cgi-bin/material/add_news?access_token=%s" % accessToken
        urlResp = urllib2.urlopen(postUrl, news)
        print urlResp.read()
if __name__ == '__main__':
    myMaterial = Material()
    accessToken = Basic().get_access_token()
    news = (
    {
    "articles":
```

```
            [
                {
                    "title": "test",
                    "thumb_media_id": "X2UMe5WdDJSS2AS6BQkhTw9raS0pBdpv8wMZ9NnEzns",
                    "author": "vickey",
                    "digest": "",
                    "show_cover_pic": 1,
                    "content": "<p><img src="" alt="" data-width="null" data-ratio="NaN"><br /><img src="" alt="" data-width="null" data-ratio="NaN"><br /></p>",
                    "content_source_url": "",
                }
            ]
        })
        #news 是個 dict 類型,可通過下面方式修改內容
        #news['articles'][0]['title'] = u"測試".encode('utf-8')
        #print news['articles'][0]['title']
        news = json.dumps(news, ensure_ascii=False)
        myMaterial.add_news(accessToken, news)
```

2. 獲取永久素材 MediaID
（1）通過新增永久素材接口新增素材時，保存 MediaID。
（2）通過獲取永久素材列表的方式獲取素材信息，從而得到 MediaID。
3. 獲取素材列表
此接口只能批量拉取素材信息，不能一次性拉取所有素材的信息。
material.py 代碼：

```
# -*- coding: utf-8 -*-
# filename: material.py
import urllib2
import json
import poster.encode
from poster.streaminghttp import register_openers
from basic import Basic
class Material(object):
    def __init__(self):
        register_openers()
    #上傳
    def uplaod(self, accessToken, filePath, mediaType):
        openFile = open(filePath, "rb")
        fileName = "hello"
        param = {'media': openFile, 'filename': fileName}
        #param = {'media': openFile}
        postData, postHeaders = poster.encode.multipart_encode(param)
        postUrl = "https://api.weixin.qq.com/cgi-bin/material/add_material?access_token=%s&type=%s" % (accessToken, mediaType)
```

```python
                request = urllib2.Request(postUrl, postData, postHeaders)
                urlResp = urllib2.urlopen(request)
                print urlResp.read()
        #下載
        def get(self, accessToken, mediaId):
            postUrl = "https://api.weixin.qq.com/cgi-bin/material/get_material? access_token=%s" % accessToken
            postData = "{ \"media_id\": \"%s\" }" % mediaId
            urlResp = urllib2.urlopen(postUrl, postData)
            headers = urlResp.info().__dict__['headers']
            if ('Content-Type: application/json\r\n' in headers) or ('Content-Type: text/plain\r\n' in headers):
                jsonDict = json.loads(urlResp.read())
                print jsonDict
            else:
                buffer = urlResp.read() # 素材的二進制
                mediaFile = file("test_media.jpg", "wb")
                mediaFile.write(buffer)
                print "get successful"
        #刪除
        def delete(self, accessToken, mediaId):
            postUrl = "https://api.weixin.qq.com/cgi-bin/material/del_material? access_token=%s" % accessToken
            postData = "{ \"media_id\": \"%s\" }" % mediaId
            urlResp = urllib2.urlopen(postUrl, postData)
            print urlResp.read()
        #獲取素材列表
        def batch_get(self, accessToken, mediaType, offset=0, count=20):
            postUrl = ("https://api.weixin.qq.com/cgi-bin/material"
                       "/batchget_material? access_token=%s" % accessToken)
            postData = ("{ \"type\": \"%s\", \"offset\": %d, \"count\": %d }"
                        % (mediaType, offset, count))
            urlResp = urllib2.urlopen(postUrl, postData)
            print urlResp.read()
if __name__ == '__main__':
    myMaterial = Material()
    accessToken = Basic().get_access_token()
    mediaType = "news"
    myMaterial.batch_get(accessToken, mediaType)
```

4. 刪除永久素材

如果想刪除掉 20160102.jpg 這張圖片，除了可在公眾平臺官網直接操作，也可以使用「刪除永久素材」接口。首先獲取該圖片的 mediaID，調用刪除接口，成功後在公眾平臺官網素材管理的圖片中，該圖片已消失，如圖 12.27 所示。

圖 12.27　刪除永久素材

12.3.9　自定義菜單

實例目標：建立三個菜單欄，體驗 click，view，media_id 三種類型的菜單按鈕。

1. 創建菜單界面

（1）根據公眾平臺 wiki 給的 json 數據編寫代碼。

menu.py 代碼：

```python
# -*- coding: utf-8 -*-
# filename: menu.py
import urllib
from basic import Basic
class Menu(object):
    def __init__(self):
        pass
    def create(self, postData, accessToken):
        postUrl = "https://api.weixin.qq.com/cgi-bin/menu/create?access_token=%s" % accessToken
        if isinstance(postData, unicode):
            postData = postData.encode('utf-8')
        urlResp = urllib.urlopen(url=postUrl, data=postData)
        print urlResp.read()
    def query(self, accessToken):
        postUrl = "https://api.weixin.qq.com/cgi-bin/menu/get?access_token=%s" % accessToken
        urlResp = urllib.urlopen(url=postUrl)
        print urlResp.read()
    def delete(self, accessToken):
        postUrl = "https://api.weixin.qq.com/cgi-bin/menu/delete?access_token=%s" % accessToken
        urlResp = urllib.urlopen(url=postUrl)
```

```
                    print urlResp.read()
            #獲取自定義菜單配置接口
            def get_current_selfmenu_info(self, accessToken):
                    postUrl = "https://api.weixin.qq.com/cgi-bin/get_current_selfmenu_info? access_token=%s" % accessToken
                    urlResp = urllib.urlopen(url=postUrl)
                    print urlResp.read()
    if __name__ == '__main__':
            myMenu = Menu()
            postJson = """
            {
                "button":
                [
                    {
                        "type": "click",
                        "name": "開發指引",
                        "key": "mpGuide"
                    },
                    {
                        "name": "公眾平臺",
                        "sub_button":
                        [
                            {
                                "type": "view",
                                "name": "更新公告",
                                "url": "http://mp.weixin.qq.com/wiki? t=resource/res_main&id=mp1418702138&token=&lang=zh_CN"
                            },
                            {
                                "type": "view",
                                "name": "接口權限說明",
                                "url": "http://mp.weixin.qq.com/wiki? t=resource/res_main&id=mp1418702138&token=&lang=zh_CN"
                            },
                            {
                                "type": "view",
                                "name": "返回碼說明",
                                "url": "http://mp.weixin.qq.com/wiki? t=resource/res_main&id=mp1433747234&token=&lang=zh_CN"
                            }
                        ]
                    },
                    {
                        "type": "media_id",
                        "name": "旅行",
                        "media_id": "z2zOokJvlzCXXNhSjF46gdx6rSghwX2xOD5GUV9nbX4"
                    }
                ]
```

```
}
"""
accessToken = Basic( ).get_access_token( )
#myMenu.delete(accessToken)
myMenu.create(postJson, accessToken)
```

（2）在騰訊雲服務器上執行命令：python menu. py。

（3）查看菜單

重新關注公眾號後即可看到新創建菜單界面，點擊子菜單【更新公告】（view 類型），會彈出網頁（pc 版本），如圖 12.28 所示。

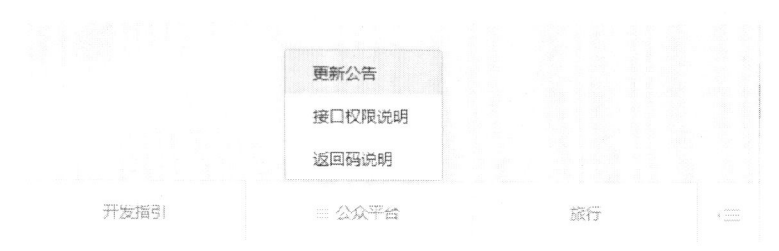

圖 12.28　查看菜單界面

點擊【旅行】（media_id 類型），公眾號顯示了一篇圖文消息，如圖 12.29 所示。

圖 12.29　顯示圖文消息

點擊【開發指引】（click 類型），公眾號系統提示：「該公眾號暫時無法提供服務」，如圖 12.30 所示。

圖 12.30　點擊開發指引

2. 完善菜單功能

點擊 click 類型 button，微信後臺會推送一個 event 類型的 xml 給開發者。顯然，click 類型的菜單還需要開發者進一步完善後臺代碼邏輯，增加對自定義菜單事件推送的回應，流程如圖 12.31 所示。

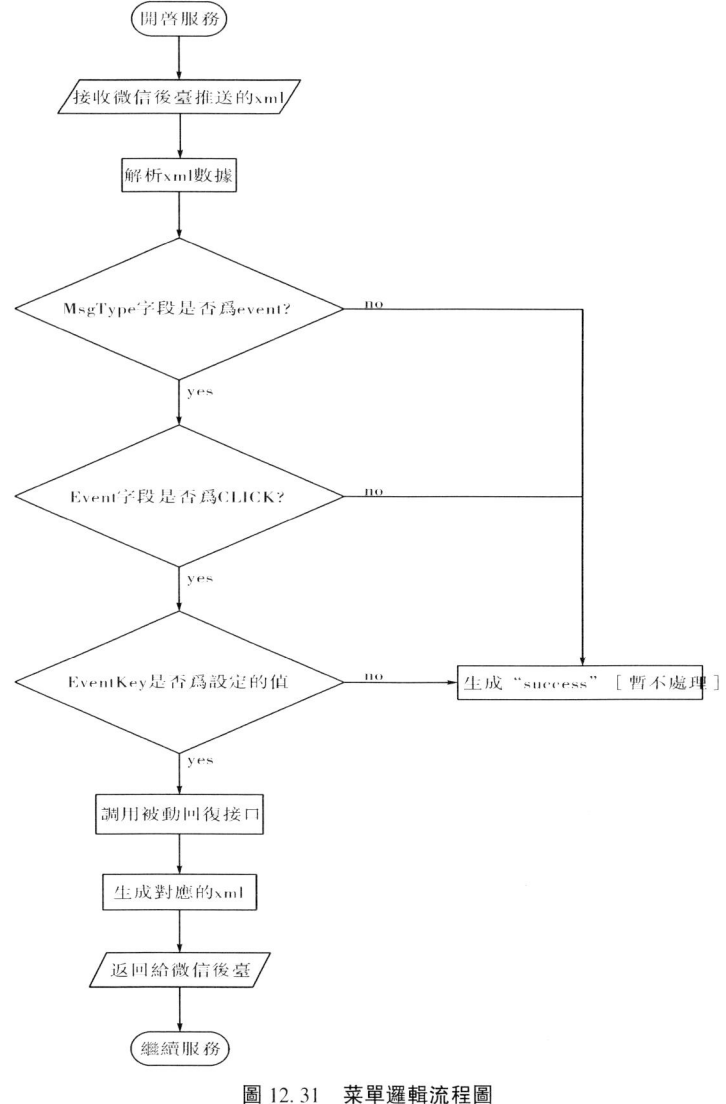

圖 12.31　菜單邏輯流程圖

handle.py（修改）：

```python
# -*- coding: utf-8 -*-
# filename: handle.py
import reply
import receive
import web
class Handle(object):
    def POST(self):
        try:
            webData = web.data()
            print "Handle Post webdata is ", webData  #後臺打日志
            recMsg = receive.parse_xml(webData)
            if isinstance(recMsg, receive.Msg):
                toUser = recMsg.FromUserName
                fromUser = recMsg.ToUserName
                if recMsg.MsgType == 'text':
                    content = "test"
                    replyMsg = reply.TextMsg(toUser, fromUser, content)
                    return replyMsg.send()
                if recMsg.MsgType == 'image':
                    mediaId = recMsg.MediaId
                    replyMsg = reply.ImageMsg(toUser, fromUser, mediaId)
                    return replyMsg.send()
            if isinstance(recMsg, receive.EventMsg):
                if recMsg.Event == 'CLICK':
                    if recMsg.Eventkey == 'mpGuide':
                        content = u"編寫中,尚未完成".encode('utf-8')
                        replyMsg = reply.TextMsg(toUser, fromUser, content)
                        return replyMsg.send()
            print "暫且不處理"
            return reply.Msg().send()
        except Exception, Argment:
            return Argment
```

receive.py（修改）：

```python
# -*- coding: utf-8 -*-
# filename: receive.py
import xml.etree.ElementTree as ET
def parse_xml(web_data):
    if len(web_data) == 0:
        return None
    xmlData = ET.fromstring(web_data)
    msg_type = xmlData.find('MsgType').text
    if msg_type == 'event':
```

```
                    event_type = xmlData.find('Event').text
                if event_type == 'CLICK':
                    return Click(xmlData)
                #elif event_type in ('subscribe', 'unsubscribe'):
                    #return Subscribe(xmlData)
                #elif event_type == 'VIEW':
                    #return View(xmlData)
                #elif event_type == 'LOCATION':
                    #return LocationEvent(xmlData)
                #elif event_type == 'SCAN':
                    #return Scan(xmlData)
            elif msg_type == 'text':
                return TextMsg(xmlData)
            elif msg_type == 'image':
                return ImageMsg(xmlData)
    class EventMsg(object):
        def __init__(self, xmlData):
            self.ToUserName = xmlData.find('ToUserName').text
            self.FromUserName = xmlData.find('FromUserName').text
            self.CreateTime = xmlData.find('CreateTime').text
            self.MsgType = xmlData.find('MsgType').text
            self.Event = xmlData.find('Event').text
    class Click(EventMsg):
        def __init__(self, xmlData):
            EventMsg.__init__(self, xmlData)
            self.Eventkey = xmlData.find('EventKey').text
```

3. 測試體驗

編譯好代碼後，重新啓動服務（sudo python main.py 80）。微信掃碼成為公眾號的粉絲，點擊菜單按鈕【開發指引】。查看後臺日志，發現接收到一條 xml，截圖如圖 12.32 所示。

圖 12.32　後臺日志截圖

公眾號的後臺代碼設置對該事件的處理是回覆一條內容為【編寫中，尚未完成】的文本消息，因此公眾號發送了一條文本消息給瀏覽者，如圖 12.33 所示。

開發中國電商市場的電子商務基礎實驗

　　　　編寫中，尚未完成

　　開发指引　　　　　　公众平台　　　　　　旅行

圖 12.33　顯示推送信息

12.4　實踐練習

12.4.1　基礎練習

　　選擇微信、微博、淘寶、今日頭條等平臺，建立個人公眾號，並發布信息，進行維護。

12.4.2　拓展練習

　　通過個人公眾號，發布文章和各類信息、銷售等方式，實現公眾號行銷。

第 13 章　網站流量分析

13.1　實驗目的與基本要求

1. 瞭解 Alex 排名及查詢方法。
2. 掌握流量統計代碼的申請和使用方法。
3. 掌握網站流量的統計分析。

13.2　基礎知識

13.2.1　網站流量的基本概念

通常說的網站流量（Traffic）是指網站的訪問量，是用來描述訪問一個網站的用戶數量以及用戶所瀏覽的網頁數量等指標。

分析網站流量可以：①及時掌握網站推廣的效果，減少盲目性；②分析各種網絡行銷手段的效果，為制定和修正網絡行銷策略提供依據；③通過網站訪問數據分析進行網絡行銷診斷，包括對各項網站推廣活動的效果分析、網站優化狀況診斷等；④有利於用戶進行很好的市場定位；⑤作為網絡行銷效果評價的參考指標。

13.2.2　網站流量的主要指標

網站訪問統計分析的基礎是獲取網站流量的基本數據，這些數據大致可以分為三類，每類包含若干數量的統計指標。

1. 網站流量指標

網站流量指標常用來對網站效果進行評價，主要指標包括：
（1）獨立訪問者數量（unique visitors）。
（2）重複訪問者數量（repeat visitors）。
（3）頁面瀏覽數（page views）。
（4）每個訪問者的頁面瀏覽數（Page Views per user）。
（5）某些具體文件/頁面的統計指標，如頁面顯示次數、文件下載次數等。

2. 用戶行為指標

用戶行為指標主要反應用戶如何來到該網站、在網站上停留了多長時間、訪問了哪些頁面等，主要的統計指標包括：
(1) 用戶在網站的停留時間。
(2) 用戶來源網站（也叫「引導網站」）。
(3) 用戶所使用的搜索引擎及其關鍵詞。
(4) 在不同時段的用戶訪問量情況等。

3. 瀏覽網站方式

用戶瀏覽網站的方式相關統計指標主要包括：
(1) 用戶上網設備類型。
(2) 用戶瀏覽器的名稱和版本。
(3) 訪問者電腦分辨率顯示模式。
(4) 用戶所使用的操作系統名稱和版本。
(5) 用戶所在地理區域分佈狀況等。

13.3　實驗步驟

13.3.1　分析網站流量排名

1. 查看網站流量排名

以 Alexa 網站為例，瞭解網站流量與全球排名情況。訪問 https://www.alexa.com/topsites，在中國範圍內，網站訪問量居前列的依次是百度、騰訊、淘寶、天貓、搜狐等網站，中國訪問量 TOP20 網站如表 13.1 所示。

表 13.1　　　　　　　　　　中國網站流量 20 強

Alexa 中國排名	網站地址	網站中文名	人均每天訪問時間	人均每天訪問頁面數
1	Baidu.com	百度	7 分 25 秒	5.81
2	Qq.com	騰訊	4 分 35 秒	3.82
3	Taobao.com	淘寶	8 分 34 秒	3.95
4	Tmall.com	天貓	6 分 45 秒	2.26
5	Sohu.com	搜狐	3 分 53 秒	4.23
6	Sina.com.cn	新浪	3 分 17 秒	3.30
7	Jd.com	京東	4 分 50 秒	5.54
8	Weibo.com	微博	5 分 42 秒	4.48
9	360.cn	360	3 分 17 秒	3.66
10	Google.com	谷歌	7 分 27 秒	8.41
11	List.tamll.com	天貓	5 分 18 秒	1.02

第 13 章　網站流量分析

表13.1(續)

Alexa 中國排名	網站地址	網站中文名	人均每天 訪問時間	人均每天 訪問頁面數
12	Youtube.com	Youtube	8 分 16 秒	4.77
13	Alipay.com	支付寶	2 分 30 秒	3.30
14	Google.com.hk	谷歌香港站	6 分 12 秒	7.60
15	Csdn.net	CSDN	4 分 24 秒	4.62
16	Hao123.com	Hao123	1 分 57 秒	2.31
17	Detail.tmall.com	天貓	4 分 33 秒	1.03
18	Gmw.cn	光明網	2 分 22 秒	2.00
19	So.com	360 搜索	3 分 32 秒	2.83
20	Soso.com	搜狗搜索	5 分 46 秒	3.63

數據來源：https://www.alexa.com/topsites/countries/CN；統計時間：2018 年 1 月 29 日 20:30。

打開某個網站連結頁面，可以看到該網站更詳細的訪問量數據。以淘寶網（taobao.com）為例，在 2018 年 1 月 29 日 20 時 45 分時刻，圖 13.1 顯示該網站此刻流量排名全球第 11 名，排名中國第 3 名。

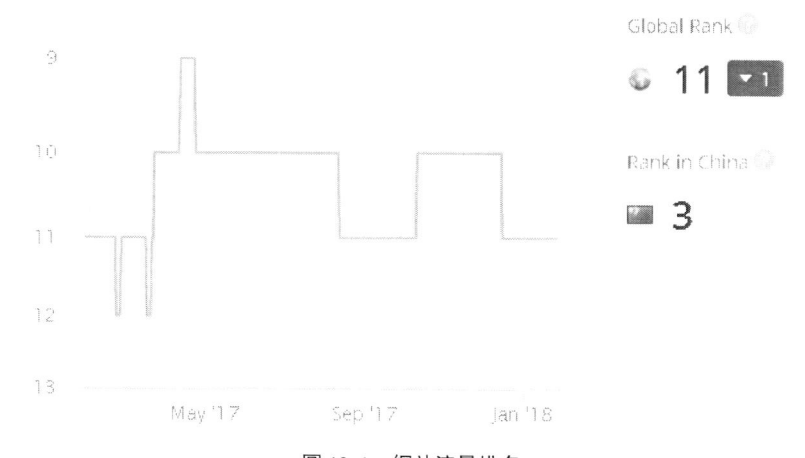

圖 13.1　網站流量排名

對淘寶網 taobao.com 的訪問中，有 91.5% 的訪問者來自中國，在中國網站排名第 3 位；有 2.5% 的訪問者來自日本，在日本網站排名第 27 位；有 1.4% 的訪問者來自美國，在美國網站排名第 183 位，如圖 13.2 所示。

Country	Percent of Visitors	Rank in Country
China	91.5%	3
Japan	2.5%	27
United States	1.4%	183
South Korea	1.4%	16
Hong Kong	0.9%	10

圖 13.2　網站流量分國家和地區比例及排名

在訪問淘寶網 taobao.com 之前，有 7.2% 的訪問者在瀏覽 detail.tmall.com，有 4.6% 的訪問者在瀏覽 baidu.com，有 3.6% 的訪問者在瀏覽 alipay.com，如圖 13.3 所示。

Upstream Sites
Which sites did people visit immediately before this site?

Site	Percent of Unique Visits
1. detail.tmall.com	7.2%
2. baidu.com	4.6%
3. alipay.com	3.6%
4. google.com	3.5%
5. sohu.com	2.7%

圖 13.3　上游網站信息

在訪問淘寶網 taobao.com 後，有 9.7% 的訪問者會瀏覽 detail.tmall.com，有 5.8% 的訪問者會瀏覽 list.tmal.com，有 4.2% 的訪問者在瀏覽 alipay.com，如圖 13.4 所示。

Downstream Sites
Which sites did people visit immediately after this site?

Site	Percent of Unique Visits
1. detail.tmall.com	9.7%
2. list.tmall.com	5.8%
3. alipay.com	4.2%
4. baidu.com	4.2%
5. google.com	3.2%

圖 13.4　下游網站信息

在訪問淘寶網 taobao.com 時，有 40.71% 的訪問者會瀏覽 open.taobao.com，有 38.57% 的訪問者會瀏覽 taobao.com，有 25.15% 的訪問者會瀏覽 login.taobao.com，如圖 13.5 所示。

圖 13.5　網站內部訪問比例

訪問淘寶網 taobao.com 用戶畫像如圖 13.6 所示，包括性別、教育、瀏覽地點、年齡、收入等。

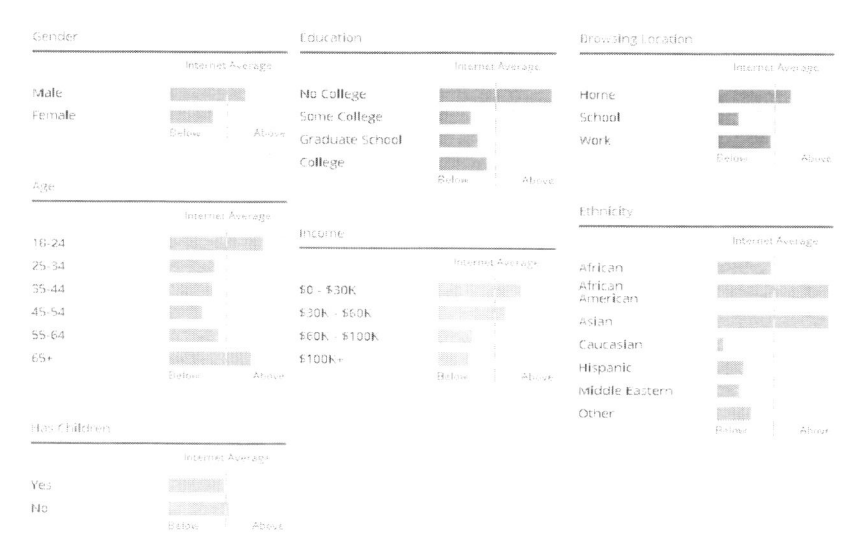

圖 13.6　網站用戶畫像

13.3.2　分析網站流量

1. 開通網站流量統計

以 51.la 網站流量統計系統為例，訪問 https://www.51.la/，只需要填寫註冊信息→開通統計 ID→在網頁中放置統計代碼→查看統計報告 4 步即可對網站瀏覽進行統計和分析，如圖 13.7 所示。

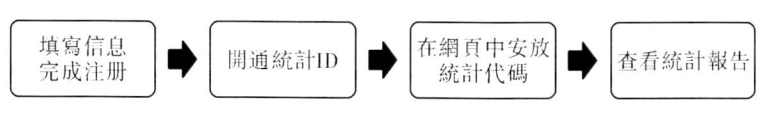

圖 13.7　開通網站流量統計步驟

開發中國電商市場的電子商務基礎實驗

（1）註冊用戶

填寫用戶名、手機號碼、密碼，獲取手機驗證碼，如圖 13.8 所示。

圖 13.8　註冊用戶

（2）添加統計 ID

填寫網站名稱、網站地址，設置報表公開程度，如圖 13.9 所示。

圖 13.9　申請流量統計代碼

點擊【控制臺】，選擇申請統計代碼的網站，點擊【獲取統計代碼】，在紅色文字【請將下面文字框中的代碼放置在您所有網頁的 HTML 代碼中】的下方文本框中有一段代碼：

> \<script language="javascript" type="text/javascript" src="//js.users.51.la/981871.js"\>\</script\>
> \<noscript\>\<a href="//www.51.la/?981871" target="_blank"\>\<img alt="我要啦免费统计" src="//img.users.51.la/981871.asp" style="border:none" /\>\</a\>\</noscript\>

（3）放置統計代碼

將獲取的統計代碼放置到網頁</body>標籤前面，如圖 3.10 所示。

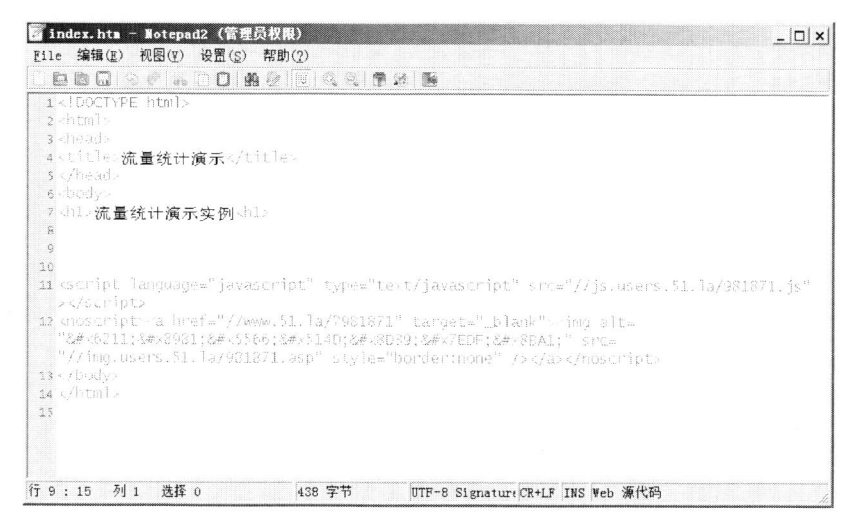

圖 13.10 網頁放置流量統計代碼

將網頁上傳到虛擬主機或自建 Web 伺服器中，訪問該網頁。可看到有一個小圖標，當滑鼠停留在圖標上時會顯示「51.La 網站流量統計系統」，如圖 13.11 所示。點擊該圖標後就會跳轉到該網站的流量統計系統。

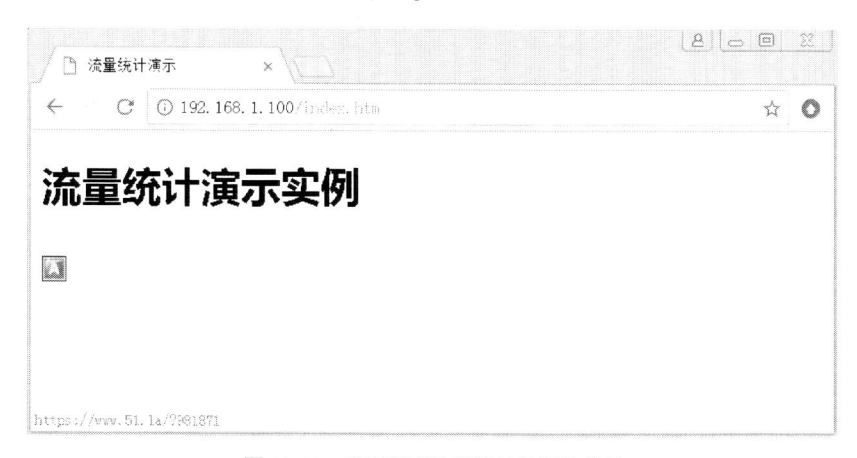

圖 13.11 查看網頁放置統計代碼的效果

2. 分析網站流量

因剛申請流量統計代碼，訪問統計數據過少，現以 51.la 官方提供的演示數據為例，分析網站流量。

（1）訪問量概況

訪問 51.la 首頁面，點擊【功能演示】，演示數據來自浙江新聞網（http://zjnews.zjol.com.cn/）。左邊是流量統計系統的主要功能，包括概況、SEO 數據、在線訪問者、訪問明細、升降榜、流量分析、內容分析、吸引力分析、訪問者信息等，右側是該網站的訪問量概況，如圖 13.12 所示。

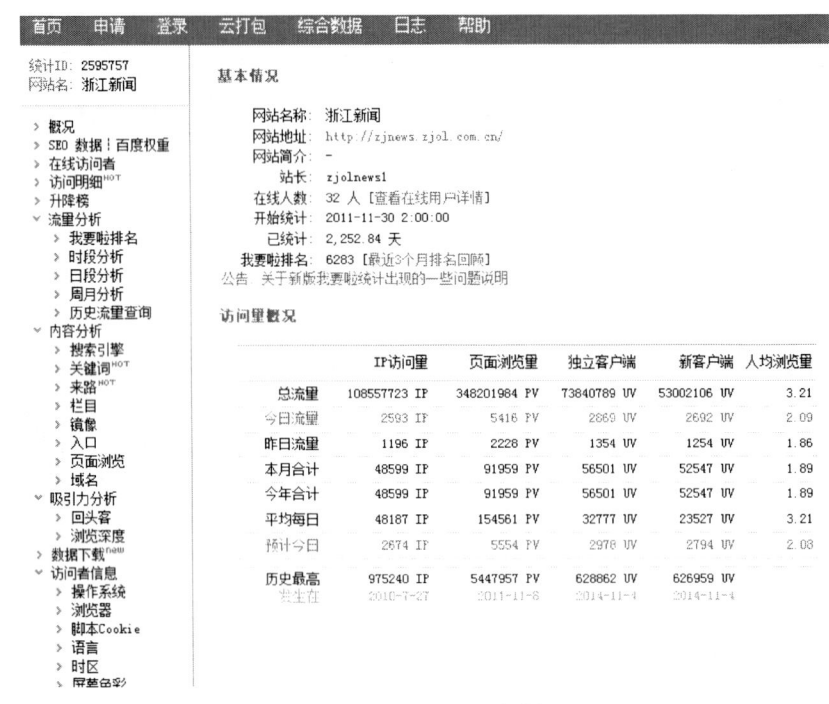

圖 13.12　網站訪問量總體概況

（2）在線訪問者

點擊左側【在線訪問者】，可以看到在線訪問者的詳細信息，包括 IP 地址、城市、訪問時間、入口地址、最後停留地址、停留時間等，如圖 13.13 所示。

圖 13.13　在線訪問者信息

(3) 訪問明細

點擊左側【訪問明細】，可以查看指定時間段內的訪問 IP 地址、上站時間、來路、停留時間、入口網址等信息，如圖 13.14 所示。

圖 13.14　訪問明細信息

(4) 升降榜

左側點擊【升降榜】，可瞭解來路和關鍵詞變化榜，包括日變化榜、日升榜、日降榜、周變化榜、周升榜、周降榜等，如圖 13.15 所示。

圖 13.15　網站流量升級榜

(5) 流量分析

左側【流量分析】欄目，包括我要啦排名、時段分析、日段分析、周月分析、歷史流量查詢功能。點擊【我要啦排名】，可以看到該網站的排名情況，包括 IP 訪問量、頁面瀏覽量、平均訪問頁面數等排名情況，如圖 13.16 所示。

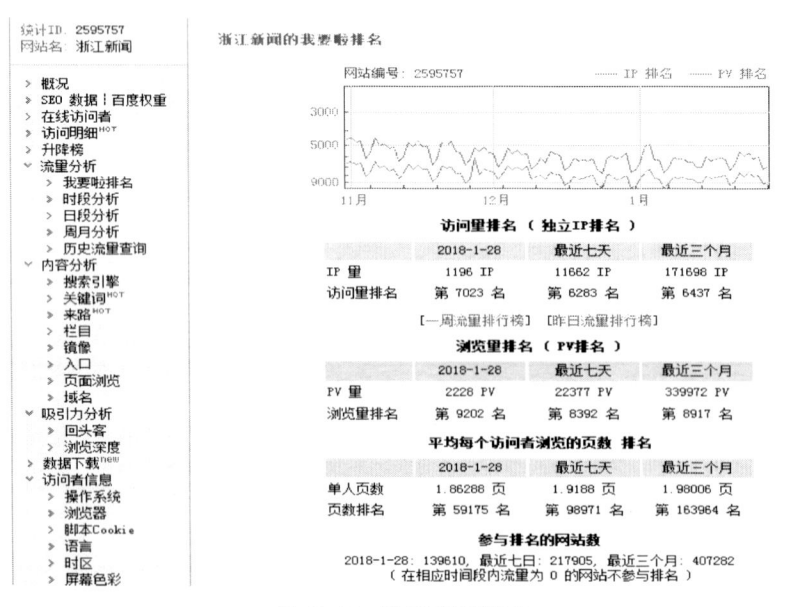

圖 13.16　網站我要啦排名

點擊【時段分析】，可以看到該網站最近 24 小時、近 3 個月 24 小時、移動端等統計數據，包括 IP 訪問量和頁面瀏覽量，如圖 13.17 所示。

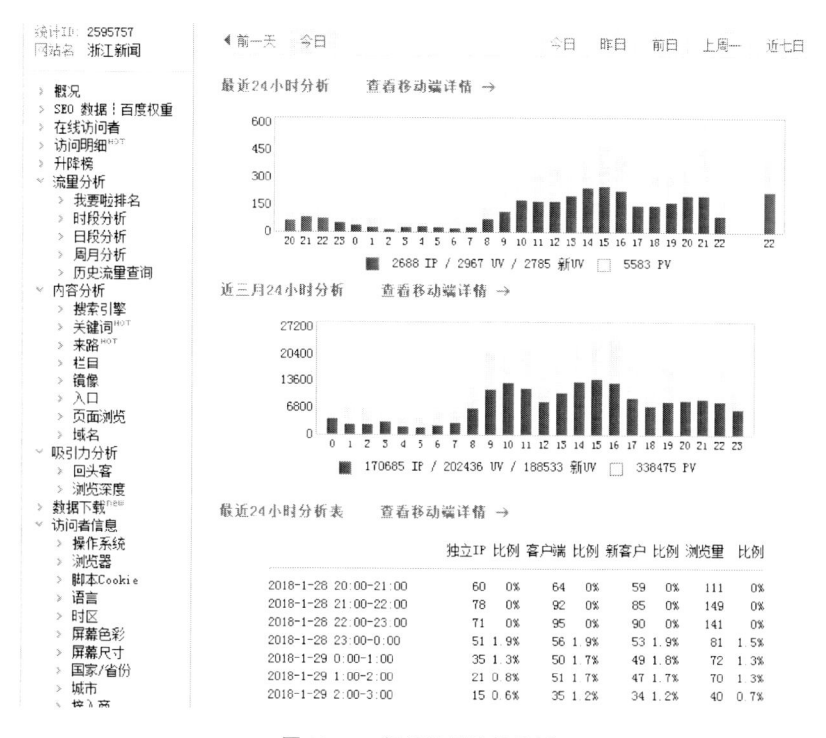

圖 13.17　網站流量時段分析

（6）內容分析

左側【內容分析】欄目，包括搜索引擎、關鍵詞、來路、欄目、鏡像、入口、頁面瀏覽、頁面瀏覽等分析功能。點擊【搜索引擎】，可以看到各搜索引擎對該網站流量的貢獻度，百度貢獻了該網站 65.37% 的搜索引擎流量，搜狐搜狗貢獻了 16.8% 的流量，如圖 13.18 所示。

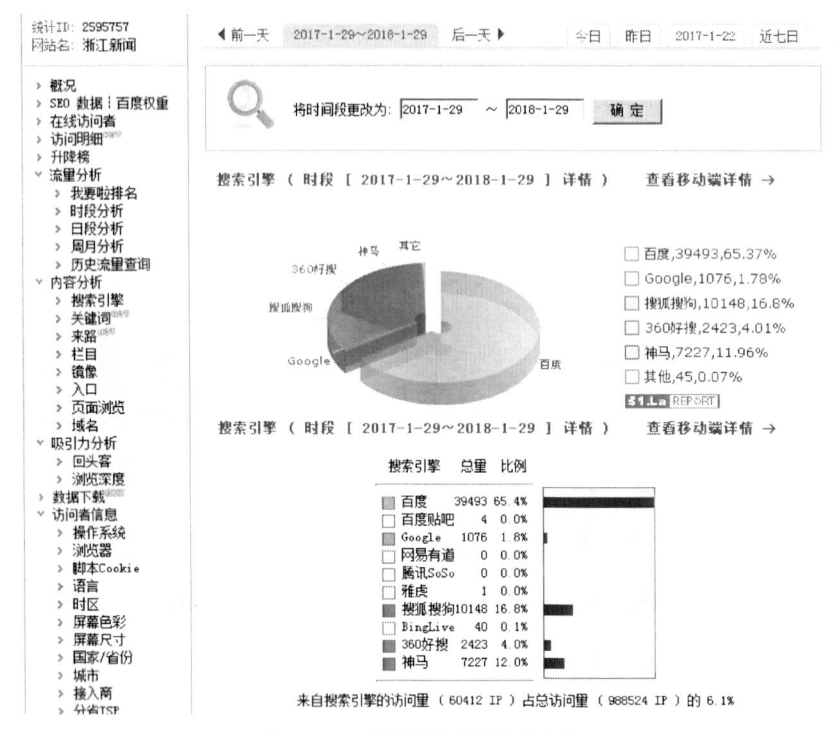

圖 13.18 搜索引擎貢獻流量分析

點擊【來路】，可以看到來路網站、IP 地址、貢獻率和貢獻頁面瀏覽數，如圖 13.19 所示。

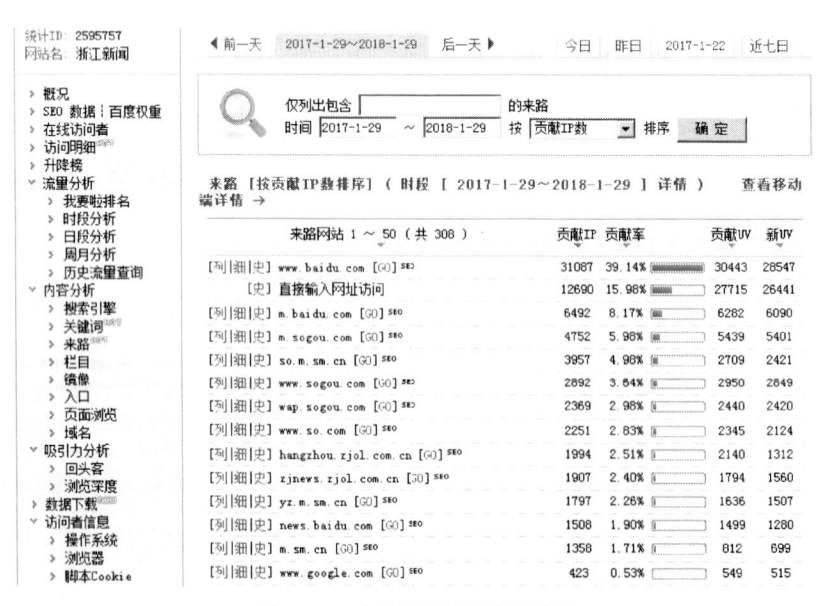

圖 13.19 來路網站貢獻流量分析

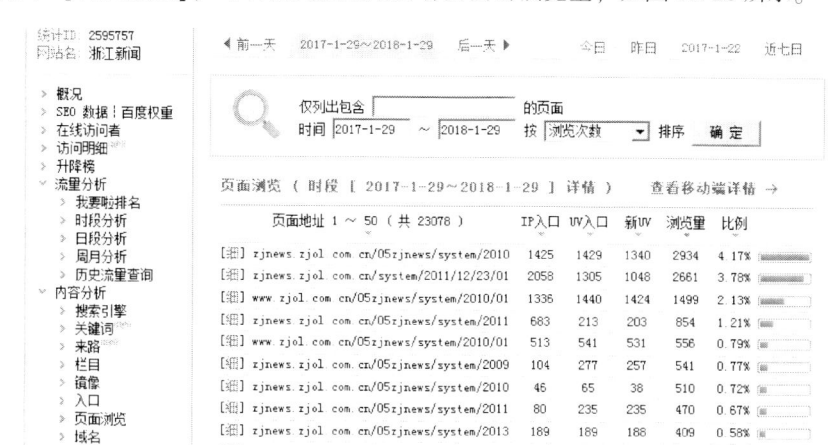

點擊【頁面瀏覽】，可以看到該網站所有頁面的瀏覽量，如圖 13.20 所示。

圖 13.20　頁面瀏覽分析

（7）吸引力分析

在左側【吸引力】分析欄目，包括回頭客分析、瀏覽深度分析功能。點擊【回頭客】，可以看到訪問次數與訪問量分析，該網站第一次訪問的用戶比例高達 93.1%，重複訪問 7 次及以上的用戶比例都在 0.1% 以下，表明該網站用戶黏性還有待提升，如圖 13.21 所示。

圖 13.21　網站回頭率分析

（8）訪問者信息

在左側【訪問者信息】欄目，包括訪問者操作系統、瀏覽器、腳本 Cookie、語言、時區、屏幕色彩、屏幕尺寸、國家/省份、城市、接入商、分省 ISP、場所、IP 頭等分析功能。

點擊【操作系統】，可以看到不同操作系統版本及用戶比例，Windows 7 以 33.9% 比例居首位，如圖 13.22 所示。

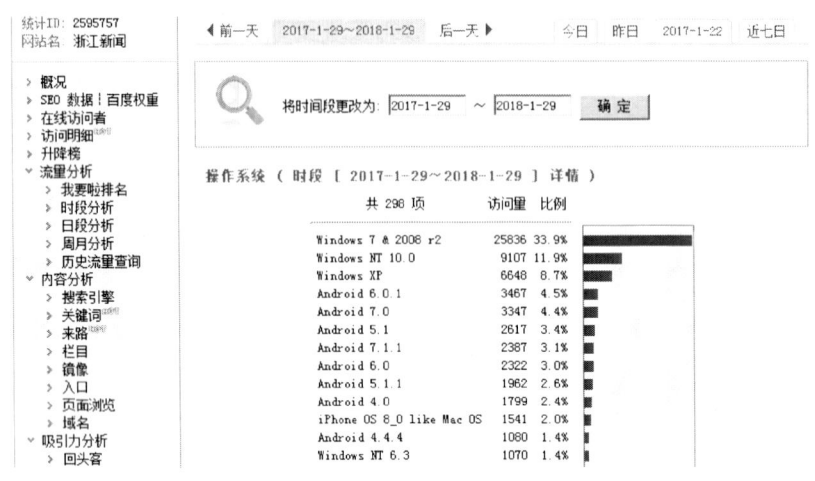

圖 13.22　操作系統版本及比例

點擊【瀏覽器】，可以看到不同操作系統版本及用戶比例，便於優化瀏覽器兼容性，Chrome 55 以 22.3% 比例居首位，如圖 13.23 所示。

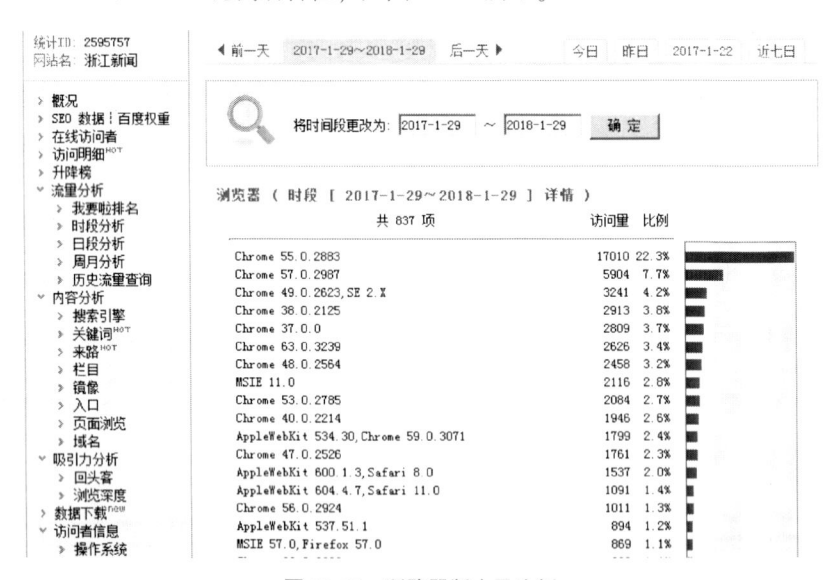

圖 13.23　瀏覽器版本及比例

點擊【屏幕尺寸】，可以看到不同屏幕的分辨率及用戶比例，便於優化瀏覽器兼容性，360×640 以 20.2% 比例居首位，看分辨率應該是手機終端，如圖 13.24 所示。

屏幕尺寸（時段 [2017-1-29～2018-1-29] 詳情）

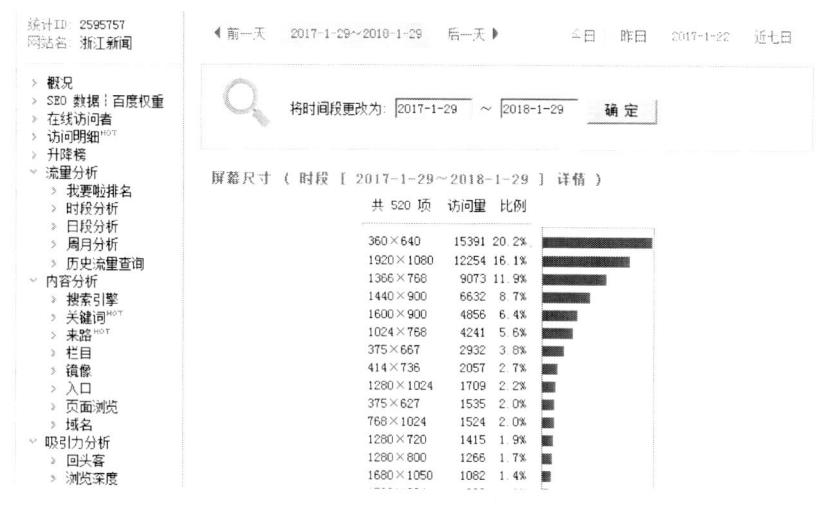

共 520 項　訪問量　比例

尺寸	訪問量	比例
360×640	15391	20.2%
1920×1080	12254	16.1%
1366×768	9073	11.9%
1440×900	6632	8.7%
1600×900	4856	6.4%
1024×768	4241	5.6%
375×667	2932	3.8%
414×736	2057	2.7%
1280×1024	1709	2.2%
375×627	1535	2.0%
768×1024	1524	2.0%
1280×720	1415	1.9%
1280×800	1266	1.7%
1680×1050	1082	1.4%

圖 13.24　屏幕分辨率及比例

點擊【國家/省份】，可以看到不同國家或省份的訪問量及比例，該網站的用戶主要來自浙江本省，以及廣東、北京、江蘇、上海、山東等省市，如圖 13.25 所示。

省份/國家（時段 [2017-1-29～2018-1-29] 詳情）

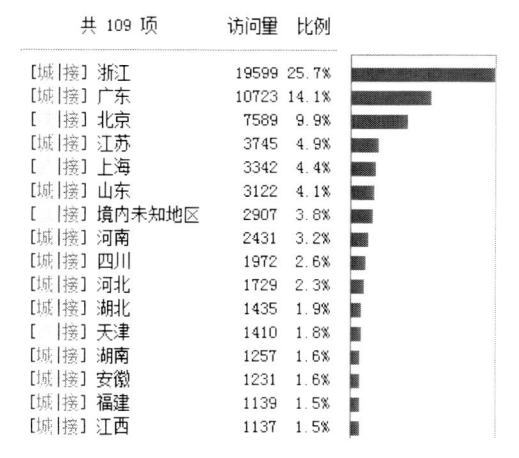

共 109 項　訪問量　比例

省份	訪問量	比例
浙江	19599	25.7%
廣東	10723	14.1%
北京	7589	9.9%
江蘇	3745	4.9%
上海	3342	4.4%
山東	3122	4.1%
境內未知地區	2907	3.8%
河南	2431	3.2%
四川	1972	2.6%
河北	1729	2.3%
湖北	1435	1.9%
天津	1410	1.8%
湖南	1257	1.6%
安徽	1231	1.6%
福建	1139	1.5%
江西	1137	1.5%

圖 13.25　網站用戶來源地區

點擊【城市】，可以看到不同城市的訪問量及比例，該網站的用戶主要來自杭州、北京、廣州、上海、寧波等城市，如圖 13.26 所示。

城市 （时段 [2017-1-29～2018-1-29] 详情 ）

	共 375 项	访问量	比例
1.	浙江省杭州市	8065	10.8%
2.	北京市	7589	10.2%
3.	广东省广州市	4118	5.5%
4.	上海市	3342	4.5%
5.	境内未知地区	2907	3.9%
6.	浙江省宁波市	2176	2.9%
7.	广东省	1792	2.4%
8.	浙江省温州市	1616	2.2%
9.	广东省深圳市	1566	2.1%
10.	天津市	1410	1.9%
11.	浙江省金华市	1283	1.7%
12.	浙江省	1108	1.5%
13.	浙江省台州市	1076	1.4%
14.	四川省成都市	1008	1.4%
15.	浙江省绍兴市	972	1.3%
16.	江苏省南京市	852	1.1%
17.	山东省济南市	851	1.1%
18.	浙江省嘉兴市	845	1.1%
19.	江苏省苏州市	808	1.1%
20.	浙江省衢州市	803	1.1%

圖 13.26　網站用戶來源城市

13.4　實踐練習

13.4.1　基礎練習

　　訪問 Alexa 網站，瞭解全球網站 TOP30、中國網站 TOP30、歐美主要發達國家網站 TOP10，瞭解全球主流網站及排名，各網站在主要國家與地區排名及訪問量的情況。

13.4.2　拓展練習

　　註冊並申請 51.la 流量統計代碼，放置在網頁中，瞭解網站流量統計系統的主要功能。

第 14 章 電子商務創業計劃書

14.1 實驗目的與基本要求

1. 瞭解電子商務商業模式的分析模型。
2. 掌握電子商務商業計劃書的寫作要點。

14.2 基礎知識

14.2.1 商業模式基本概念

20 世紀末學界提出商業模式術語，不同研究者給出了不同的觀點和方向。目前比較公認和常用的概念是 Morris，Schindehutte 與 Allen 於 2003 年提出了一個整合性概念：商業模式旨在說明企業如何對企業戰略、營運結構和經濟邏輯等方面一系列具有內部關聯性的變量進行定位和整合，以便在特定的市場上建立可持續的競爭優勢。

基於此概念，商業模式包括了三個層面的邏輯，即經濟層邏輯、營運層邏輯、戰略層邏輯。經濟層邏輯把商業模式描述為「企業的經濟模式或盈利模式」，其本質內涵是企業獲取利潤的邏輯；營運層邏輯把商業模式描述為「企業的營運結構」，重點說明企業通過何種內部流程和基本構造來創造價值；戰略層邏輯把商業模式描述為「對不同企業戰略方向的總體考察」，包括市場主張、組織行為、增長機會、競爭優勢、可持續性等。

14.2.2 商業模式參考模型

魏煒和朱武祥把商業模式的構成要素概括為：戰略定位、業務系統、關鍵資源能力、盈利模式、現金流結構、企業價值及其相互關係，如圖 14.1 所示。

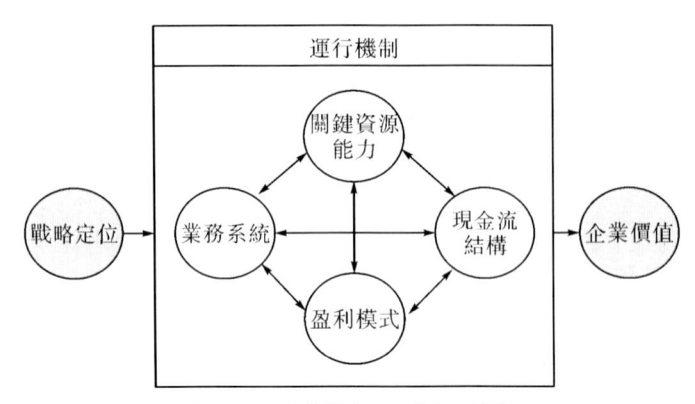

圖 14.1　商業模式六要素相互關係

1. 戰略定位

戰略定位是企業戰略選擇的結果，也是商業模式體系中其他幾個部分的起點。戰略定位需要考慮三個方面，即長期發展、利潤增長、獨特價值。商業模式中的「戰略定位」更多地是作為整個商業模式的支撐點，同樣的定位可以有不一樣的商業模式，同樣的商業模式也可以實現不一樣的定位。

2. 業務系統

業務系統是指企業達到戰略定位所需要的業務環節、各合作方扮演的角色以及利益相關者合作方式。企業圍繞戰略定位所建立起來的業務系統將形成一個價值網絡，明確了客戶、供應商、其他合作方在通過商業模式獲得價值的過程中扮演的角色。

3. 關鍵資源能力

關鍵資源能力是指業務系統運轉所需要的重要資源和能力，任何商業模式構建的重點工作之一就是瞭解業務系統所需要的重要資源和能力有哪些、如何分佈以及如何獲取和建立。不是所有的資源和能力都同等珍貴，也不是每一種資源和能力都是企業所需要的，只有和戰略定位、業務系統、盈利模式、現金流結構相契合，並能互相強化的資源和能力，才是企業真正需要的。

4. 盈利模式

盈利模式是指企業獲得收入、分配成本、賺取利潤的方式。盈利模式是在給定業務系統價值鏈所有權和價值鏈結構的前提下，相關方之間利益的分配方式。良好的盈利模式不僅能夠為企業帶來利益，還能為企業編織一張穩定、共贏的價值網。傳統盈利模式的成本結構往往和收入結構一一對應，而現代盈利模式中的成本結構和收入結構則不一定完全對應。同樣是製造、銷售手機，那些通過專賣店、零售終端銷售手機的企業，其銷售成本結構主要是銷售部門的管理費用、銷售人員的人工成本等，而通過與營運商提供的服務捆綁、直接給用戶送手機的製造商的銷售成本結構則完全不一樣，尤其是在當今的移動互聯網時代，「羊毛出在狗身上、豬來買單」的例子屢見不鮮。

5. 現金流結構

現金流結構是指企業在經營過程中產生的現金收入扣除現金投資後的狀況。不同的現金流結構反應了企業在戰略定位、業務系統、關鍵資源能力以及盈利模式方面的差異，決定了企業投資價值的高低、投資價值遞增的速度以及受資本市場青睞的程度。

6. 企業價值

企業價值是指企業的投資價值，是企業預期未來可以產生的現金流的貼現值。企業的投資價值由其成長空間、成長能力、成長效率和成長速度等因素共同決定。

商業模式的六個要素是互相作用、互相影響的。相同的戰略定位可以通過不一樣的業務系統實現，同樣的業務系統也可以有不同的關鍵資源能力、盈利模式和現金流結構。

14.3 實驗步驟

14.3.1 查詢分析商業模式

1. 瞭解全球主流電子商務企業

訪問中國概念股專題網站，瞭解主要互聯網上市公司。

（1）騰訊中國概念股專題（有市值數據）

網址：http://tech.qq.com/web/cnNasdaq/

（2）新浪中國概念股專題

網址：http://tech.sina.com.cn/nasdaq/

（3）網易中國概念股專題網站

網址：http://tech.163.com/cnstock/

（4）美國科技股

網址：http://stock1.sina.cn/prog/wapsite/stock/v2/nasdaq.php?type=us&vt=3

（5）全球網站排名

網址：http://www.alexa.com/

14.3.2 創業計劃書內容框架

創業計劃書一般包括執行總結、產品或服務的技術特點、市場分析、競爭策略、行銷策略、經營管理、團隊組成、財務分析、融資方案、關鍵風險和問題等幾部分內容組成，各部分內容寫作要點及參考分值如下：

1. 執行總結（5分）

要求：簡明、扼要、具有鮮明特色，是創業計劃書1~2頁的概括。重點包括：

（1）公司及產品、服務的介紹，市場概況，行銷策略，生產銷售管理計劃，財務預測。

（2）指出新思想的形成過程和對企業發展目標的展望。

（3）介紹創業團隊的特殊性和優勢。

2. 產品或服務的技術特點（特色）（15 分）

要求：說明其技術創新點、專利權、著作權、政府批文、鑒定材料等。重點包括：

（1）指出產品、服務目前的技術水準是否處於領先地位，是否適應市場需求，能否切實可行地實現產業化。

（2）產品不能依賴不成熟的技術，也不能過分超前於市場。

3. 市場分析（5 分）

要求：市場調查和分析應當嚴密科學。重點包括：

（1）對現有市場的分析以及對未來市場的預測，包括市場容量與趨勢、市場競爭狀況、競爭優勢、市場變化趨勢及潛力。

（2）細分目標市場及客戶描述。

（3）估計市場份額和銷售額。

4. 競爭策略（10 分）

要求：闡明公司的商業目的、市場定位、全盤戰略及各階段的目標等。重點包括：

（1）分析行業內原有競爭，確定市場開發策略和進入策略。

（2）考慮如何滿足主要客戶的需要，分析現有及潛在競爭對手，總結自身優勢並研究戰勝對手的方案。

（3）思考自身發展過程中競爭情況的可能變化和如何提升自身競爭力。

（4）考察與替代品的競爭。

5. 行銷策略（10 分）

要求：制訂有效的行銷計劃。重點包括：

（1）闡述如何保持並提高市場佔有率。

（2）把握企業的總體進度，對收支平衡點、盈虧平衡點、現金流量、市場份額、產品開發、主要合作夥伴和融資等重要事件有所安排。

（3）構建一條通暢合理的行銷渠道，施行與之相應的新穎且富有吸引力的行銷手段。

6. 經營管理（5 分）

要求：力求描述準確、合理，可操作性強，能夠可持續發展。重點包括：

（1）原材料的供應情況，工藝設備的運行安排，人力資源安排等。

（2）以產品或服務為依據，以生產工藝為主線。

7. 團隊組成（15 分）

要求：介紹團隊中各成員的教育和工作背景。重點包括：

（1）介紹成員的經驗、能力、專長。

（2）組建行銷、財務、行政、生產、技術團隊。

（3）明確各成員的管理分工和互補情況，公司組織結構情況，領導層成員，創業顧問及主要投資人的持股情況。

（4）指出企業產權比例的劃分。

8. 財務分析（10 分）

要求：分析要有一定的科學性和可信度。重點包括：

（1）營業收入和費用、現金流量、盈利能力和持久性、固定和變動成本。
（2）前兩年財務月報，後三年財務年報。
（3）數據應基於對經營狀況和未來發展的正確估計，並能有效反應出公司的財務績效。

9. 融資方案（10分）

要求：關鍵的財務假設、會計報表（包括資產負債表、收益表、現金流量表。前兩年為季報、前五年為年報），財務分析（IRR、NPV、投資回收期、敏感性分析等）。

10. 關鍵風險和問題（10分）

要求：客觀闡述本項目面臨的技術、市場、財務等關鍵風險和問題，提出合理可行的規避計劃。

11. 書面表達（5分）

要求：表述應簡潔、平實、清晰、重點突出、條理分明。

14.4　實踐練習

14.4.1　基礎練習

選擇最常訪問或感興趣的20個網站與APP，逐個瀏覽，查詢Alex網站排名、用戶數、主要業務與市值，填寫表14.1。

表 14.1　　　　　　　　　　　網站調研表

序號	網站名稱	網站類型	Alexa排名	總市值與上市地點	提供主要服務	最喜愛服務
1						
2						
3						
4						
5						
6						
7						
8						
9						
10						
11						
12						
13						

表14.1(續)

序號	網站名稱	網站類型	Alexa 排名	總市值與上市地點	提供主要服務	最喜愛服務
14						
15						
16						
17						
18						
19						
20						

14.4.2 拓展練習

　　廣泛借鑑國內外先進電子商務商業模式，結合個人思考和社會需求，參考創業計劃書內容框架，以小組方式完成一份完整的創業計劃書，參加全國大學生「挑戰杯」競賽或全國大學生電子商務「三創」大事等全國性學科競賽。

第四篇　網頁篇

開發中國電商市場的電子商務基礎實驗

第 15 章　HTML 基礎知識

15.1　實驗目的與基本要求

1. 瞭解 HTML 的語法規則。
2. 掌握 HTML 的代碼編寫方法。

15.2　基礎知識

15.2.1　標題

1. HTML 代碼

```
<!DOCTYPE html>
<head>
<title>標題實例</title>
</head>
<body>
<h1>This is a heading 1</h1>
<h2>This is a heading 2</h2>
<h3>This is a heading 3</h3>
<h4>This is a heading 4</h4>
<h5>This is a heading 5</h5>
<h6>This is a heading 6</h6>
</body>
</html>
```

2. 代碼說明

<h1></h1>：定義一級標題。
<h6></h6>：定義六級標題。
　　根據網頁內容標題的層級性，可用對應級別的元素定義不同層級的標題，代碼顯示效果如圖 15.1 所示。

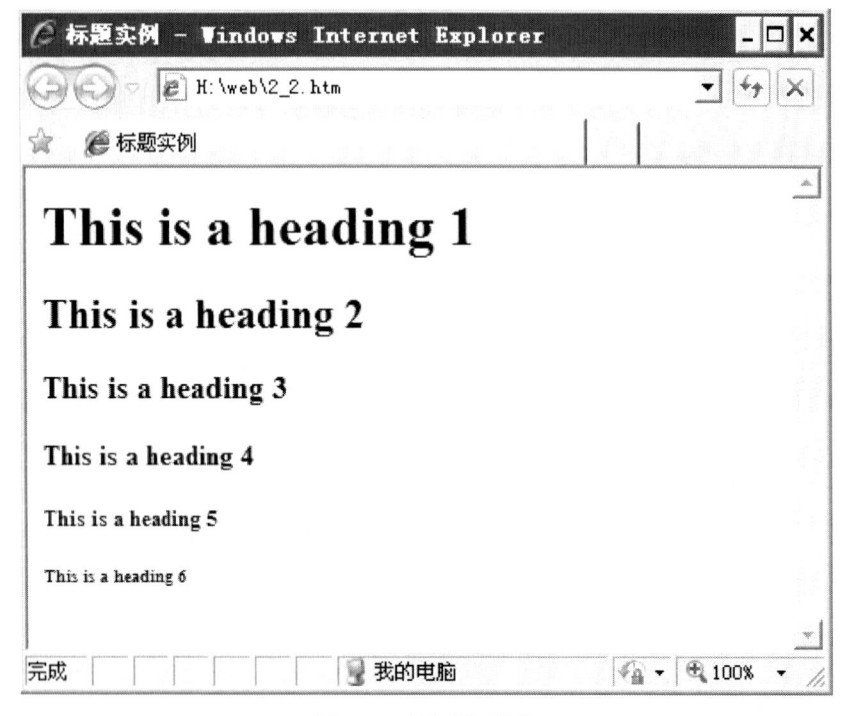

圖 15.1　標題顯示效果

15.2.2　段落與換行

1. HTML 代碼

```
<!DOCTYPE html>
<head>
<title>換行實例</title>
</head>
<body>
<p>這是<br>換行<br>實例</p>
<p>這是
換行
實例</p>
<p>這是換行實例</p>
</body>
</html>
```

2. 代碼說明

：表示換行，一個
表示一次換行。

<p></p>：標記段落文字，段落內可放文字或圖片等內容。

代碼顯示效果如圖 15.2 所示。

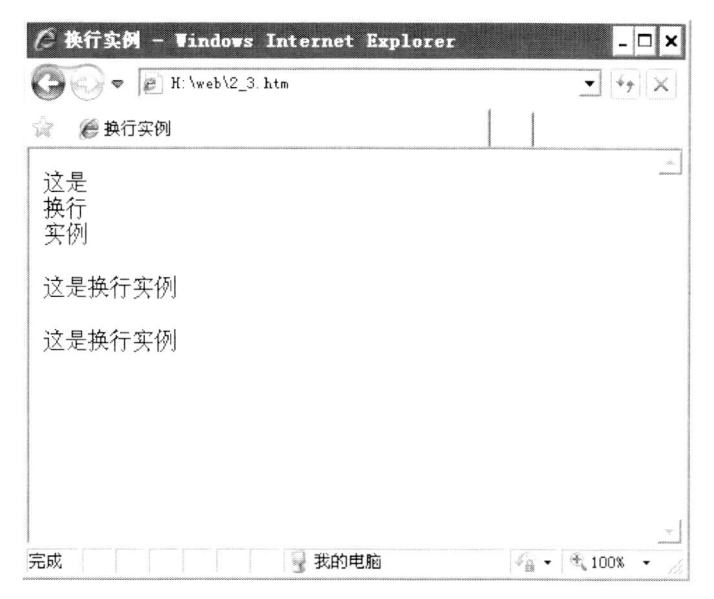

圖 15.2　段落與換行顯示效果

15.2.3　圖像

1. HTML 代碼

```
<!DOCTYPE html>
<head>
<title>圖像實例</title>
</head>
<!-- 插入背景圖像 -->
<body background="background.jpg">
插入本地圖像<img src="logo.jpg"><br>
插入網絡圖像<img src="http://www.baidu.com/img/bdlogo.gif"><br>
</body>
</html>
```

2. 代碼說明

<body background="background.jpg">：用於插入網頁的背景圖像，背景圖像默認為平鋪效果。

<img src="logo.jpg">：插入本地圖像，使用相對地址，即網頁文件與圖像文件在文件夾中的相對位置關係。若 tu.htm 和 logo.jgp 都位於 web 文件夾根目錄下，則圖像源地址為 logo.jpg。若 tu. htm 位於 web 文件夾根目錄下，logo.jpg 位於 web 文件夾根目錄下的 pic 文件夾中，則圖像源地址為 pic/logo.jpg。

<img src="http://www.baidu.com/img/bdlogo.gif">：插入外部網絡圖像，注意需提取外部圖像的完整 url 地址，包括「http://」前綴，url 盡量不包含任何參數。

代碼顯示效果如圖 15.3 所示。

圖 15.3　圖片顯示效果

15.2.4　超級連結

1. HTML 代碼

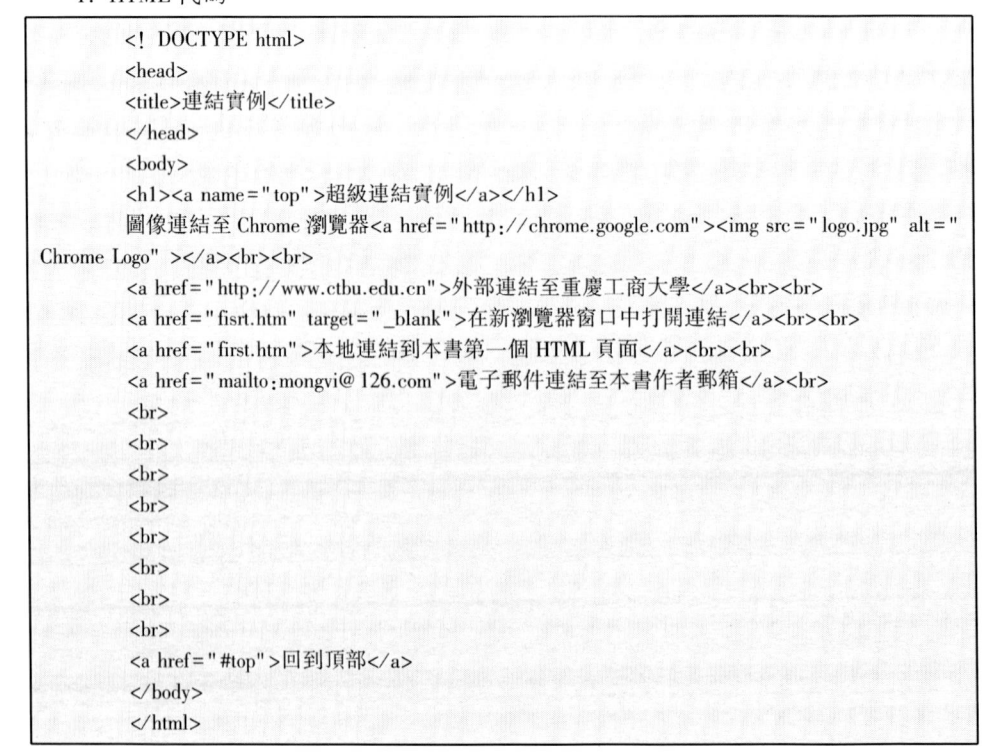

```
<! DOCTYPE html>
<head>
<title>連結實例</title>
</head>
<body>
<h1><a name="top">超級連結實例</a></h1>
圖像連結至 Chrome 瀏覽器<a href="http://chrome.google.com"><img src="logo.jpg" alt="Chrome Logo"></a><br><br>
    <a href="http://www.ctbu.edu.cn">外部連結至重慶工商大學</a><br><br>
    <a href="fisrt.htm" target="_blank">在新瀏覽器窗口中打開連結</a><br><br>
    <a href="first.htm">本地連結到本書第一個 HTML 頁面</a><br><br>
    <a href="mailto:mongvi@126.com">電子郵件連結至本書作者郵箱</a><br>
    <br>
    <br>
    <br>
    <br>
    <br>
    <br>
    <br>
    <br>
    <a href="#top">回到頂部</a>
    </body>
    </html>
```

224

2. 代碼說明

<a name="top">超級連結實例</a>定義錨點，<a href="#top">回到頂部</a>定義錨連結。點擊「回到頂部」，便可跳轉顯示最頂部內容。

<a href="http://chrome.google.com"><img src="logo.jpg" alt="Chrome Logo"></a>：這部分代碼插入一張本地圖像 logo.jpg，並連結到一個外部網址 http://chrome.google.com。

<a href="http://www.ctbu.edu.cn">外部連結至重慶工商大學</a>：給文字添加外部連結。

<a href="fisrt.htm" target="_blank">：在新瀏覽器窗口打開一個連結網頁 fisrt.htm，若無 target="_blank"，則默認在本瀏覽器窗口打開新連結網頁。

<a href="first.htm">本地連結到本書第一個 HTML 頁面</a>：定義文字「本地連結到本書第一個 HTML 頁面」連結到本地網頁文件 first.htm。

<a href="mailto:mongvi@126.com">電子郵件連結至本書作者郵箱</a>：定義一個電子郵件連結 mongvi@126.com，若安裝有郵件客戶端，會自動打開，並將電子郵件地址填充在郵件客戶端的收件人地址欄。

代碼顯示效果如圖 15.4 所示。

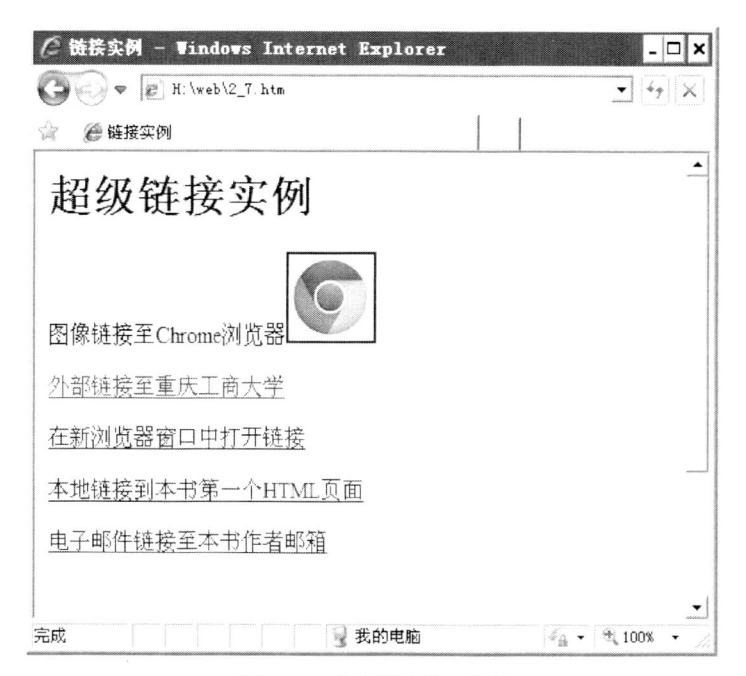

圖 15.4　超級連結顯示效果

15.2.5 表格

1. HTML 代碼

```html
<!DOCTYPE html>
<head>
<title>表格實例</title>
</head>
<body>
<h1>一行一列表格:</h1>
<table border="1">
 <tr>
    <td>1</td>
 </tr>
</table>
<h1>一行三列表格:</h1>
<table border="1">
 <tr>
    <td>11</td>
    <td>12</td>
    <td>13</td>
 </tr>
</table>
<h1>三行一列表格:</h1>
<table border="1">
 <tr>
    <td>11</td>
 </tr>
 <tr>
    <td>21</td>
 </tr>
 <tr>
    <td>31</td>
 </tr>
</table>
<h4>二行三列表格:</h4>
<table border="1">
 <tr>
    <td>11</td>
    <td>12</td>
    <td>13</td>
 </tr>
 <tr>
    <td>21</td>
    <td>22</td>
```

```
        <td>23</td>
      </tr>
    </table>
  </body>
</html>
```

2. 代碼說明

本網頁共顯示 4 個表格，分別是一行一列表格、一行三列表格、三行一列表格、二行三列表格。如果沒有設置表格寬度和高度，表格會根據單元格內容自調整大小。對表格高度和寬度、表格合併、表格顏色和邊框等將在後續章節介紹。代碼顯示效果如圖 15.5 所示。

注意：表格行、列數量是對應的，即每列有相同的單元格，稱為行數；每行有相同的單元格，稱為列數。

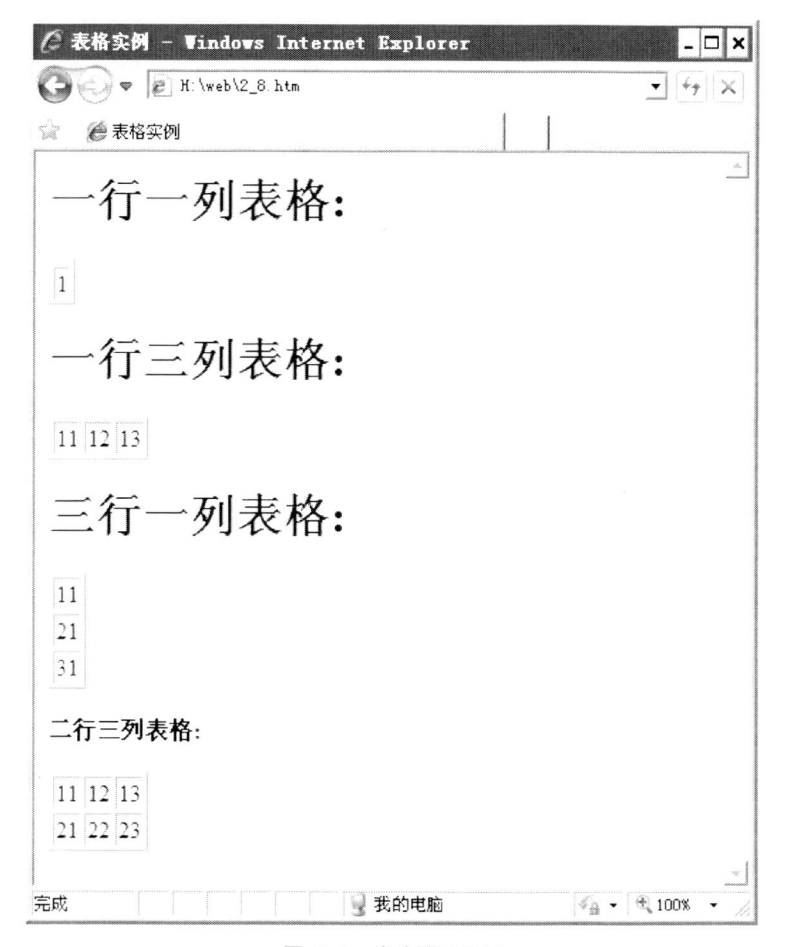

圖 15.5　表格顯示效果

15.2.6 列表

1. HTML 代碼

```
<!DOCTYPE html>
<head>
<title>列表實例</title>
</head>
<body>
<h4>無序列表:</h4>
<ul>
 <li>咖啡</li>
 <li>茶</li>
   <ul>
    <li>綠茶</li>
    <li>紅茶</li>
   </ul>
 <li>牛奶</li>
</ul>
<h4>有序列表:</h4>
<ol>
 <li>咖啡</li>
 <li>茶</li>
 <li>牛奶</li>
</ol>
</body>
</html>
```

2. 代碼說明

本網頁共有二個列表，第一個是無序列表，使用<ul></ul>標籤標記，第二個是有序列表，使用<ol></ol>標籤標記，列表項使用<li></li>標籤標記。其中，第一個無序列表的一個列表項還嵌套一個無序列表。代碼顯示效果如圖 15.6 所示。

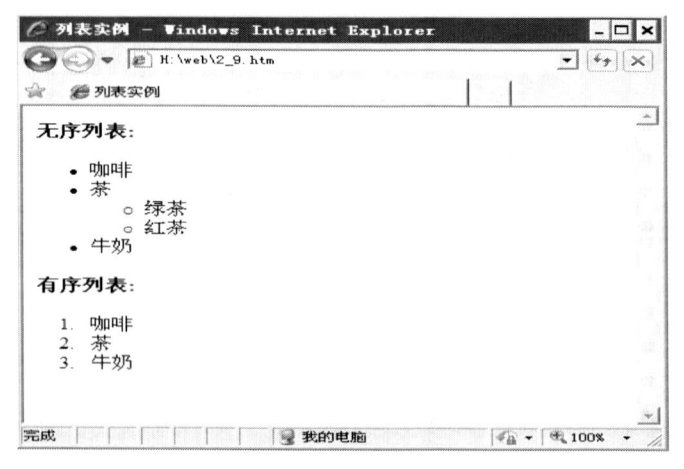

圖 15.6 列表顯示效果

15.3 實驗步驟

15.3.1 編寫網頁代碼

1. 下載編輯器軟件

在網上搜索「Notepad++」等文本編輯器軟件，找到合適的下載站點，將其下載保存到本地計算機，雙擊運行主程序。

2. HTML 常用標籤

HTML 常用標籤包括文檔結構、文字、列表、圖片、表格、顯示效果、連結等各類，如表 15.1 所示。

表 15.1　　　　　　　　　　　　　HTML 常用標籤

元素	符號	說明
文檔結構	<html> <head> <title> </title> </head> <body> </body> </html>	HTML 文檔基本結構
文字	<b></b>	字體
	<h1></h1> …… <h6></h6>	標題
	<p></p>	段落
		空格
	</br>	換行
	</hr>	水準線
列表	無序列表	<ul> 　<li> </li> 　<li> </li> 　<li> </li> </ul>
	有序列表	<ol> 　<li> </li> 　<li> </li> 　<li> </li> </ol>

表15.1(續)

元素	符號	說明
圖片	\<img src="cloud.jpg" align="bottom" alt="cloud" width="144" height="50">	插入圖片 cloud.jpg,寬 144 像素、高 5 像素,底部對齊,提示文字為 cloud

表格	\<table border="1">
	\<tr>
	  \<td>\</td>
	  \<td>\</td>
	  \<td>\</td>
	\</tr>
	\</table>
		表格邊框厚度為 1 像素,共 1 行 3 列,若 border="0",則無邊框

	colspan="3" rowspan="3"	合併單元格、跨列、跨行
	width="200" height="100" width="20%" height="10%"	表格寬度、高度、像素 表格寬度、高度、百分比
顯示效果	bgcolor="#ff0000"	背景顏色,可用於\<body>、\<table>、\<tr>、\<td>內
	text="#ffff00"	文字顏色
	align="left"	文字對齊方式,可用於\<td>、\<p>,有 left、right、center 三種形式
連結	\<a name="tips">Useful Tips Section\</a> \<a name="#tips">Jump to the Useful Tips Section\</a>	錨連結,先命名為 tips,再連結
	\<a href="1.htm">text\</a>	本地文件連結
	\<a href="http://www.w3schools.com/" target="_blank">Visit W3Schools!\</a>	外部地址連結,新窗口打開
	\<a href="1.htm">\<img border="0" src="1.gif">\</a>	圖片連結,實際上是先加入圖片,再增加連結
	\<a href="mailto:mongvi@126.com">Send Mail\</a>	電子郵件連結

3. 編寫代碼

(1) html 代碼

```
<!DOCTYPE html>
<head>
<title>First page</title>
</head>
<body>
 <p>This is my first web page. </p>
 <p>Welcome to HTML world.</p>
</body>
</html>
```

（2）代碼說明

在 HTML 文檔中，第一個標籤是<html>，這個標籤告訴瀏覽器這是 HTML 文檔的開始。HTML 文檔的最後一個標籤是</html>，這個標籤告訴瀏覽器這是 HTML 文檔的終止。

在<head>和</head>標籤之間的文本是頭信息，不會顯示在瀏覽器窗口中。

在<title>和</title>標籤之間的文本是文檔標題，顯示在瀏覽器窗口的標題欄。

在<body>和</body>標籤之間的文本是正文，顯示在瀏覽器中。

在<p>和</p>標籤之間的是段落文字，顯示在瀏覽器窗口內容區。

15.3.2 查看網頁效果

保存代碼查看效果，如圖 15.7 所示。

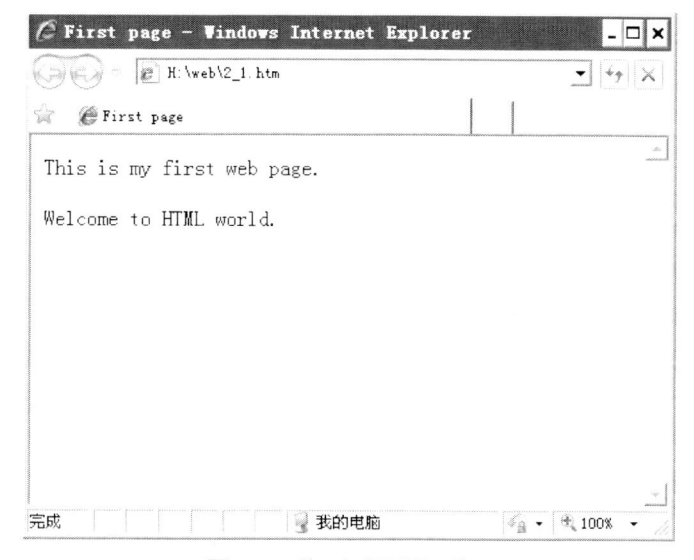

圖 15.7 第一個網頁顯示效果

15.4 實驗練習

15.4.1 基礎練習

編寫一個網頁，添加標題、段落、圖片、表格、列表、超級連結等 HTML 示例代碼，並查看顯示效果。

15.4.2 拓展練習

製作一份網頁格式的個人簡歷，包括個人基本信息、自我評價、教育經歷、語言與計算機能力、興趣愛好等，使用表格排版，綜合應用標題、段落、圖片、表格、列表、超級連結等。

第 16 章　CSS 基礎知識

16.1　實驗目的與基本要求

1. 瞭解 CSS 的語法規則。
2. 掌握 CSS 的代碼編寫方法。

16.2　基礎知識

16.2.1　行內樣式

1. HTML 代碼

```
<!DOCTYPE html>
<head>
<title>行內樣式實例</title>
</head>
<body>
<p style="font-size:20px; text-align:center; background-color:#ffcc00; width:600px;">文字大小 20 像素,居中對齊</p>
<p style="color:#0000ff; background-image:url(background.jpg);">藍色文字,有背景圖片</p>
<h1 style="font-size:16px; font-family:Arial; color:green;">文字大小 16 像素,綠色,字體為 Arial</h1>
<table style="border-color:#000000; border-style:solid; border-width:1px; width:500px; height:100px;">
  <tr>
    <td>一行一列表格,表格外邊框寬度 1 像素,黑色實線,表格寬度 500 像素,高度 100 像素</td>
  </tr>
</table>
<h1 style="font-size:16px; font-family:Arial; color:blue;">文字大小 16 像素,藍色,字體為 Arial</h1>
<table style="border-color:#ff0000; border-style:dotted; border-width:2px; width:400px; height:80px;">
```

```
        <tr>
                <td >一行一列表格,表格外邊框寬度 2 像素,紅色點劃線,表格寬度 400 像素,高度 80 像素</td>
        </tr>
        </table>
        </body>
        </html>
```

2. 代碼說明

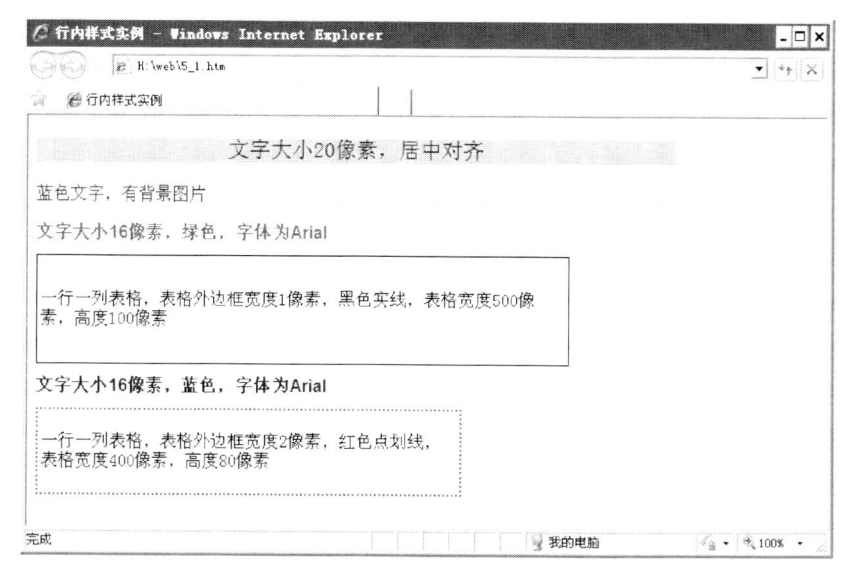

本例定義 6 個行內樣式,分別是對 2 個段落<p>、1 個標題<h1>、1 個表格<table>、1 個標題<h1>元素設定樣式。

第一個段落樣式,文字大小為 20 像素,文字居中對齊,段落背景顏色為#ffcc00,段落寬度為 600 像素。

第二個段落樣式,文字顏色為藍色(#0000ff),段落背景圖像為同目錄下的 background.jpg。

第一個標題 h1 樣式,文字大小為 16 像素,字體為 Arial,文字顏色為綠色(green)。

第一個表格樣式,邊框顏色為黑色(#000000),邊框線型為實線(solid),邊框寬度為 1 像素,表格寬度為 500 像素,高度為 100 像素。

第二個標題 h1 樣式,文字大小為 16 像素,字體為 Arial,文字顏色為藍色(blue)。

第二個表格樣式,邊框顏色為紅色(#ff0000),邊框線型為點劃線(dotted),邊框寬度為 2 像素,表格寬度為 400 像素,高度為 80 像素。

行內樣式實例代碼顯示效果如圖 16.1 所示。

圖 16.1　行內樣式實例顯示效果

16.2.2 內嵌樣式

內嵌樣式分為：HTML 元素選擇器、class 類選擇器、id 選擇器三種。

1. HTML 代碼

```
<!DOCTYPE html>
<head>
<title>內嵌樣式實例</title>
<style type="text/css">
#p1 {
font-size:30px;
text-align:center;
background-color:#ffcc00;
width:600px;
}
#p2 {
color:#0000ff;
background-image:url(Winter.jpg);
}
h1 {
font-size:48px;
color:green;
font-family: Arial;
}
.t1 {
border:1px solid #000000;?
width:500px;
height:100px;
}
a:link {
color: #cc3399;
text-decoration:none;
}
a:visited {
color: #ff3399;
text-decoration: none;
}
a:hover {
color:#800080;
text-decoration:underline;
}
a:active {
color:#800080;
text-decoration:underline;
}
```

```
        </style>
    </head>
    <body>
    <p id="p1">字體大小 30px</p>
    <p id="p2">綠色文字</p>
    <h1>CSS1</h1>
    <table class="t1" >
     <tr>
         <td >  </td>
     </tr>
    </table>
    <h1>CSS2</h1>
    <a href="http://www.ctbu.edu.cn">重慶工商大學</a><br>
    <a href="http://www.cqu.edu.cn">重慶大學</a></br>
    <table class="t1" >
     <tr>
         <td >  </td>
     </tr>
    </table>
    </body>
</html>
```

2. 代碼說明

在<head>和</head>之間集中定義 id 選擇器 p1 和 p2，HTML 元素選擇器 h1，class 類選擇器 t1 和 HTML 元素選擇器 a（超級連結）的各類樣式。

第一段<p id="p1">，id 為 p1，則應用 id 選擇器 p1 定義的樣式。

第二段<p id="p2">，id 為 p2，則應用 id 選擇器 p2 定義的樣式。

所有 h1 標題都應用 HTML 選擇器 h1 定義的樣式。

兩個表格<table class="t1" >，都屬於 class 類 t1，則應用 class 類選擇器 t1 定義的樣式。

所有連結都應用 HTML 選擇器 a 定義的樣式（含 a:link，a:visited，a:hover 和 a:active）。

內嵌樣式實例代碼顯示效果如圖 16.2 所示。

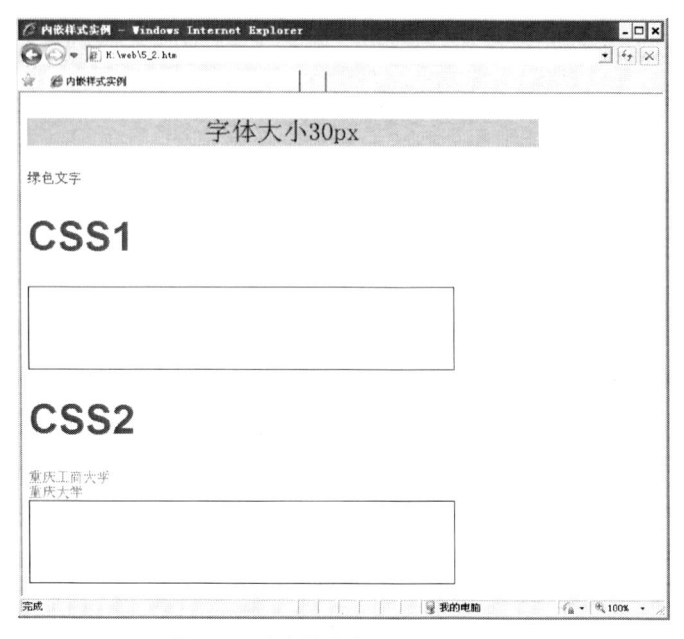

圖 16.2　內嵌樣式實例代碼顯示效果

16.2.3　外部樣式

常採用連結式，即分別編寫 HTML 文件和 CSS 文件，然後將 CSS 文件連結到 HTML 文件中。HTML 文件命名為 5_3.htm，CSS 文件命名為 5_3.css，兩個文件放在同一文件夾根目錄中。

1. HTML 代碼

```
<! DOCTYPE html>
<head>
<title>外部樣式實例</title>
<link href="5_3.css" rel="stylesheet" type="text/css">
</head>
<body>
<p id="p1">字體大小 30px</p>
<p id="p2">綠色文字</p>
<h1>CSS1</h1>
<table class="t1" >
 <tr>
    <td >  </td>
 </tr>
</table>
<h1>CSS2</h1>
<a href="http://www.ctbu.edu.cn">重慶工商大學</a><br>
<a href="http://www.cqu.edu.cn">重慶大學</a></br>
<table id="t2" >
```

```html
    <tr>
        <td >1</td>
        <td >2 </td>
    </tr>
    <tr>
        <td >3 </td>
        <td >4</td>
    </tr>
</table>
</body>
</html>
```

2.CSS 代碼

```css
#p1 {
 font-size:30px;
 text-align:center;
 background-color:#ffcc00;
 width:600px;
}
#p2 {
 color:#0000ff;
 background-image:url(Winter.jpg);
}
h1 {
 font-size:48px;
 color:green;
 font-family: Arial;
}
.t1 {
 border:1px solid #000000;
 width:500px;
 height:100px;
}
#t2 {
 border-collapse:collapse;
 width:500px;
 height:100px;
}
#t2 td {
 border-color:#eeee00;
 border-style:solid;
 border-width:1px;
 text-align:center;
}
a:link {
 color: #cc3399;
 text-decoration: none;
}
a:visited {
```

```
    color: #ff3399;?
    text-decoration: none;
    }
   a:hover {
    color: #800080;?
    text-decoration: underline;
    }
   a:active {
    color: #800080;
    text-decoration: underline;
    }
```

CSS 樣式表文件連結方法：

在 HTML 文件的<head>和</head>之間添加：

```
<link href="5_3.css" rel="stylesheet" type="text/css">
```

3. 代碼說明

HTML 文件中的段落<p id="p1">，調用 CSS 文件中的樣式#p1，段落文字大小為 30 像素，文字居中對齊，背景顏色為#ffcc00，段落寬度為 600 像素。

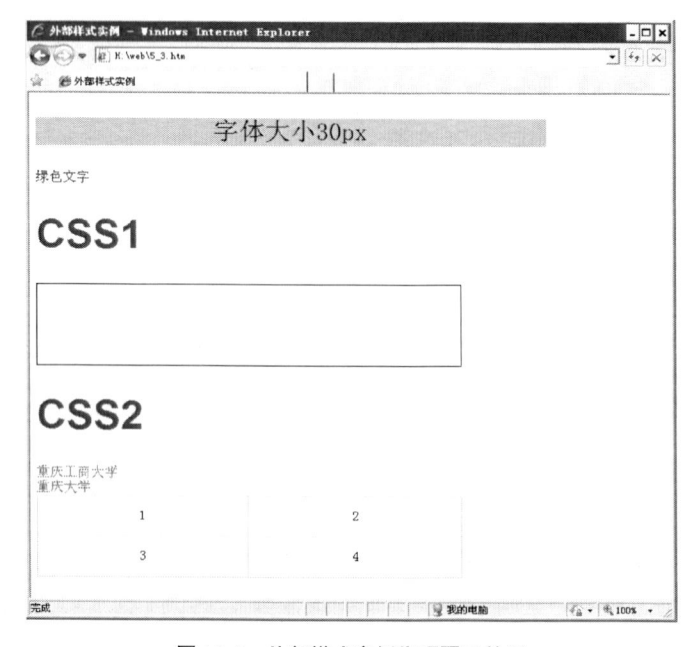

同理，<p id="p2">調用 CSS 樣式#p2，<h1>調用 CSS 樣式 h1，<table class="t1">調用 CSS 樣式.t1，<table class="t2">調用 CSS 樣式.t2，<table class="t2">的單元格<td>調用 CSS 樣式#t2 td，超級連結調用 CSS 樣式 a:link，a:visited，a:hover，a:active。

外部樣式實例代碼顯示效果如圖 16.3 所示。

圖 16.3　外部樣式實例代碼顯示效果

16.2.4 盒模型

（二）盒模型

1. 盒模型介紹

盒模型包含：

①margin：外邊距。

②background-color：背景顏色。

③background-image：背景圖片。

④padding：內邊距。

⑤border：邊框。

⑥content：內容。

盒模型如圖 16.4 所示。

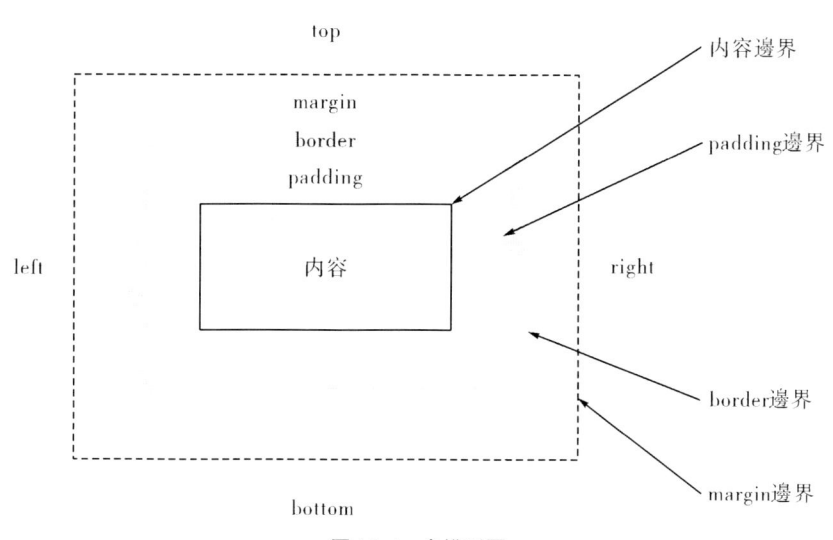

圖 16.4　盒模型圖

（三）常用樣式屬性介紹

1. DIV（層）樣式

DIV（層）樣式主要包括 visibility，width，height，margin，padding 等屬性名，如表 16.1 所示。

表 16.1　　　　　　　　　　　　DIV（層）樣式

名稱	說明	取值	範例
visibility	顯示或隱藏	hidden（隱藏）	
visible（顯示）	visibility：hidden		

表16.1(續)

名稱	說明	取值	範例
width	寬度	auto(自動決定)	
數字	width:135px		
height	高度	auto(自動決定)	
數字	height:100px		
margin	外邊距	數字,上、右、下、左順序	margin:10px 0px 15px 5px
padding	內邊距	數字,上、右、下、左順序	padding:10px 0px 15px 5px

2. DIV(層)邊框樣式

DIV(層)邊框樣式主要包括 border-width、border-(框線位置)-width、border-style、border-(框線位置)-style、border-color、border-(框線位置)-color、border-radius、box-shadow 等屬性名,如表16.2所示。

表16.2　　　　　　　　　　DIV(層)邊框樣式

CSS 可用層設定值,框線位置順序:(上——top、右——right、下——bottom、左——left)

名稱	說明	可能值	範例
border-width border-(框線位置)-width	邊框寬度	數字	border-width:5px
border-style border-(框線位置)-style	邊框樣式	none(無邊框) dotted(點線) dashed(虛線) solid(實線) double(雙線) groove(立體凹線) ridge(立體凸線) inset(立體嵌入線) outset(立體隆起線)	border-style:dotted
border-color border-(框線位置)-color 例:border-left-color 下同	邊框顏色	任何顏色表示方法	border-color:#0000ff
border-radius	邊框圓角	像素,px	border-radius:25px;
box-shadow	邊框陰影	水準、垂直、寬度、顏色 尺寸允許負值	box-shadow:10px 10px 5px #888888;

(四)實例

1. 盒模型實例

```
<!DOCTYPE html>
<html>
<head>
<title>無標題文檔</title>
```

```html
<style type="text/css">
body{
margin:0 auto;
}
#container{
    width:780px;
    margin:0 auto;
    border:1px solid #000000;
    border-radius:25px;
    background:url(Winter.jpg) no-repeat top left #ccffff;
    padding:0px 10px 50px 10px;
}
p{
 border-radius:25px;
 margin:10px 20px 30px 40px;
    padding:20px 20px 30px 30px;
    background-color:#ffff99;
    font-size:20px;
    text-align:left;
    text-indent:2em;
}
</style>
</head>
<body>
<div id="container">
<p>若需對各層進行修改設置,展開右側 CSS 面板的 CSS 樣式區域,選擇相應的層,雙擊打開,設置各層的位置,層的大小,背景顏色,邊框樣式,層內文字樣式等。若需對各層進行修改設置,展開右側 CSS 面板的 CSS 樣式區域,選擇相應的層,雙擊打開,設置各層的位置,層的大小、背景顏色、邊框樣式、層內文字樣式等。若需對各層進行修改設置,展開右側 CSS 面板的 CSS 樣式區域,選擇相應的層,雙擊打開,設置各層的位置,層的大小,背景顏色,邊框樣式,層內文字樣式等。</p>
<p>若需對各層進行修改設置,展開右側 CSS 面板的 CSS 樣式區域,選擇相應的層,雙擊打開,設置各層的位置,層的大小,背景顏色,邊框樣式,層內文字樣式等。若需對各層進行修改設置,展開右側 CSS 面板的 CSS 樣式區域,選擇相應的層,雙擊打開,設置各層的位置,層的大小、背景顏色、邊框樣式、層內文字樣式等。</p>
</div>
</body>
</html>
```

盒模型實例顯示效果如圖 16.5 所示。

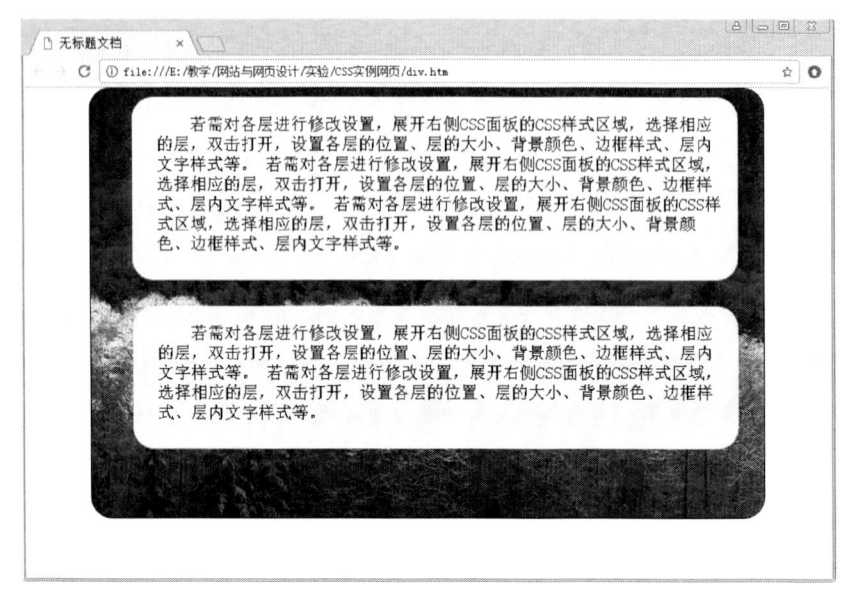

圖 16.5　盒模型實例顯示效果

16.2.5　相對定位

1. HTML 代碼

```
<!DOCTYPE html>
<head>
<title>相對定位</title>
<style type="text/css">
h2.pos_left {
   position:relative;
   left:-20px;
}
h2.pos_right {
   position:relative;
   left:20px;
}
</style>
</head>
<body>
<h2>這是位於正常位置的標題</h2>
<h2 class="pos_left">這個標題相對於其正常位置向左移動</h2>
<h2 class="pos_right">這個標題相對於其正常位置向右移動</h2>
</body>
</html>
```

2. 代碼說明

相對定位會按照元素的原始位置對該元素進行移動。

樣式"left:-20px"，從元素的原始左側位置減去 20 像素。

樣式"left:20px"，向元素的原始左側位置增加 20 像素。

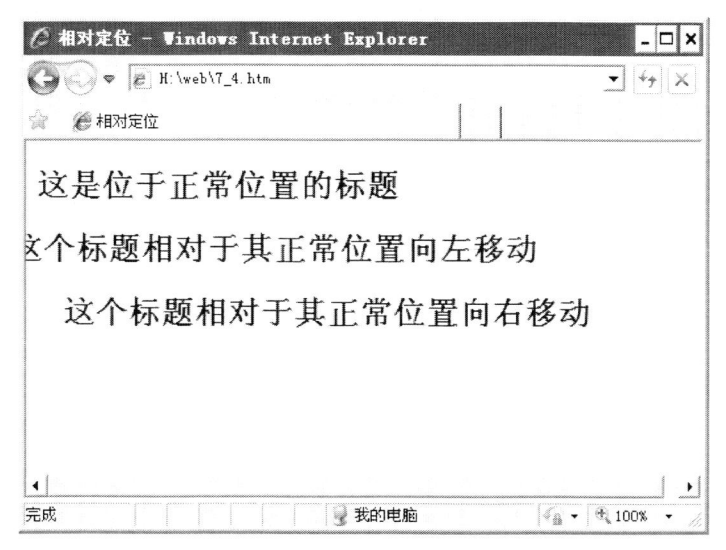

圖 16.6 相對定位實例顯示效果

16.2.6 絕對定位

1. HTML 代碼

```
<!DOCTYPE html>
<head>
<title>絕對定位</title>
<style type="text/css">
body {
    margin:0 auto;
}
#layer1 {
    position:absolute;
    left:100px;
    top:150px;
    width:200px;
    height:100px;
    border:1px solid #000000;?
}
#layer2 {
    position:absolute;
    left:350px;
```

```
    top:60px;
    width:100px;
    height:120px;
    border:1px solid #000000;?
}
</style>
</head>
<body>
<div id="layer1">絕對定位層 1</div>
<div id="layer2">絕對定位層 2</div>
</body>
<html>
```

2. 代碼說明

定義了兩個層：<div id="layer1">和<div id="layer2">，均採用絕對定位方式。
<div id=" layer1" >，距父元素<body>左邊框 100 像素，距上邊框 150 像素。
<div id=" layer2" >，距父元素<body>左邊框 350 像素，距上邊框 60 像素。
絕對定位實例顯示效果如圖 16.7 所示。

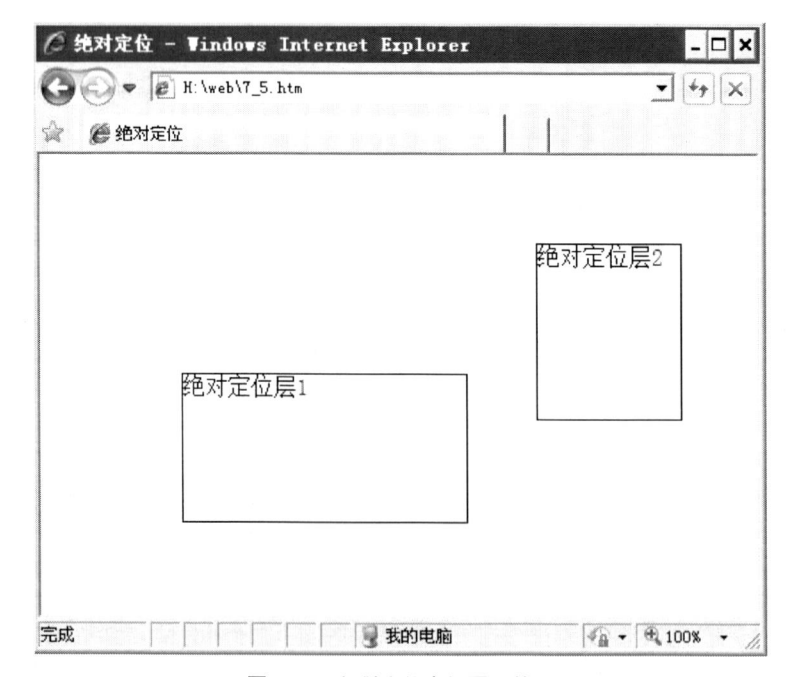

圖 16.7　絕對定位實例顯示效果

16.2.7 浮動定位

1. HTML 代碼

```html
<!DOCTYPE html>
<head>
<title>浮動定位實例</title>
<style type="text/css">
body{
    margin:0 auto;
}
#layer1{
    width:500px;
    height:400px;
    border:1px solid #000000;
    position:absolute;
}
#layer2{
    width:200px;
    height:100px;
    float:left;
    border:1px solid #000000;
}
#layer3{
    width:200px;
    height:100px;
    float:right;
    border:1px solid #000000;
    clear:both;
}
#layer4{
    width:200px;
    height:100px;
    border:1px solid #000000;
    clear:both;
}
#layer5{
    width:300px;
    height:100px;
    margin:0 auto;
    border:1px solid #000000;
    clear:both;
}
</style>
</head>
```

```
<body>
<div id="layer1">
  <div id="layer2">層 2</div>
  <div id="layer3">層 3</div>
  <div id="layer4">層 4</div>
</div>
<div id="layer5">層 5</div>
</body>
</html>
```

2. 代碼說明

首先是文檔類型說明，便於瀏覽器理解 HTML 版本。

定義<div id="layer1">~<div id="layer5">，共 5 個 div，其中<div id="layer1">內嵌套有<div id="layer2">、<div id="layer3">、<div id="layer4">。

①<div id="layer1">，在默認狀態下居左顯示。
②<div id="layer2">，左浮動。
③<div id="layer3">，清除浮動設置後，右浮動。
④<div id="layer4">，清除浮動設置後，默認左浮動。
⑤<div id="layer5">，清除浮動設置後，居中對齊。

浮動定位實例顯示效果如圖 16.8 所示。

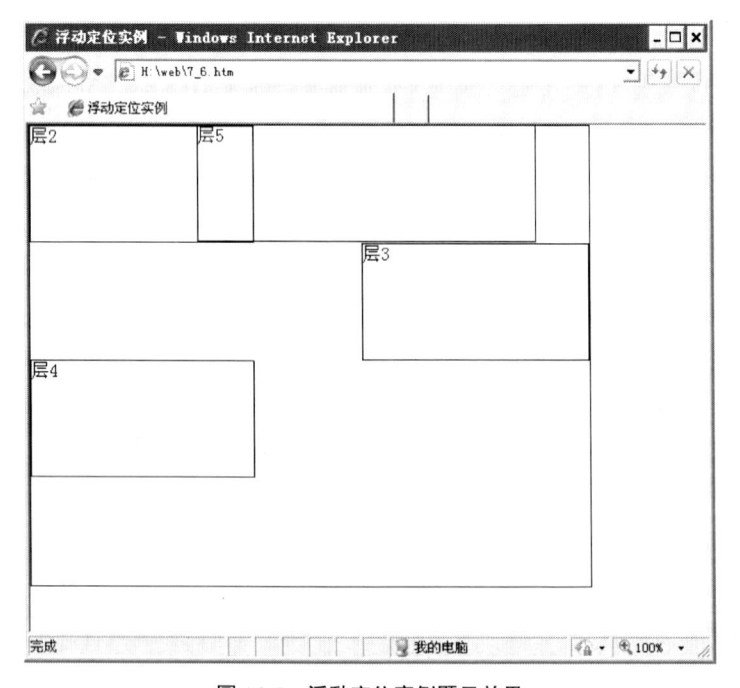

圖 16.8　浮動定位實例顯示效果

16.3 實驗步驟

1. 網頁基本結構

```
<!DOCTYPE html>
<head>
<title>無標題文檔</title>
<link href="sample.css" rel="stylesheet" type="text/css">
<style type="text/css">
</style>
</head>
<body>
</body>
</html>
```

2. 常用樣式

（1）尺寸單位

CSS 尺寸單位有%（百分比）、in（英吋）、cm（厘米）、mm（毫米）、em（1em 等於當前的字體尺寸）、ex（1ex 是一個字體的 x-height，x-height 通常是字體尺寸的一半）、pt（磅，1pt 等於 1/72 英吋）、pc（1pc 等於 12 點）、px（像素，屏幕上 1 個點），最常用的尺寸單位是 px，用法如表 16.3 所示。

表 16.3　　　　　　　　　　尺寸 CSS 樣式

CSS 可使用尺寸單位		
單位	單位說明	範例
px	Pixels，即像素，依屏幕分辨率決定大小	font-size:10px

（2）顏色表示

CSS 顏色單位有 rgb（x, x, x）（RGB 值）、rgb（x%, x%, x%）（RGB 百分比值）、#rrggbb（十六進制數），最常用的顏色單位是#rrggbb，用法如表 16.4 所示。

表 16.4　　　　　　　　　　顏色 CSS 樣式

CSS 可用顏色單位		
單位	表示方式說明	範例
#rrggbb	可以用調色工具選擇，16 進制數	color:#feefc7

（3）背景樣式

背景 CSS 樣式包括 background-color、background-image、background-position、background-repeat、background-size 等，用法如表 16.5 所示。

表 16.5　　　　　　　　　　　　　背景 CSS 樣式

名稱	說明	取值	範例
background-color	背景顏色	顏色	background-color:#feefc7
background-image	背景圖片	url(＊＊＊＊)	background-image:url(test.jpg)
background-position	背景圖位置	水準值 垂直值	background-position:135px 159px
background-repeat	背景重複	repeat(重複) repeat-x(水準重複) repeat-y(垂直重複) no-repeat(不重複)	background-repeat:no-repeat
background-size	背景圖片大小	像素,px	background-size:80px 60px

(4) 文字樣式

文字 CSS 樣式包括 color, font-family, font-size, font-style, letter-spacing, line-height, text-align, text-decoration, text-indent 等，用法如表 16.6 所示。

表 16.6　　　　　　　　　　　　　文字 CSS 樣式

名稱	說明	取值	範例
color	文字顏色	顏色	color:#feefc7
font-family	字體	字體名稱	font-family:arial
font-size	字體大小	數字(像素)	font-size:12px
font-style	字型樣式	normal(普通) italic(斜體) oblique(斜體)	font-style:italic
letter-spacing	字符間距	normal(普通) 數字(預設為 0)	letter-spacing:5
line-height	行高	%(當前文字百分比) 數字(像素)	line-height:16px
text-align	字符對齊	left(左邊) right(右邊) center(中間) justify(左右平分)	text-align:justify
text-decoration	字符樣式	underline(加底線) no-underline(不加底線)	text-decoration:underline
text-indent	首行縮進	2em, 2 字符 16px, 16 像素 1cm, 1 厘米	text-indent:50px

(5) 表格樣式

表格 CSS 樣式包括 width，height，border，border-collapse，text-align，vertical-align 等，用法如表 16.7 所示。

表 16.7　　　　　　　　　　　　表格 CSS 樣式

名稱	說明	取值	範例
width	寬度	像素，px	width：800px
height	高度	像素，px	height：500px
border	邊框	同時設置： 寬度、線型、顏色	border：1px solid #ff0000
border-collapse	邊框合併	collapse	border-collapse：collapse
text-align	水準對齊	left、center、right	text-align：center
vertical-align	垂直對齊	top、middle、bottom	vertical-align：bottom

(6) 超級連結樣式

超級連結 CSS 樣式包括 a：link，a：visited，a：hover，a：active，用法如表 16.8 所示。

表 16.8　　　　　　　　　　　超級連結 CSS 樣式

CSS 可用超級連結設定值，注意順序一定要是 link、visited、hover、actived			
名稱	說明	取值	範例
a：link	連結	文字樣式	color：#cc3399；text-decoration：none
a：visited	訪問過連結	文字樣式	color：#ff3399；text-decoration：none
a：hover	鼠標停留連結	文字樣式	color：#800080；text-decoration：underline
a：active	激活連結	文字樣式	color：#800080；text-decoration：underline

3. 三類樣式的使用

根據樣式代碼的位置，分為三類：行內樣式、內嵌樣式、外部樣式。

(1) 行內樣式

行內樣式直接用在 html 的標籤裡，一般是用在<p>、<span>、<div>、<h1>等標籤中，作用範圍也在這些標籤內。格式為：

style="屬性名：屬性值；屬性名：屬性值；屬性名：屬性值；"

新建網頁，保存到指定文件夾後，在<body></body>區域輸入下面的內容：

```
<!DOCTYPE html>
<head>
<title>無標題文檔</title>
</head>
<body>
<p style="font-size：30px；text-align：center；background-color：#ffcc00；width：600px；">字體大小 30px</p>
```

```
            <p style="color:#0000ff; background-image:url(Winter.jpg);">綠色文字</p>
            <h1 style = "font-size:48px; font-family: Arial; color:green;">CSS1 </h1>
            <table style = "border-color:#000000; border-style:solid; border-width:1px; width:500px; height:100px;" >
                <tr>
                    <td >  </td>
                </tr>
            </table>
            <h1 style = "font-size:48px; font-family: Arial; color:green;">CSS2 </h1>
            <table style = "border-color:#000000; border-style:solid; border-width:1px; width:500px; height:100px;" >
                <tr>
                    <td >  </td>
                </tr>
            </table>
        </body>
    </html>
```

本例定義了 6 個行內樣式，分別是對兩個<p>、一個<h1>、一個<table>、一個<h1>和一個<table>標籤設定樣式。

第一個段落樣式：文字大小為 30 像素，文字居中對齊，段落背景顏色為#ffcc00，段落寬度為 600 像素。

第二個段落樣式：文字顏色為藍色（#0000ff），段落背景圖片為同目錄下的 Winter.jpg。

第一個標題 h1 樣式：文字大小為 48 像素，字體為 Arial，文字顏色為綠色（green）。

第一個表格樣式：邊框顏色為黑色（#000000），邊框線型為實線（solid），邊框寬度為 1 像素，表格寬度為 500 像素，高度為 100 像素。

第二個標題 h1 樣式：文字大小為 48 像素，字體為 Arial，文字顏色為綠色（green）。

第二個表格樣式：邊框顏色為黑色（#000000），邊框線型為實線（solid），邊框寬度為 1 像素，表格寬度為 500 像素，高度為 100 像素。

熟悉上述定義樣式的含義及顯示效果，自行練習並將上面的樣式修改為其他的屬性及值，並給<body>等標籤設定行內樣式。

（2）內嵌樣式

內嵌樣式分為：HTML 選擇器、CLASS 類選擇器、ID 選擇器三種。

將上述行內樣式轉換為內嵌樣式。

```
<! DOCTYPE html>
<head>
<title>無標題文檔</title>
<style type="text/css" >
#p1 {
        font-size:30px;
```

```css
            text-align:center;
            background-color:#ffcc00;
            width:600px;
        }
#p2 {
            color:#0000ff;
            background-image:url(Winter.jpg);
        }
h1 {
            font-size:48px;
            color:green;
            font-family: Arial;
        }
.t1 {
            border-color:#000000;
            border-style:solid;
            border-width:1px;
            width:500px;
            height:100px;
        }
a:link {
        color: #cc3399;
        text-decoration: none;
        }
a:visited {
        color: #ff3399;
        text-decoration: none;
        }
a:hover {
        color: #800080;
        text-decoration: underline;
}
a:active {
        color: #800080;
        text-decoration: underline;
        }
</style>
</head>
<body>
<p id="p1">字體大小 30px</p>
<p id="p2">綠色文字</p>
<h1>CSS1</h1>
<table class="t1" >
    <tr>
```

```html
            <td >  </td>
        </tr>
</table>
<h1>CSS2</h1>
<a href="http://www.ctbu.edu.cn">重慶工商大學</a><br>
<a href="http://www.cqu.edu.cn">重慶大學</a></br>
<table class="t1" >
    <tr>
        <td >  </td>
    </tr>
</table>
</body>
</html>
```

在<head>和</head>之間集中定義了 ID 選擇器 p1 和 p2，html 選擇器 h1，class 類選擇器 t1 和 html 選擇器 a（及超級連結）的各類樣式。

第一段 ID 為 p1，則應用 ID 選擇器 p1 定義的樣式。

第二段 ID 為 p2，則應用 ID 選擇器 p2 定義的樣式。

所有 h1 標題都應用 html 選擇器 h1 定義的樣式。

兩個表格都屬於 class 類 t1，則應用 class 類選擇器 t1 定義的樣式。

所有連結都應用 html 選擇器 a 定義的樣式（含 a:link，a:visited，a:hover 和 a:active）。

內嵌實例顯示效果如圖 16.9 所示。

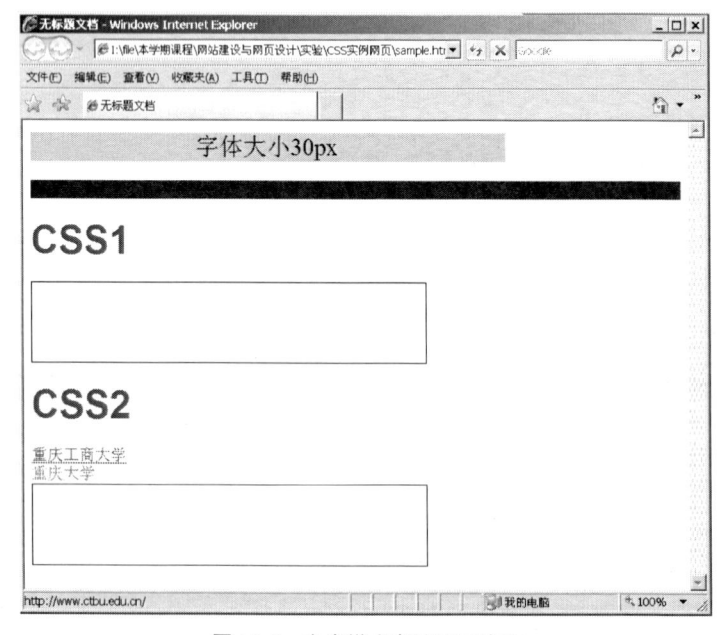

圖 16.9　內嵌樣式實例顯示效果

熟悉上述定義樣式的含義及顯示效果，自行練習，修改不同 ID 或 CLASS 類，以及給不同的連結定義不同的樣式（提示：給連結定義 ID 或 CLASS 類，如 red，然後設置 a.red:link 等樣式）。

（3）外部樣式

常採用連結式，即分別編寫 HTML 文件和 CSS 文件，然後將 CSS 文件連結到 HTML 文件中。

```
sample.html 內容：
<!DOCTYPE html>
<head>
<title></title>
<link href="sample.css" rel="stylesheet" type="text/css">
</head>
<body>
<p id="p1">字體大小 30px</p>
<p id="p2">綠色文字</p>
<h1>CSS1</h1>
<table class="t1" >
   <tr>
      <td >  </td>
   </tr>
</table>
<h1>CSS2</h1>
<a href="http://www.ctbu.edu.cn">重慶工商大學</a><br>
<a href="http://www.cqu.edu.cn">重慶大學</a></br>
<table id="t2" >
   <tr>
      <td >1</td>
      <td >2 </td>
   </tr>
   <tr>
      <td >3 </td>
      <td >4</td>
   </tr>
</table>
</body>
</html>
```

sample.css 文件內容：

```
#p1
{
   font-size:30px;
   text-align:center;
   background-color:#ffcc00;
```

```css
    width:600px;
}
#p2
{
    color:#0000ff;
    background-image:url(Winter.jpg);
}
h1
{
    font-size:48px;
    color:green;
    font-family: Arial;
}
.t1
{
    border-color:#000000;
    border-style:solid;
    border-width:1px;
    width:500px;
    height:100px;
}
#t2
{
    border-collapse:collapse;
    width:500px;
    height:100px;
}
#t2 td
{
    border-color:#eeee00;
    border-style:solid;
    border-width:1px;
    text-align:center;
}
a:link
{
    color: #cc3399;
    text-decoration: none
}
a:visited
{
color: #ff3399;
text-decoration: none
}
```

```
a:hover
{
color: #800080;
text-decoration: underline
}
a:active
{
color: #800080;
text-decoration: underline
}
```

CSS 樣式表文件連結方法：

在 sample.htm 的 <head> 和 </head> 之間添加：

```
<link href="sample.css" rel="stylesheet" type="text/css">
```

提示：表格 t2，加細邊框，給單元格加邊框，默認會出現雙線邊框，所以需要使用代碼「table{border-collapse:collapse;}」對邊框進行合併。

16.4 實驗練習

16.4.1 基礎練習

練習標題、段落、圖片、表格、列表、超級連結等 HTML 標籤，並應用 CSS 樣式美化頁面。

16.4.2 拓展練習

自行編寫一個網頁，同時應用行內樣式、內嵌樣式、連結樣式三種形式和 html 標籤、class、id 三種選擇符，對網頁和表格背景（圖片、顏色等）、文字格式（字體、字號、對齊方式等）、連結樣式、邊框樣式等進行設置。

第 17 章　HTML 與 CSS 綜合應用

17.1　實驗目的與基本要求

1. 瞭解 DIV+CSS 佈局網頁的方法。
2. 掌握 HTML+CCS 來編寫網頁。

17.2　基礎知識

17.2.1　豎向列表

```
<!DOCTYPE html>
<head>
<title>豎向列表</title>
<style type="text/css">
#menu li {
width:100px;
height:30px;
list-style:none;
}
#menu li a {
font-size:14px;
text-decoration:none;
color: #000000;
}
#menu li a:hover {
text-decoration:underline;
color: #ff0000;
}
</style>
</head>

<body>
<ul id="menu">
```

```html
<li><a href="#">Home</a></li>
<li><a href="#">About</a></li>
<li><a href="#">Services</a></li>
<li><a href="#">Clients</a></li>
<li><a href="#">Products</a></li>
<li><a href="#">F.A.Q</a></li>
<li><a href="#">Help</a></li>
<li><a href="#">Contact Us</a></li>
<li><a href="#">Link</a></li>
</ul>
</body>
</html>
```

豎向列表頁面效果如圖 17.1 所示。

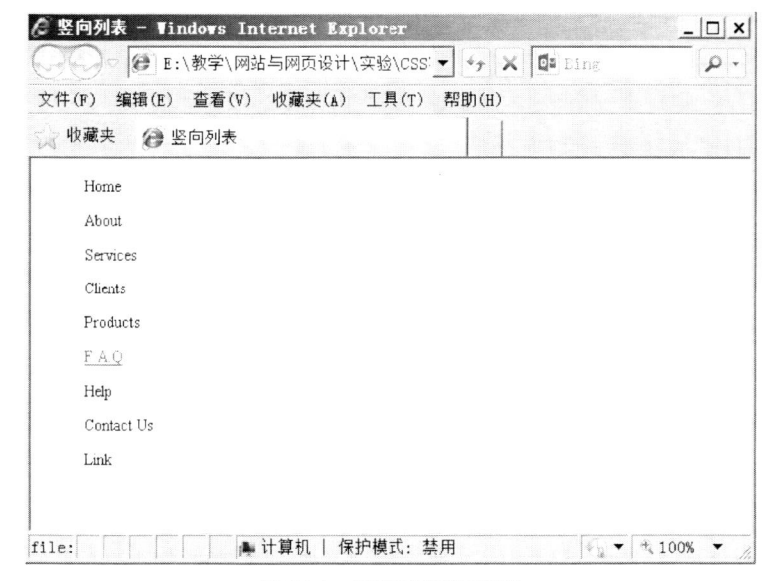

圖 17.1　豎向列表顯示效果

17.2.2　浮動方式橫向列表

```html
<!DOCTYPE html>
<head>
<title>浮動方式橫向導航條</title>
<style type="text/css">
#menu li{
    list-style:none;
    float:left;
    text-align:center;
}
```

```css
#menu li a{
    padding:0, 10px 0, 10px;
    font-size:14px;
    color:#000000; ?
    text-decoration:none; ?
}
#menu li a:hover{
    text-decoration:underline;
    color:#ff0000;
}
</style>
</head>
<body>
    <ul id="menu">
        <li><a href="#">Home</a></li>
        <li><a href="#">About</a></li>
        <li><a href="#">Services</a></li>
        <li><a href="#">Clients</a></li>
        <li><a href="#">Products</a></li>
        <li><a href="#">F.A.Q</a></li>
        <li><a href="#">Help</a></li>
        <li><a href="#">Contact Us</a></li>
    </ul>
</body>
</html>
```

浮動方式橫向列表頁面效果如圖 17.2 所示。

圖 17.2　浮動方式橫向列表顯示效果

17.2.3 內聯方式橫向列表

```
<!DOCTYPE html>
<head>
<title>內聯方式橫向導航條</title>
<style type="text/css">
#menu li{
   display:inline;
   text-align:center;
}
#menu li a{
   padding:0,10px 0,10px;
   font-size:14px;
   color:#000000;?
   text-decoration:none; ?
}
#menu li a:hover{
   text-decoration:underline;
   color:#ff0000;
}
</style>
</head>
<body>
  <ul id="menu">
    <li><a href="#">Home</a></li>
    <li><a href="#">About</a></li>
    <li><a href="#">Services</a></li>
    <li><a href="#">Clients</a></li>
    <li><a href="#">Products</a></li>
    <li><a href="#">F.A.Q</a></li>
    <li><a href="#">Help</a></li>
    <li><a href="#">Contact Us</a></li>
  </ul>
</body>
</html>
```

內聯方式橫向列表頁面效果如圖17.3所示。

開發中國電商市場的電子商務基礎實驗

[圖示:瀏覽器視窗顯示 heng1.htm,頁面內含橫向導航列:Home About Services Clients Products F.A.Q Help Contact Us]

圖 17.3　內聯方式橫向列表顯示效果

17.2.2　網頁佈局

```
<!DOCTYPE html>
<head>
<style type="text/css">
body{
    margin:0 auto;
}
#header{
    width:1000px;
    height:150px;
    border:2px solid #ff0000;
    margin:0 auto;
}
#mainbody{
    width:1000px;
    height:500px;
    border:2px solid #ff0000;
    margin:0 auto;
}
#footer{
    width:1000px;
    height:100px;
    border:2px solid #ff0000;
    margin:0 auto;
}
#mainbodyleft{
    width:200px;
```

```css
    height:500px;
    border:2px solid #ff0000;
    float:left;
}
#mainbodymiddle{
    width:500px;
    height:500px;
    border:2px solid #ff0000;
    float:left;
    margin-left:50px;
    margin-right:30px;
}
#mainbodyright{
    width:200px;
    height:500px;
    border:2px solid #ff0000;
    float:right;
}
#headertop{
    width:1000px;
    height:100px;
    border:2px solid #ff0000;
}
#headerbottom{
    width:1000px;
    height:46px;
    border:2px solid #ff0000;
}
#menudiv{
    margin-top:-5px;
    margin-left:-30px;
}
#menudiv li{
    list-style:none;
    float:left;
    margin-right:20px;
}
</style>
</head>
<body>
<div id="header">
    <div id="headertop">
    </div>
    <div id="headerbottom">
```

```html
        <div id="menudiv">
         <ul>
          <li>導航條 1</li>
          <li>導航條 2</li>
          <li>導航條 3</li>
          <li>導航條 4</li>
          <li>導航條 5</li>
         </ul>
        </div>
      </div>
    </div>
    <div id="mainbody">
      <div id="mainbodyleft">
      </div>
      <div id="mainbodymiddle">
      </div>
      <div id="mainbodyright">
      </div>
    </div>
    <div id="footer">
    </div>
  </body>
</html>
```

網頁佈局顯示效果如圖 17.4 所示。

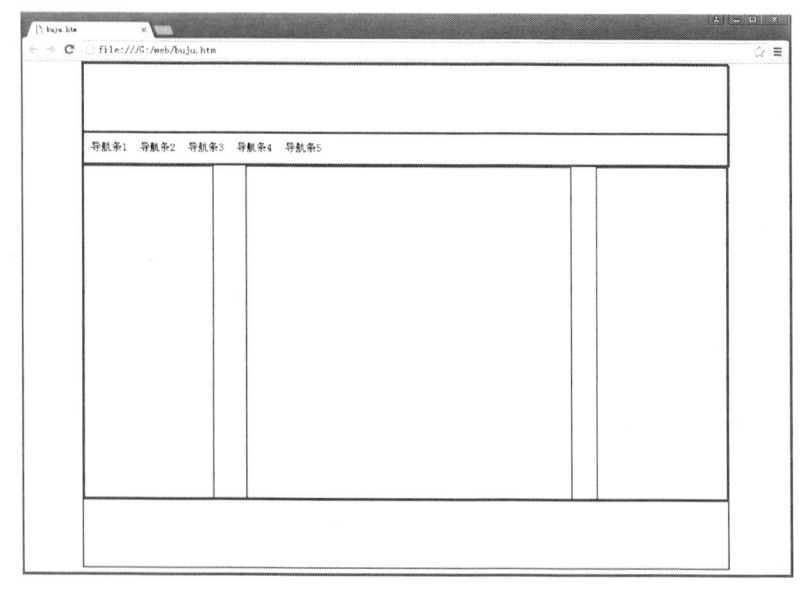

圖 17.4　後臺管理頁面

17.3　實驗步驟

橫向列表最終顯示效果如圖 17.5 所示。當鼠標停留在列表項時，該列表背景顏色為紅色，文字為白色，文字前面有白色三角箭頭。當鼠標離開列表項時，該列表項文字為深灰色，背景為淺灰色。

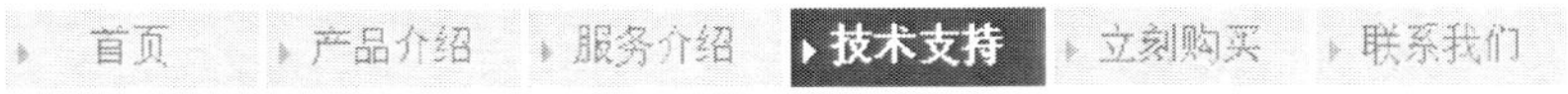
首页
产品介绍
服务介绍
技术支持
立刻购买
联系我们

圖 17.5　橫向列表最終顯示效果

1. 建立一個無序列表

我們先建立一個無序列表，來建立菜單的結構。代碼是：

```
<! DOCTYPE html>
<head>
<title>無標題文檔</title>
<STYLE TYPE="text/css" >
</STYLE>
</head>
<body>
<ul>
<li><a href="1">首頁</a></li>
<li><a href="2">產品介紹</a></li>
<li><a href="3">服務介紹</a></li>
<li><a href="4">技術支持</a></li>
<li><a href="5">立刻購買</a></li>
<li><a href="6">聯繫我們</a></li>
</ul>
</body>
</html>
```

瀏覽器默認樣式的顯示效果如圖 17.6 所示。

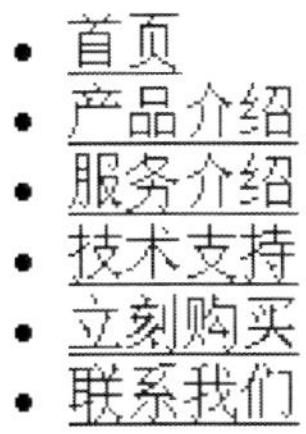
首页
产品介绍
服务介绍
技术支持
立刻购买
联系我们

圖 17.6　列表模式顯示效果

2. 給菜單加一個 div

把菜單放在一個 div 裡，通過 div 設置樣式來控制菜單的顯示位置

```
<div class="test">
<ul>
<li><a href="1">首頁</a></li>
<li><a href="2">產品介紹</a></li>
<li><a href="3">服務介紹</a></li>
<li><a href="4">技術支持</a></li>
<li><a href="5">立刻購買</a></li>
<li><a href="6">聯繫我們</a></li>
</ul>
</div>
```

3. 隱藏 li 的默認樣式

菜單通常都不需要 li 默認的圓點，給 ul 定義一個樣式「list-style：none」來消除這些圓點。

CSS 定義為：

```
<STYLE TYPE="text/css">
.test ul{list-style:none;}
</STYLE>
```

4. 關鍵的浮動

浮動菜單變成橫向的關鍵，給 li 元素加上一個「float：left；」屬性，讓每個 li 浮動在前面一個 li 的左面。

CSS 定義為：

```
.test li{float:left;}
```

效果如圖 17.7 所示。

<u>首頁產品介紹服務介紹技術支持立刻購買聯繫我們</u>

圖 17.7　橫向浮動後列表顯示效果

5. 調整寬度

現在菜單都擠在一起，需調節 li 的寬度。

在 CSS 中添加定義 width:100px，指定一個 li 的寬度是 100px。

```
.test li{float:left;width:100px;}
```

效果如圖 17.8 所示。

<u>首頁</u>　　<u>產品介紹</u>　　<u>服務介紹</u>　　<u>技術支持</u>　　<u>立刻購買</u>　　<u>聯繫我們</u>

圖 17.8　調整列表項寬度後顯示效果

如果同時定義外面 div 的寬度，li 就會根據 div 的寬度自動換行，例如定義了 div 寬 350px，6 個 li 的總寬度是 600px，一行排不下就自動變成兩行。

```
.test{width:350px;}
```

效果如圖 17.9 所示。

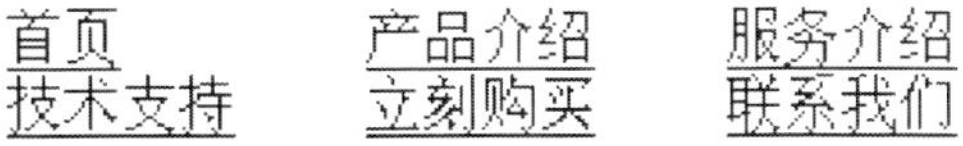

<u>首頁</u>　　　<u>產品介紹</u>　　<u>服務介紹</u>
<u>技術支持</u>　　<u>立刻購买</u>　　<u>联系我们</u>

圖 17.9　調整列表寬度後顯示效果

6. 設置基本連結效果

通過 CSS 設置連結的樣式，分別定義 :link、:visited、:hover 的狀態。

```
.test a:link{
color:#666666;
background:#cccccc;
text-decoration:none;
}
.test a:visited{
color:#666666;
text-decoration:underline;
}
.test a:hover{
color:#ffffff;
font-weight:bold;
text-decoration:underline;
background:#ff0000;
}
```

效果如圖 17.10 所示。

首頁　　產品介紹　　服務介紹　　技術支持　　立刻购买　　联系我们

圖 17.10　設置超級連結樣式後顯示效果

7. 將連結以塊級元素顯示

現在菜單連結的背景色沒有填滿整個 li 的寬度，在 a 的樣式定義中增加 display:block，使連結以塊級元素顯示，同時對細節進行調整。

用 text-align:center 將菜單文字居中。

用 height:30px 增加背景的高度。

用 margin-left:3px 使每個菜單之間空 3px 距離。

用 line-height:30px；定義行高，使連結文字縱向居中。

CSS 定義如下：

```
.test a{display:block;text-align:center;height:30px;}
.test li{float:left;width:100px;background:#cccccc;margin-left:3px;line-height:30px;}
```

效果如圖 17.11 所示。

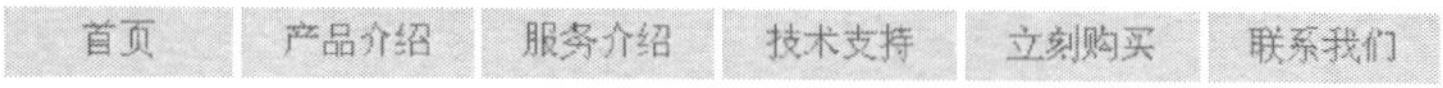

圖 17.11　調整列表項樣式後顯示效果

8. 定義背景圖片

通常會在每個連結前加一個小圖標，這樣導航更清楚。CSS 是採用定義 li 的背景圖片來實現的：

```css
.test a:link{
color:#666666;
background:url(arrow_off.gif) #cccccc no-repeat 5px 12px;
text-decoration:none;
}
.test a:hover{
color:#ffffff;
font-weight:bold;
text-decoration:none;
background:url(arrow_on.gif) #ff0000 no-repeat 5px 12px;
}
```

說明：「background:url(arrow_off.gif) #cccccc no-repeat 5px 12px;」這句代碼是一個 CSS 縮寫，表示背景圖片是 arrow_off.gif；背景顏色是#cccccc；背景圖片不重複「no-repeat」，背景圖片的位置是左邊距 5px、上邊距 12px。

默認狀態下，圖標為 arrow.off.gif，當鼠標移動到連結上，圖標變為 arrow_on.gif。美化後的列表顯示效果如圖 17.12 所示。

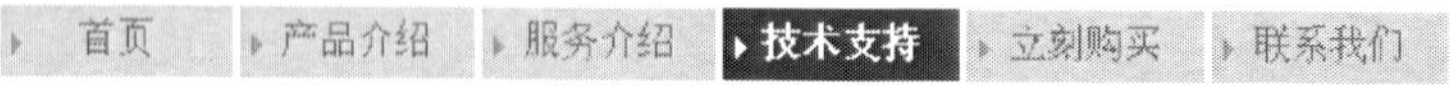

圖 17.12　美化列表後顯示效果

完整代碼如下：

```html
<!DOCTYPE html>
<head>
<title>無標題文檔</title>
<STYLE TYPE="text/css">
.test ul{
list-style:none;
}
.test li{
float:left;
width:100px;
}
.test a:link{
color:#666666;
background:url(arrow_off.gif) #cccccc no-repeat 5px 12px;
```

```
text-decoration:none;
}
.test a:hover{
color:#ffffff;
font-weight:bold;
text-decoration:none;
background:url(arrow_on.gif) #ff0000 no-repeat 5px 12px;
}
.test a{
display:block;
text-align:center;
height:30px;
}
.test li{
float:left;
width:100px;
background:#cccccc;
margin-left:3px;
line-height:30px;
}
</STYLE>
</head>
<body>
<div class="test">
<ul>
<li><a href="1">首頁</a></li>
<li><a href="2">產品介紹</a></li>
<li><a href="3">服務介紹</a></li>
<li><a href="4">技術支持</a></li>
<li><a href="5">立刻購買</a></li>
<li><a href="6">聯繫我們</a></li>
</ul>
</div>
</body>
</html>
```

17.4　實驗練習

17.4.1　基礎練習

設計一張新年（節日）賀卡。要求使用到標題<h1>、段落<p>、層<div>、列表<ul>、圖片<img>、超級連結<a>等標籤，顯示效果全部使用CSS樣式定義。

17.4.2　拓展練習

分析網頁佈局結構，應用 DIV 和 CSS 對網頁進行佈局，CSS 美化網頁顯示效果，編寫 5~10 個網站，形成一個主題網站。

國家圖書館出版品預行編目（CIP）資料

開發中國電商市場的電子商務基礎實驗 / 孟偉, 朱德東 主編. -- 第一版.
-- 臺北市：財經錢線文化, 2019.05
　　面；　公分
POD版

ISBN 978-957-680-336-9(平裝)

1.電子商務 2.中國

490.29　　　　　　　　　　　　　　　　108006741

書　　名：開發中國電商市場的電子商務基礎實驗

作　　者：孟偉、朱德東 主編

發 行 人：黃振庭

出 版 者：財經錢線文化事業有限公司

發 行 者：財經錢線文化事業有限公司

E - m a i l：sonbookservice@gmail.com

粉 絲 頁：　　　　　　網　址：

地　　址：台北市中正區重慶南路一段六十一號八樓 815 室
8F.-815, No.61, Sec. 1, Chongqing S. Rd., Zhongzheng Dist., Taipei City 100, Taiwan (R.O.C.)

電　　話：(02)2370-3310　傳　真：(02) 2370-3210

總 經 銷：紅螞蟻圖書有限公司

地　　址: 台北市內湖區舊宗路二段 121 巷 19 號

電　　話:02-2795-3656 傳真:02-2795-4100　網址：

印　　刷：京峯彩色印刷有限公司（京峰數位）

　　本書版權為西南財經大學出版社所有授權崧博出版事業股份有限公司獨家發行電子書及繁體書繁體字版。若有其他相關權利及授權需求請與本公司聯繫。

定　　價：550元

發行日期：2019 年 05 月第一版

◎ 本書以 POD 印製發行